粉末冶金致密化过程控制与数值模拟

吴玉程　著

科　学　出　版　社

北　京

内 容 简 介

粉末冶金是以金属粉末、非金属粉末或二者混合粉末作为原料，经过成形和烧结，制造金属材料、复合材料以及各种类型制品的工艺技术。高密度、高强度和高精度的粉末冶金产品是粉末冶金行业和应用领域扩大的发展方向，也是研发的核心问题。本书论述了温压和高速压制致密化的技术特性，将数值模拟运用到致密化过程控制；通过自行设计与制造的高速压制装置，验证了技术参数对过程控制的影响规律；并通过颗粒特征、摩擦条件、压制和温度等影响因素变化，模拟并实验验证了致密化过程与结果，总结了高速压制和温压过程中，粉体的聚集成形和致密化影响规律；进一步讨论了铜基粉末和TiC金属陶瓷复合材料的成形过程，以期为实现粉末冶金致密化过程精准控制与智能制造研究和技术开发提供参考。

本书可供从事粉末冶金工作的相关教学人员、科研人员和技术人员参考。

图书在版编目（CIP）数据

粉末冶金致密化过程控制与数值模拟／吴玉程著. —北京：科学出版社，2022.11

ISBN 978-7-03-073546-1

Ⅰ. ①粉…　Ⅱ. ①吴…　Ⅲ. ①粉末冶金－压制成型－过程控制－数值模拟　Ⅳ. ①TF12

中国版本图书馆CIP数据核字（2022）第194063号

责任编辑：杨　震　杨新改／责任校对：杜子昂
责任印制：吴兆东／封面设计：东方人华

科学出版社 出版
北京东黄城根北街16号
邮政编码：100717
http://www.sciencep.com
北京中石油彩色印刷有限责任公司印刷
科学出版社发行　各地新华书店经销
*
2022年11月第 一 版　开本：720 × 1000　1/16
2024年 5 月第三次印刷　印张：16
字数：322 000

定价：138.00 元

（如有印装质量问题，我社负责调换）

作 者 简 介

吴玉程　1962年11月生，安徽肥东人，理学博士，材料学教授、博士生导师。曾任合肥工业大学党委常委、副校长（2008～2017年）、太原理工大学党委书记（2017年5月～2020年3月）、山西省委教育工委副书记（主持日常工作，正厅级）、省教育厅党组成员和山西省第十三届人大常委会委员等，现任合肥工业大学党委常委、副校长（正厅级）（2020年12月至今）。德国斯图加特大学高级访问学者（2001～2002年），中国科学院合肥物质研究院客座研究员、博士生导师，享受国务院政府特殊津贴专家。国家“先进能源与环境材料”国际科技合作基地、“有色金属材料与加工”国家地方联合工程研究中心负责人等；任中国（仪表）功能材料学会、中国材料热处理学会副理事长等，合肥综合性国家科学中心大科学装置EAST、国家“聚变堆主机关键系统综合研究设施”工程科学技术委员会委员等；担任《中国有色金属学报》《功能材料》等刊物编委，《材料热处理学报》、《机械工程材料》和《中国钨业》编委会副主任委员等。

主要研究能源材料和纳米功能复合材料等，在 *Nature Communications*、*Materials Today*、*Advanced Materials*、《物理学报》、《金属学报》等刊物发表论文300多篇，主编国家精品课程《工程材料基础》（合肥工业大学出版社）1部、《材料科学与工程导论》（高等教育出版社）和《工程材料与先进成形技术》（机械工业出版社）教材2部，著有《湿化学法钨基复合材料制备与辐照损伤行为》《面对等离子体钨基复合材料的制备及其性能研究》（合肥工业大学出版社）等11部著作，获授权发明专利50余项。在粉末冶金材料及技术领域，主持研制的功能复合材料成功应用于“神六”“神七”载人航天通信与测控系统，获得省部级科学技术奖一等奖多项等。

前　言

粉末冶金（powder metallurgy）是一种材料制造方式，如同钢铁冶金一样，也是一种材料加工手段，如铸造、锻造工艺。粉末冶金具有一系列技术特点和经济性，这是因为粉末烧结具有多孔结构，多孔隙可以含油实现自润滑，轻质结构要想获得所需的强度，则需要控制好烧结密度等；制品也具有特殊性，它几乎可以达到近净成形、少（无）切削加工，常用于以较低的制造成本来制造高强度、高精度的粉末冶金结构零件。但是，要获得广泛的应用领域，就必须解决高精密化和高致密化问题，精密化关乎模具与控制技术，致密化在于材料和烧结工艺，于是，粉末冶金温压、高速压制等工艺技术得到迅速发展。

高密度、高强度和高精度的粉末冶金零件是粉末冶金行业和应用领域扩大的发展方向，也是研发的核心问题。相比其他工艺技术，粉末冶金技术优势明显，但问题也突出，即要确保达到高的致密度。要获得高质量和高性能的制品，关键在于致密化及其过程控制。本书论述了温压和高速压制致密化的技术特性，将数值模拟运用到致密化过程控制；通过自行设计与制造高速压制装置，验证技术参数对过程控制的影响；并通过颗粒特征、摩擦条件、压制和温度等影响因素变化，模拟并实验验证致密化过程与结果，总结在高速压制和温压的过程中，粉体的聚集成形和致密化影响规律；进一步讨论铜基粉末和 TiC 金属陶瓷复合材料的成形过程，以期为实现粉末冶金致密化过程精准控制与智能制造研究和技术开发提供参考。

本著作研究得到了国家自然科学基金、教育部科学技术研究重点项目和安徽省科技攻关项目等资助支持。作者指导的博士研究生王德广、陈勇、邓景泉、王德宝、任榕、汪峰涛和谷曼等，以及硕士研究生彭帮国、蒋卿和王涂根等，在粉末冶金材料、工艺和数值模拟方面取得了丰富的研究成果，合肥工业大学摩擦学研究所焦明华、俞建卫、尹延国、解挺、马少波研究员等在高速压制装置设计和实验验证等方面给予大量的帮助与支持，“工程机械液压系统摩擦副材料关键技术开发与产业化应用”获得安徽省科技进步奖一等奖（2019 年）、“湿法制备改性钨基粉体关键技术及其耐热/超硬的应用”获得中国有色金属工业科学技术奖发明一等奖（2021 年）和“自润滑复合材料和高性能球铁关键技术及其工程应用”获得中国机械工业科学技术奖二等奖（2021 年），感谢大家共同努力与作出的贡献！

由于水平有限，书中难免存在谬误之处，敬请批评指正！

吴玉程

2021 年元月于合肥

目　录

第1章　粉末冶金成形过程控制与成形方法

粉末冶金技术具备短流程、高效节能、近净成形、少污染和性能优异且精度高等技术优势，集材料制备与零件成形于一体，逐渐成为当今材料学科的独特领域，在机械制造、交通运输、新能源开发和航空航天等领域都得到了愈加广泛的应用。发展高密度、高强度和高精度的粉末冶金结构零件，是粉末冶金工业的发展方向和技术研究重点。随着科学技术发展和产业变革，粉末冶金将成为研发新材料和关键制品的先进技术，也为制造高性能零部件提供先进成形工艺。

在欧美发达国家中，粉末冶金零部件主要应用于汽车工业，如发动机、传送系统、防抱死制动系统（ABS）等部件，是铁基零件在汽车上应用最多的部位[1]。2018 年，北美地区的铁粉销售量近 39.3 万吨，较 2017 年增长 1%，北美平均每辆汽车预计使用粉末冶金零件估计达 18.6 kg，而欧洲为 7.2 kg，日本为 8 kg。在未来 5～10 年，电动汽车的多个主要部件，如主驱动电机、油泵和冷却泵电机等，都可以使用粉末冶金软磁复合材料铁芯[2]。

随着中国经济的快速发展，粉末冶金制品市场需求量也在不断增加。根据中国机械通用零部件工业协会粉末冶金专业协会的统计数据，我国粉末冶金零件销量从 1996 年的 2.18 万吨，增加至 2017 年的 20.1 万吨；1996～2017 年期间，粉末冶金零件销量的平均年复合增长率达到了 11.15%，其中 2014 年之前的复合增长率更是达到了 12.83%；2010～2018 年钢铁粉末的销量年平均增长速率约为 15%，2018 年总销量达 69.5 万吨，当中年产值超过 1 万吨的 10 家钢铁粉末公司的年总产值也已经占全国年总产值的 95%。

其中，在 2001 年中国粉末冶金零件销量中，粉末冶金汽车零件仅占 17.8%，至 2017 年，不但中国粉末冶金零件销量增长至超 2001 年的 4 倍多，粉冶汽车零件占比也提升至 53.2%。中国粉冶汽车零件的销量由 2001 年的近 0.9 万吨增长至 2017 年的 11.0 万吨，2001～2017 年期间，粉末冶金汽车零件销量的平均复合年增长率达到 17.2%。汽车设计中应用粉末冶金零件主要是对汽车的链轮、凸轮、带轮、阀座、连杆、齿毂等零件进行设计和制造。

2017 年平均每辆在中国生产的乘用车中，使用了约 4.5 kg 粉末冶金零件，尚有一半的制品零件是由非中国机械通用零部件工业协会粉末冶金专业协会的会员单位配套，由此可见，中国的粉末冶金行业尚有很大的发展空间[3]，见图 1.1 所示。

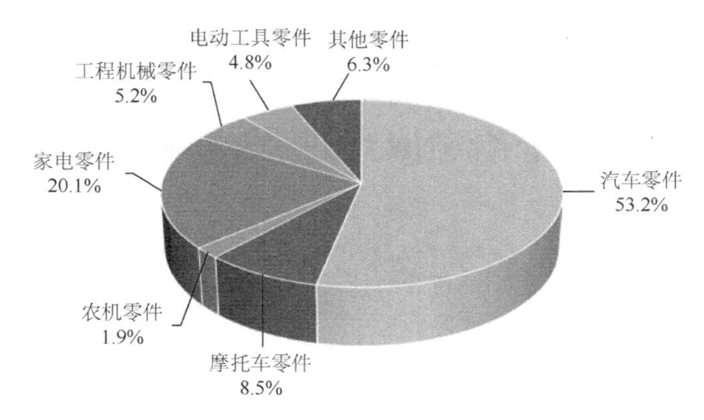

图 1.1　2017 年中国粉末冶金零件应用比例分布图

未来粉末冶金技术会朝着综合化的方向发展[1]。随着汽车市场竞争日益激烈，美国三大汽车公司为了抢占市场，降低汽车制造成本，积极将粉末冶金零件应用于车用引擎和变速器等部件中。未来，粉末冶金制品会广泛应用于汽车，也会大大减轻汽车的重量。中南大学黄伯云等[4]指出，未来粉末冶金零件的使用范围将持续增加，为了提高精密金属零件制造业产值，粉末冶金技术的使用会进一步增加。当前，中国汽车工业的高速发展已成为世界众多粉末冶金企业关注的热点[5-7]，粉末冶金由于其技术和经济上的优越性，在国民经济和国防建设中起着非常重要的作用。但国内粉末冶金行业目前仍然缺乏原创性的核心技术，与国际先进水平之间存在较大差距。主要原因在于企业自身的产品开发能力较弱，并且产业规模和装备水平需要提升，不能充分满足汽车零部件市场的需求。因此，迅速发展中国粉末冶金技术与装备，占据高端产品市场，是中国粉末冶金研究与产业的当务之急[8, 9]。

快速发展的汽车工业不仅给粉末冶金技术带来了千载难逢的机遇，还带来了严峻的挑战，尤其是传统的粉末冶金技术生产出来的复杂零件，力学性能较差，难以满足日益提高的市场需求。在粉末冶金诸多影响因素中，固有孔隙影响率不容忽视，不仅显著影响了材料的力学、物理、化学和工艺性能，也加大了生产精密粉末成形制品的难度[10]。例如在压制过程中由于密度分布不均匀，导致裂纹和缺陷的产生，致使力学性能明显下降，严重时还可能会导致压坯后续的烧结失败，从而大大降低资源的利用率。

粉末混合后进行压制成形，这是粉末冶金工艺过程的第二道基本工序，能使金属粉末密实成具有一定形状、尺寸、密度和强度压坯的关键工艺过程。压制工艺过程对制品的质量影响显著，特别是力学性能。粉末冶金制品的密度大小与其性能之间成正比关系[11-13]，铜基复合粉体经过压制、烧结、复压复烧的常规粉末冶金工艺制备后，具有良好的导电性能、导热性能和高温强度；特别对于铁基制品，密度超过 7.2 g/cm^3，则其各种力学性能，如硬度、抗拉强度、疲劳强度、韧性等都会随密度的增大呈几何级数增加[10]。以往传统的一次压制/烧结生产出的铁基制品，密度一般在 7.1 g/cm^3 以下，因此其力学性能远低于同类材料的全致密零件。而使用粉末高速压制成形技术可以生产出密度更大、性能更好的制品，且成本较低、生产效率高，从而能够实现制品的量化生产。因此，新型粉末高致密化成形技术被广泛关注与探索。

粉末冶金成形制品是金属基体和不同尺寸及分布的孔隙的复合体。由于固体孔隙的存在和分布，割裂了金属基体的连续性；同时，孔隙也是裂纹形成和扩展的源头。随着孔隙率的增加，粉末冶金制品的性能逐渐下降，特别是力学性能，影响和限制了粉末冶金制品的广泛应用。因此，要想获得高性能（特别是力学性能）粉末冶金制品，高密度是粉末冶金技术聚焦的核心。探索粉末冶金成形过程中的粉末致密化特点、密度变化与分布的规律，有利于深化对粉末高致密化成形技术的认知，更有助于获得高密度、高性能的粉末冶金零部件。

1.1　粉末冶金成形过程控制技术研究与发展

在传统的高致密化方式中，复压复烧、粉末锻造、渗铜、热等静压和热压制等技术已经相对成熟，但在实际应用中各有其优缺点。进入 20 世纪 90 年代以后，粉末冶金技术的研究取得了突破性进展，近年来更是呈现加速发展的态势，温压及流动温压、高速压制、动力磁性压制、激光烧结等新技术和新工艺相继推出[11-13]，向着高致密化、高性能化、集成化、最优化和低成本等方向快速发展，使得粉末冶金技术的推广及应用范围更加广泛，主要分为以下几种成形工艺。

1）粉末温压成形工艺

1994 年，Hoeganaes 公司在国际粉末冶金和颗粒材料会议上正式公布粉末温压成形（warm compaction，WC）技术，这种新型技术使得通过粉末冶金工艺生产密度大、性能好的粉末冶金制品成为可能[14-18]。华南理工大学李元元等在国内率先开展金属粉末温压成形技术的研究和应用，中南大学、北京科技大学、合肥工业大学等单位在粉末温压成形工艺研究上，也都取得了较好的进展。合肥工业大学吴玉程等[19]采用粉末温压成形技术，先对粉末和模具表面进行聚合物处理，再持续加热到 4.3～423 K 范围内，对粉末进行压制成形，烧结压紧并进行致密化处理。

温压工艺出现后，因其高技术含量，具有广泛的应用价值和较高的技术价值，受到国内外生产厂家的热切关注。在其首次提出后很短的一段时间内，就约有36种温压产品迅速面市，国外多家公司也利用温压技术开发出高密度、高强度的斜齿轮，其中日本粉末金属厂家就利用温压技术，成功制造出较为价廉物美的小节锥半角斜伞齿轮。美国 Federal Mogul 公司利用温压技术加工出性能卓越、成本低廉的连杆，已成功应用于汽车工业。瑞典在该领域也取得了重大突破，其中 Höganas AB 与 Scania CV 公司联合开发出的大型零件摩擦锥环（Latch Cone），在重型卡车变速器中已得到应用，结束了用精密锻造或粉末锻造方法生产该零件的历史[20-22]。通过采用温压工艺，齿轮的内部组织更为致密，将齿强提高约30%，从而省去了采用滚压工艺提高齿轮局部致密性这一工艺。国内对温压成形技术的研究是从基础理论，粉末材料成分、工艺技术、加热设备等同时开始研究的，包括不锈钢、铁基复合材料及高合金钢材料体系，传统温压、低温温压和模壁润滑温压等工艺以及装备和数值模拟。研究粉末温压成形工艺，有利于温压技术在国内的推广应用，综合提高粉末制品质量，降低产品成本，提高市场竞争力。

2）流动温压成形技术

在温压工艺基础上，流动温压成形（warm flow compaction，WFC）技术是结合金属注射成形技术优点而提出来的一种新型成形技术，2000年，由德国 Fraunhofer 先进材料与制造研究所首次报道。通过提高混合粉末的流动、填充能力和成形速度，在较低温度时（353～403 K），就可在传统压机上实现复杂零件的加工及精密成形，既克服了传统方式在成形复杂几何形状方面的不足，又避免了金属注射成形技术的高成本。例如可加工出垂直于压制方向的凹槽类结构，可实现传统压制不便的孔和螺纹孔等零件的加工等。总之，流动温压技术更适合生产形状复杂的零件，压坯致密度高，适用于各种类型材料的加工，可操作性强，产品造价低，是一项极具潜力和广阔应用前景的新技术。

传统技术是将适量的润滑剂加入粉末的混合料中以减小摩擦，但因混进的润滑剂密度低，该工艺降低了成品的密度和性能，缩短了烧结炉的寿命同时还造成了环境污染。为了消除这种弊端，研究人员提出了模壁润滑技术，与其他成形技术相结合和改进，通过对模壁进行润滑来得到高性能成品。St-Laurent 将模壁润滑与温压技术相结合，制备出密度大于7.4 g/cm^{3}的钢铁粉末生坯，技术应用成果显著。而后日本丰田汽车又通过将高压制应力加载的温压成形和模壁润滑相结合，成功地生产出了接近全致密的铁基粉末压坯。

3）高速压制技术

2001年，瑞典提出的一种先进的成形技术，兼有动态压制的高冲击能量和传统压制的高速平稳性等多重特征，在粉末冶金技术低成本、高密度的目标方面又实现了一次重大突破。高速压制技术（high velocity compaction，HVC）与传统压制相比，在压制压力为 600～2000 MPa、压制速度为 2～30 m/s 的条件下，对粉体进行高能锤击，其主要特点是速度要快得多，因此在大批量生产零部件方面，高速压制技术优势明显。高速压制的过程如图 1.2 所示，冲锤与上模冲接触时的速度比传统压制高 2～3 个数量级，调整速度可以获得生坯不同压制效果。

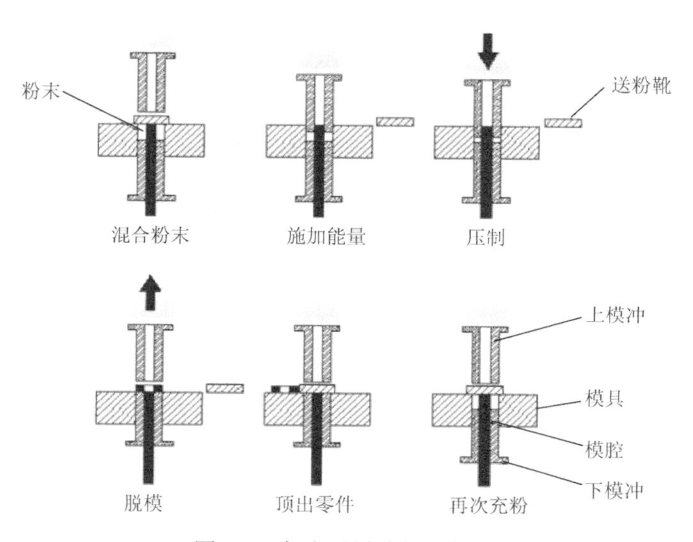

图 1.2　高速压制过程示意图

在压制过程中，可以产生间隔 0.3 s 的多重附加冲击波，使得压坯的致密性持续提高。当粉末在 2～30 m/s 速度下进行高能锤击（重 5～1200 kg）压制时，粉末的烧结密度可达到 7.8 g/cm^3 以上，并可压制成形出 5～10 kg 重的零件。高速压制还具有巨大的压制压力，能够使粉末颗粒间结合紧密，减少压坯空隙，提高压坯强度，粉末冶金零件抗拉强度和屈服强度比常规粉末压制技术提高了 20%～50%；与静态压制相比，其弹性后效较低。采用高速压制成形技术得到的制品，几何尺寸固定，不易变形，密度大，压坯开裂现象少。如果将高速压制和温压技术两者在一定范畴内有机结合且提升性能，也将为粉冶技术的创新与发展提供一个新的契机。

4）金属注射成形技术（metal injection molding，MIM）

随着高分子材料的应用而发展起来的金属陶瓷粉和陶瓷粉的特殊成形方法，将微细金属或陶瓷粉末与大量热塑性黏结剂混合均匀，注入成形模中，施加低而均匀的等静压力成形，获得的成形坯经过脱脂处理后，接着脱黏结剂烧结，经过一系列的处理得到粉末冶金制品[23]。这些制品具有复杂的形状（如带有螺纹、垂直或高叉孔锐角、多台阶、壁、翼等），密度和力学性能分布均匀，材料利用率高和自动化程度高等一系列优点。粉末注射成形工艺过程如图 1.3 所示。

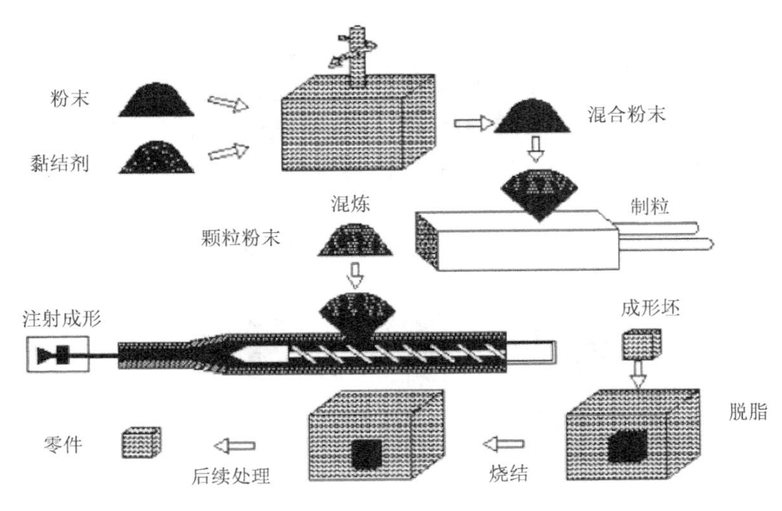

图 1.3　粉末注射成形工艺过程示意图

粉末注射成形工艺方法具有以下特点：①零件制品密度高且分布均匀，相对密度可达 95%以上，具有优异的力学性能；②制品具有高的尺寸精度（0.3%）和表面粗糙度（R_a 1～5）；③能够成形三维形状复杂的零部件制品，制造常规工艺不能成形的复杂形状零件；④材料适应性广，利用率高达 95%以上，有利于实现材料的近净成形；⑤自动化程度高，适合规模化生产，进一步降低成本。

据统计，粉末冶金注射 65%以上的材料是不锈钢制品，15%以上是低合金钢制品（表 1.1）。在计算机和手机等行业中，其应用规模在逐年递增，其中 82%为 3C 产品，手机占 67.5%、可穿戴设备占 7.1%、计算机占 7.4%。当前华为、苹果等手机和戴尔计算机等都大批量使用粉末注射成形零部件，手机的迭代更新和超大生产量为粉末注射成形技术提供了巨大的成长空间。

表 1.1　粉末注射成形常用金属材料体系

材料体系	材料组成
低合金钢	Fe-2Ni，Fe-8Ni
不锈钢	304L，314L，316L，440A，440C，17-4PH
硬质合金	WC-6Co
重合金	W-Ni-Fe，W-Ni-Cu，W-Cu
工具钢	42CrMo4，M2
钛合金	TiAl，Ti-6Al-4V，TiMo
新型合金	Fe-Al-Si，无 Ni 奥氏体不锈钢

粉末注射成形技术应用的领域范围较广，在欧洲汽车行业的市场份额中占据50%以上，在北美洲的应用则是在医疗以及牙科方面占据主导地位，新的发展主要在医疗器械、计算机信息和机械汽车以及5G通信等方面。另外，粉末微注射技术所制备出来的零件可以达到毫克量级，能够批量生产精细的复杂形状的微型零部件，主要应用领域有：①医疗器械，用于制备微型外科仪器组件及牙科微型元件等医疗器（械）具；②化学工具，用于微反应器、混合器以及交换器等微流体的装置等；③共注射成形，可将磁性材料和非磁性材料、导电和绝缘材料等复合起来；④微型零部件制造，主要针对微型机械零件如小齿轮和叶轮等。

5）热等静压成形技术

热等静压（hot isostatic pressing，HIP）工艺是一种以氮气、氩气等惰性气体作为传压介质，在900～2000℃温度和100～200 MPa压力的共同作用下，向密闭空间中的粉末坯施加各向同等压力，进行压制和烧结处理，成形制品具有均匀的微观组织，晶粒细小，无织构和成分偏析，密度近乎达到100%。粉末冶金应用HIP技术制造的零件可以很接近最终形状，从而可减轻零件的重量、减少切削加工量、节省能源和材料，以及减少后续工序切削加工的废料。该工艺具有以下优势：①制品致密度高，均匀性好，综合力学性能优异；②制品结构适应性广，可通过包套和型芯的组合达到复杂产品的整体成形要求，尺寸精度能达到0.2 mm，成形表面质量高，机加工量少；③相比传统铸造、锻压工艺，材料利用率高，可大于50%，接近近净成形。

金属材料的成形过程中，HIP工艺参数及顺序的变化会对产品的性能和微观结构产生较大的影响，用于金属及金属基复合材料的成形或后处理时，能够有效地去除铸件内部的缺陷，减少制件内部的裂纹，提高产品性能。HIP致密化处理可以闭合材料内部孔隙和疏松等缺陷，应用主要有：消除烧结材料内部孔隙，消除铝合金铸件、钛合金铸件、高温合金铸件内部孔隙和疏松。精铸件的晶粒粗大，存在孔洞和疏松等缺陷，既要保证晶粒细小，又要减少疏松，单靠铸造工艺本身是难以解决的，而HIP零件的均一性与细晶粒消除了铸件或锻件的常见疏松度大和焊接性不良问题，提高了材料的性能。随着等静压成形的仿真技术、复合成形技术的出现，使得HIP成形工艺更加完善（表1.2）。

表1.2　HIP在金属成形及后处理应用情况

应用对象	应用目的	应用材料
铸件致密化	消除内部宏观和微观孔隙	镍基、钴基高温合金，钛合金，铝合金，钢，铜合金
处理粉末冶金制品	获得高（全）致密材料并避免晶粒的过度长大	WC-Co硬质合金，铍合金

续表

应用对象	应用目的	应用材料
处理粉末冶金制品	获得高（全）致密材料并避免偏析和晶粒的过度长大	高速钢，陶瓷，金属-陶瓷复合材料
扩散连接件	同种或异种材料的扩散连接	铜和钢扩散连接件，镍基合金和钢连接件，陶瓷和金属连接件，钼钛、铝、钨溅射靶材的扩散连接件

6）放电等离子烧结技术

放电等离子烧结（spark plasma sintering，SPS）也被称为场辅助烧结（field assisted sintering，FAS）或等离子活化烧结（plasma activated sintering，PAS）。放电等离子烧结是压力辅助烧结技术，融合了单轴热压烧结和等离子活化两种作用。具体工艺过程为：受压密积-放电活化阶段，在真空环境下，将成形材料或制品零件粉末（金属、非金属或复合材料）密封于导电模具（通常为石墨模具）内，粉末受到压力紧密堆积，通过模具两端的电极和冲头将脉冲电流施加于模具中需要烧结的成形粉末上，施加的高强度脉冲电压击穿粉末的氧化膜，产生轻微放电；重压成形-热塑性变形阶段，同时对工件施加单轴压力，加上粉末放电活化作用，在相对较低的压力和温度下粉末成形达到高致密度，从而使粉末成形并迅速烧结成高性能的材料或零件。

放电等离子烧结利用了焦耳热烧结成形，通过辅助电流激活粉末的活化作用，使粉末颗粒能够持续保持热塑状态，低压、低温下即可形成高致密化材料，晶粒尺度可达纳米量级。研究对象主要集中于陶瓷、金属陶瓷、金属间化合物、复合材料、纳米材料以及功能材料等。放电等离子烧结还可以通过调节烧结温度、轴向压力，调整模具配置，控制烧结材料的晶粒大小和微观结构。在较低的烧结温度和很短的烧结时间，SPS 可有效避免晶粒长大，在超细晶和纳米材料制备中非常有用，在制造难以熔融在一起或者是熔点较高的材料或制品方面也具有明显优势，是一项非常有发展前景的热压烧结技术。

7）爆炸压制技术

爆炸压制是一种独特的加工方法，可使成形的松散材料达到理论密度。该技术始于 20 世纪 50 年代末，宇航和原子能工业设备要求粉末材料制造的高密度零件，后来用来生产隔热屏、传输过滤器以及高速设备的精密小件等。将金属粉末材料置于具有一定结构的模具中施加爆炸压力，爆炸物质产生的化学能在极短的时间内转化为周围介质中的高压冲击波，并以脉冲波的形式作用于粉末，使粉末材料成形并获得高密度。爆炸压制能够将不适合传统压力加工的材料制造成零件，可使传统的不可压缩的金属陶瓷材料、低延性金属等压制成复合材料，典型的应用是将高温合金粉末用于成形飞机发动机的耐高温零件。

1995 年，美国提出动力磁性压制技术，其原理是利用高压脉冲放电，调制电磁场施加的压力来固结粉末使粉体致密。动力磁性压制与传统的轴向压制不同，其压制方向主要是径向压制，因此具有制件可塑性高、力学性能好、操作简单且可控、较易实现自动化生产等优点。

除上述几种粉末高致密化压制成形技术外，还有微波烧结技术，加工效率与速度极高，通常在 60 s 内加热温度即可上升至 1700℃，部分冶金材料在该段时间内温度能够上升至 2200℃，烧结的金属材料内部构成更加均匀致密。还有一些诸如粉末锻造成形技术、选区激光烧结技术和电场活化烧结技术等新型的粉末冶金成形工艺，这些新工艺都对提高粉末冶金材料和零件的性能、降低粉末冶金制品的生产成本、扩大粉末冶金成形装备规模及制品的有效应用起到了积极的作用。

粉末冶金技术因其节能、环保、高效、性价比高等诸多优势，在市场上得以广泛应用。当前我国制造业正在迅猛发展，零部件的需求总量大大增加，粉末冶金制品质量标准需要不断提高。目前，温压和高速压制这两种短流程、低成本、高致密的先进成形技术，可以很好地满足现阶段市场要求，也是今后研究的重点和发展方向。

1.2　温压成形技术的发展与应用

1.2.1　粉末温压成形的特点

粉末温压成形技术是指使用特定的加温、输送和加热系统，预先加热含润滑剂和黏结剂的混合粉末以及模具至 130～150℃，随后再按传统工艺压制成形的新型粉冶技术。虽然温压成形相较传统工艺而言成本略有提高，但比起其他复杂工艺，如浸铜工艺、复压复烧工艺、粉末热锻工艺等在很大程度上有所降低，除此之外，温压工艺还具有诸如生坯密度和强度高、烧结密度高、脱模压力低、弹性后效小、压坯密度分布均匀等独特性能优点，已被认为是进入 20 世纪 90 年代以来粉末冶金产业最为重要的技术进步，在 1995 年获得美国粉末冶金工艺新技术新发展功勋奖[24-27]。

温压技术具有一系列优势：①与传统工艺相比，零部件压坯密度高且分布均匀，可使铁基粉末冶金零件的压坯密度达到 7.25～7.6 g/cm^3，增加了 0.15～0.30 g/cm^3；②零部件具有高强度，疲劳强度可提高 10%～40%，极限抗拉强度提高 10%，烧结态抗拉强度提高至 1.2 GPa；③能够制造形状复杂且精度高的零部件；④通过较低成本制造高性能零部件。

通过对比（表 1.3 和表 1.4）可以看到，温压成形提供了低成本制备高密度高性能粉末冶金零件的新途径，其能力可与现有锻钢进行竞争，而成本只比常规粉末冶金工艺略高。

表 1.3　不同压制工艺形式获得的压坯相对密度

工艺形式	压坯相对密度	工艺形式	压坯相对密度
等静压（传统模具）	90	双次压制双次烧结	94
单次压制单次烧结	90	高速压制	95
温压	93	粉末锻压	99

表 1.4　不同粉末冶金工艺性能与成本比较

成形工艺	密度/(g/cm^3)	成本系数	工艺特点
传统一次压制/一次烧结	<7.1	1.0	工序少、成本低、精度高，但密度低、性能差
温压工艺	7.1～7.5	1.3	密度高、工序少、成本低、精度高、生坯力学性能高，适用复杂零件
渗铜	7.0～全致密	1.4	密度高，但工序较多、组织不均匀、性能相对较差
传统复压复烧	7.2～7.6	1.5	密度较高，但工序较多，不适用复杂零件
粉末锻造	>7.6	2.0	密度高，但成本也高、工序多、精度低，不适用复杂零件

自温压技术被正式公布的短短两年时间内，就有逾 30 种制品投入批量生产，包括重达一百多公斤的用在福特卡车变速箱上的涡轮毂；也有国外多家公司开发出温压成形的高致密高强度的斜齿轮。除可利用温压工艺增大齿轮整体密度外，也能将单齿强度提高约 30%，从而省去了使用滚压工艺局部提高齿轮密度的工序；日立公司采用温压技术生产出小节锥半角斜伞齿轮，成功取代了成本高昂的机加工锻钢坯工艺；Federal Mogul 公司突破了以往技术局限，以温压技术制造出汽车工业常用的成本较低的连杆；瑞典 Höganäs AB 与 Scania CV 公司共同开发出一种可用于重型卡车变速器的大型零件 Latch Cone，打破该零件长期以来使用精密锻造或粉末锻造方法生产的局面。

鉴于广泛的应用价值和较高的技术价值，温压成形相关技术在公布初期就受到严格的保密，相继出现几十项美国授权专利，集中于预混合金粉（含特殊有机聚合物黏结剂、润滑剂和金属粉末）技术和温压设备研制方面。现有的温压专利粉末研制生产公司主要有美国 Hoeganaes 公司的 AncordenseTM，瑞典 Höganäs AB 公司的 Densmix 和加拿大 QMP 公司的 Flowment WPTM；温压专利加热设备主要有美国 Hoeganaes 公司与 Cincinnati 机器公司合作开发的以电阻加热的 EL-TEMP

温压加热系统，美国 Hoeganaes 公司和美国微波材料技术公司共同开发的以微波为加热源的 Microt 系统，Abbott 公司生产的 TPP300 系统、TOPS 系统以及瑞典 Höganäs 公司和德国 Linde 公司合作生产的以热油加热为主的 Linde Metal/teknik 系统。

国外对温压成形过程和装置有严格的技术保密和专利保护，加之国内整体技术和设备落后，对该技术尚无法完全掌握[28-30]。多年来，华南理工大学、北京科技大学、中南大学和合肥工业大学等高校和科研机构致力于粉末温压技术的开发与应用，但在实现工业批量化生产方面还有很长的路要走。国内诸如宁波东睦、扬州保来得、中山耀威、佛山盈峰、广东华金等企业引进了温压工艺生产线，并利用国外专用温压粉末进行生产。

国内对粉末温压技术的研究主要集中于铁基粉末材料，形状简单的粉末冶金制品，对复杂形状的结构零件的研究尚不多，同时对其他材质粉末冶金制品的温压工艺研究也不多。铁基粉末的基本特性，诸如流动性、松装密度、成分、粒度组成、粉末颗粒形状等会对压坯密度造成一定影响，含 O_2＜0.1%、C＜0.006%、N_2＜0.0013%，松装密度在 3.0～3.2 g/cm^3 之间的铁粉适用于温压成形[29]。但国内很长一段时间内绝大多数厂家的水雾化铁粉质量还达不到该标准。研究发现，粉末粒度组合要合适且颗粒最好为球形，并对基体 Fe 和合金元素 Ni、Mo 进行部分预合金化处理，再外加 0.6%聚合物润滑剂，可生产出高压缩性且适于制造高强度零件的温压铁基粉末原料[30]。有研究者先后对铝粉、铜粉、钛粉、钨粉进行了温压成形工艺，并与铁粉进行对比，发现温压成形可显著提高粉末压坯密度，降低压坯脱模压力和弹性后效，且无论对塑性还是脆性粉末均有效果[31-33]。同时，中南大学与武钢粉末冶金公司合作开发了无黏结剂的温压铁粉，经 517 MPa 压制可获得 7.22 g/cm^3 的生坯[34]。北京科技大学果世驹等在铁粉中加入细磷铁粉，可用无黏结剂的温压工艺提高生坯密度，并发现加入细磷铁粉比粗磷铁粉能更为有效地促进致密化过程[35]。同时使用温压与模壁润滑工艺来实现 316L 不锈钢粉末压制过程，并发现模壁润滑和温压的同时进行可大幅度提高模压坯密度，高密度生坯在烧结过程中不会发生体积膨胀，并且复合润滑剂比单质乙烯基双硬脂酰胺（EBS）蜡更适用于有模壁润滑的温压成形，此外，316L 粉末的高密度成形使得粉末颗粒强烈塑变且出现晶内的亚晶结构[36]。经过不懈努力，目前国内学者已利用温压成形技术制备出可达国外先进水平的高性能 Fe-Cu-C 材料[37]。郭瑞金等[38]研究了混合料配方对生坯和与烧结件性能的影响，并介绍了基体钢粉牌号和各种添加剂的数量与类型对生坯与烧结件性能的影响，着重阐述了润滑剂对生坯密度与脱模力的影响。

润滑技术是粉末温压工艺中的一项关键因素。温压工艺特点就是利用润滑剂处于黏流状态时大大降低了摩擦阻力，较大提高了粉末流动性，从而获得高密度的粉末冶金制品。因此，对润滑技术进行研究是一项很有意义的工作。李元元等[39, 40]研究了聚合物加入方式对温压成形工艺的影响，认为干混条件下聚合物的流动性起主要作用而湿混条件下聚合物薄膜所引起摩擦副表面性质和状态的改变为主要因素，并发现干混混合粉生坯及烧结体性能均优于湿混。从不同润滑剂及含量对温压工艺的影响发现，不同润滑剂导致的润滑效果不同会使最佳压制温度也产生差异，需要择情使用。在模壁润滑的条件下，润滑剂使用量减少到 0.02%～0.06%有助于压坯密度达到最高值，且脱模力小。

杨霞等[41]研究了在铁粉中分别或同时加入聚乙二醇、硬脂酸锂、二硫化钼和二硫化铝时对铁粉流动性和松装密度的影响，认为聚乙二醇加入 0.1%、硬脂酸锂加入 0.2%～0.5%、二硫化钼加入 0.2%时就可较大地提高铁粉流动性和松装密度，但二硫化钼改善松装密度不明显，同时加入聚乙二醇和硬脂酸锂对铁粉流动性和松装密度可起到很好的改善效果，二硫化铝和聚乙二醇同时加入时可以提高铁粉的流动性，但对松装密度影响不明显。对粉末冶金静电模壁润滑进行实验后发现，该技术与温压工艺结合能更有效地提高粉末压坯的密度[42]。屈盛官等[43]采用粉末冶金温压旋转模的模壁润滑方式压制出机油泵斜齿轮，发现在发动机全寿命周期内，齿轮耐磨性好、强度高，油泵供油量下降少，可满足发动机各种工况的使用。模壁润滑温压工艺较适用于压缩性良好的粉末，而对压缩性较差的粉末没有突出优势，且模壁润滑工艺的脱模压力比内润滑工艺小 35～45 MPa，可以减少模具损耗[44]。

国内学者也对其他影响粉末温压工艺的因素，诸如温压有效性、装粉方式、复合材料温压成形等方面开展了一系列工作，并取得了可供研究和应用参考的研究成果。果世驹等[45]研究了侧压系数及压坯高径比对温压有效性的影响，发现侧压系数超过临界值时会使温压失效；欧阳鸿武等[46]对装粉方式进行了研究，采用凸式装粉将试样烧结坯密度提高了 6%，同时有效改善了孔隙分布的均匀性；成小乐等[47]选取尺寸为 0.076～0.100 mm 的 WC 颗粒为增强相以及 $45^{\#}$钢为基体，系统研究了采用真空烧结法制备颗粒增强钢基复合材料的温压烧结工艺，发现温压试样的耐磨性远高于同样工艺条件下常温压制试样。程继贵等[48]采用温压成形工艺制备出碳纤维 10%（体积分数）的短碳纤维增强锡青铜（CF/Cu210Sn）复合轴承材料，研究了温度、压力等对温压压坯密度的影响，同时对温压压坯的烧结行为和烧结体的力学性能进行了测试分析，发现通过选取合适的温压温度可明显提高 CF/Cu210Sn 复合压坯密度；同时发现温压成形可有效改善压坯中的颗粒充填状况，有利于控制烧结体的尺寸变化，并提高烧结体的密度和相关力学性能；此外，还利用温压工艺制备出高密度高性能的铜铅轴承合金材料。也有学者研究了钛合金粉末的温压行为并得到了较高的制品密度[49, 50]。

1.2.2　粉末温压成形的致密化过程

温压成形技术拥有其独特的工艺形式，可在一定压力下有效提高压坯密度进而改善粉末冶金制品的结构和性能，而预合金化粉末制备、润滑剂和黏结剂添加、粉末加热控温与输送、模具加热与控温等问题会对材料性能产生深远的影响，因此需要对其致密化机理进行研究，以便利用温压工艺更好地获得高密度高性能粉末冶金制品。

合理的温压工艺路线在整个粉末温压成形过程中至关重要[28-38]，粉末成分、聚合物种类、温压工艺参数、模具参数、加热系统等条件均会对最终产品性能造成影响，因此需要详细研究影响最终温压制品性能的关键因素。

温压粉末（成分、颗粒形貌、粒度组成等）是温压技术的核心和获得高密度高性能粉末冶金零部件的技术关键。成分配比不同会产生截然不同的压缩性能、烧结性能和热处理性能，颗粒形貌复杂度越高就会在装粉时相互牵连性越强，进而影响粉末流动性，初始松装密度越低则会降低压坯密度，如若粉末越粗且孔隙越大则越易储存气体，导致压坯密度降低，粉末过细则造成粉末之间有更大的孔隙度和“搭桥”效应，初始松装密度也小。由此，对粉末成分配比、颗粒形貌以及粉末粒度组成等有效设计尤显重要。另外，市面上多数温压粉末均是预合金化粉末，性能不仅取决于基体，同时受合金元素添加量的影响，如颗粒弥散强化金属基复合材料的再结晶温度、屈服强度、抗拉强度和疲劳强度高，高温蠕变性能好，特别是细化增强颗粒到纳米级时，可在不损失基体特性基础上有效提高制品性能。粉末中的聚合物，如黏结剂和润滑剂是粉末流动性和压坯固结性的关键因素，预制粉末进行黏结剂处理后可防止污染并保证良好流动性和可压缩性，目前通常使用石墨作为润滑剂，而合理选用石墨种类、粒度和形态是零件成分设计时需要考虑的重要问题，同时可以考虑选用其他类型润滑剂替代石墨。

温压成形的温度的合理选择有助于提高粉末压坯的密度[49-54]，最佳温度区域为 130～150℃，波动控制在±2.5℃。温度选择不仅与润滑剂密切相关，还必须根据零件尺寸、模具结构以及烧结工艺等因素进行综合考虑，此外，温压温度还与压制力和装粉高度有关，通常温压温度要控制在聚合物玻璃化转化温度以上 25～85℃或者熔点温度以下 5～50℃。

此外，温压压坯密度与压力大小和加压速度均有很大关系[55]，通常使用的温压压力一般低于 1000 MPa，压速也较低，Toyota 公司联合采用将近 2000 MPa 超高压和模壁润滑的温压技术制得了压坯密度高达 7.84 g/cm^3 的铁基零件，进一步说明压制力的大小和压速对压坯密度的提升起着至关重要的作用。

温压加热系统的稳定性会直接关系到产品性能的好坏[56-59]，不同加热系统的优缺点不同，其中分级电阻式粉末冶金温压加热系统可有效提高加热和保温效率。美国 Hoeganaes 公司和 Cincinnati 公司共同开发了 EL-TEMP 电阻加热的温压系统[60]，但该系统中各点加热温差较大，难于精确控温且电耗大；Hoeganaes 公司联合开发的微波温压加热系统，加热速度快且粉末温度均匀，温度稳定性可控制在±0.5℃[60, 61]；瑞典 Höganäs AB 公司设计，Linde Metal/teknik 公司制造的热油加热系统[62]是以热油为热源，将粉末颗粒填充至 10 mm 宽的槽缝中进行加热，适用于批量或重量大的零件，但其体积大且设备投资高，油压系统复杂且维护费用大，尤为重要的是油很容易燃烧，安全性能差，不适合在已有的粉末压机上推广使用。

通过以上对温压工艺特点的详细分析可以看到，温度和压力是温压成形工艺中最关键的因素，只有确立了最佳温度和压力的匹配关系才能获得最大的温压致密化效果，因此开发具有自主专利的粉末温压加热系统成为我国发展温压工艺的主要方向之一。电阻式加热是目前温压加热系统常用的加热方式，作者对电阻式加热方式进行了详细研究[19]，得到温压工艺基本参数，然后在此基础上开发出新型温压加热系统——电磁感应加热系统，并详细研究了新型加热系统的可行性和有效性。电磁感应温压加热系统相对电阻式温压加热系统模具控温更准确、温度波动小，对润滑剂和黏结剂性能的影响较小，故可有效提高温压制品的致密性。

1.3　高速压制成形技术的发展与应用

1.3.1　高速压制成形技术的特性

高速压制与传统压制在生产工艺上有很多相似之处，例如粉末的制备与填充以及零件的脱模工艺。不同之处在于传统压制方式通常在液压驱动下缓慢加载，而高速压制在瞬间可产生强大的冲击波能量（最大冲击载荷可达几个 GPa），通过压模成形，将冲击能从压制机转移到粉末体上，获得致密组织[63]，压制成形原理如图 1.4 所示。

相比传统压制工艺，高速压制工艺有其自身的独特性：

1）高密度高性能

高速压制过程中能量以应力波形式传递，当应力波自上而下传递到压坯底端时会再次提高局部密度[64]。相较传统的单向压制而言，高速压制成形可使压坯密度提高 0.3 g/cm^3 以上[65]。以铁基压坯为例，若采用高速压制技术与模壁润滑相结合，压坯密度可达 7.6 g/cm^3，若采用高速复压复烧工艺，压坯密度可达 7.8 g/cm^3，接近全致密[66]。

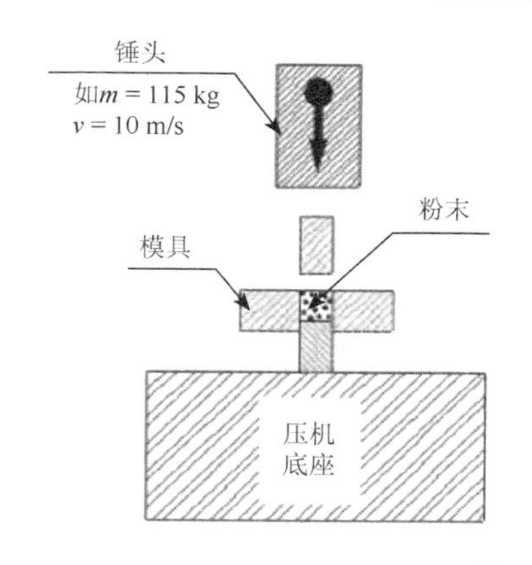

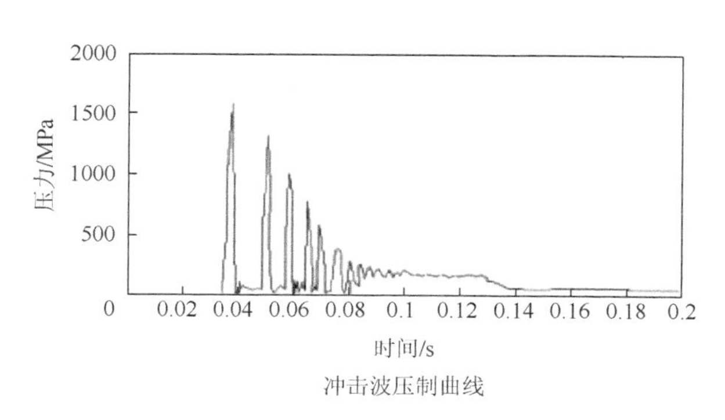

图 1.4　高速压制成形技术原理

2）弹性后效低

由于高速压制的冲击载荷非常大，粉末颗粒在高能量冲击下相互结合紧密并产生焊合，压坯强度较高，在压制后期粉末颗粒弹性变形减少，压坯弹性后效作用低，明显低于传统的静态压制[67]。

3）成形大零件经济成本低

高速压制可缩短烧结时间，有利于进一步控制晶粒度，进而提升制品的性能并降低成本[68]。更为重要的是，传统压制时，对粉末体进行多次压制并不能显著提高产品的致密性，高速压制是一个能量传递的过程，而能量是可以相互叠加的，可以利用小型设备对零件多次冲压获得大型零件，用 8 kJ 的能量冲击一次和用 4 kJ 的能量冲击两次得到粉末压坯的密度是相同的[69]，进一步说明该技术为制造大型零件提供了可能，故可以利用小型设备对零件多次冲击压制得到大型的零件。

4）综合性能优异

采用高速压制时其综合性能要比传统压制成形高 20%～25%[68]，这显然归因于高速压制带来的高致密性在提高材料的屈服强度和抗拉极限的同时，也提高了材料的疲劳强度，可制备出综合性能优异的产品。

由表 1.5 可以看出，与传统工艺相比，锻造工艺下的密度最高，但其生产耗时长，工艺复杂且成本较高。采用高速压制技术同样也可以达到很高的密度，且生产成本较低，性价比高。

表 1.5　不同压制工艺下密度和相对成本对比

工艺	密度/(g/cm^3)	相对成本
传统压制	7.1	100%
复压/复烧	7.4	150%

续表

工艺	密度/(g/cm^3)	相对成本
温压（1500℃）	7.3	125%
锻造	7.8	200%
高速压制	7.5	100%
高速压制-复压/复烧	7.7	150%

1.3.2 高速压制成形的致密化过程

粉末冶金材料在实际应用中最为关键的是保持高性能，而高密度是高性能的基础，但传统压制中，提高密度往往意味着成本增加。如何解决制品密度、性能与生产成本之间的矛盾，是粉末冶金行业不懈追求的重要目标。粉末高速压制在工艺上类似传统的单向压制，在增加生产成本不大的情况下，可获得相对密度达95%以上的制品，且可制得重达 5 kg 以上、高径比达到 3 的大型压坯，如阀座、气口导管、主轴承盖、轮毂、齿轮、法兰、连杆、轴套以及轴承座等产品，大大地拓展了粉末冶金技术的应用范围[10, 14]。

目前，粉末高速压制技术虽然得到了快速发展，但在粉末的致密化机理研究方面却存在较大争议。通常认为粉末高速压制成形能够较大地提高粉末冶金制品的密度，而冲击过程中的应力波是粉末高致密化的关键[69, 70]。Jonsén 等[71]通过对比分析发现，在相同压制力下，高速压制获得的制品密度比传统压制更高，脱模力更低，同时径向弹性回复也较低，且表面更平滑。Wang 等[62]研究了水雾化铁粉的高速压制成形过程，增加压制速度可有效增加制品密度，且制品密度的大小与压制过程中撞击产生的冲击波之间密切相关。Suoriou 等[72, 73]等在对陶瓷粉末制品的高速压制成形研究中发现，虽然高速压制能够在一定程度上提高制品密度，但有机黏合剂的过多添加反而会使制品性能降低，并认为撞击过程中应力波的存在与制品的致密化有关。Guennec 等[74]发现用传统压制和高速压制对不同材料如铁粉、WC 粉、合金钢粉末进行压制成形后，两种工艺所获得制品密度并无明显差异。Sethi 等[75]也对高速压制成形进行了研究，发现在压制过程中并未检测到冲击波现象，在压力相同时，出现了传统压制得到制品密度高于高速压制制品密度的现象。

2001 年，在美国金属粉末联合会议上，Höganäs AB 公司首次发布了粉末高速压制成形技术[76]，由于成形原理的特殊性以及节能、环保、高效等诸多优势，引起了生产厂家及研究人员的重点关注，使其粉末冶金零部件在市场上得以广泛应用。目前，Höganäs AB 公司不仅在简单形状齿轮和 A 轮凸角机构等单级式 PM 部件上进行了实际生产，还对复杂的结构零件运用 HVC 技术[77, 78]。Azhdara 等[70]对聚合物——聚酰胺粉末进行了高速压制成形研究，并对各种压制模式下的制品密度进行了对比，发现预压制方法可有效提高制品密度，后续压制与此相比作用并不明显，认为高速压制是一个间断的冲击波过程，并不连续。

北京科技大学果世驹等[77, 79]首次提出“热软化剪切致密化机制”，对高速压制过程中粉末压制的致密化行为与特性进行了定性与定量的解释，并提出相应的高速压制模型；曲选辉等[80-82]在高速压制成形研究中，发现了铁粉、铜粉、钛粉等多种粉末在 HVC 过程中均未出现绝热剪切的现象；曲选辉等[80]在 HVC 工艺中发现了应力波对压坯质量的影响规律，同时发现，此波形为锯齿形，有数个极值点分布在每个加载波形上，其持续时间长短与加载速率之间关系紧密，应力波会在自由端面反射后，形成正应力，直接后果就是表面产生分层和剥落。陈进等[83]则认为对粉末致密化起到主导作用的主要因素就是粉末剧烈的塑性变形和颗粒间的摩擦升温。另一重要因素是气体绝热压缩现象，即在高速压制的瞬时，粉体内产生绝热压缩，导致升温，使孔隙内的气体分子热运动加速，同时由于能量沉积在粉末颗粒的界面使其软化，完成致密化过程。

在模具润滑情况下，采用冲击模式（单向压制）可获得相对密度高达 97%的铁基合金制品，而纯铁粉的密度可达 98%。高于传统浮动阴模的 94.4%[84]。

综上所述，目前关于粉末高速压制致密化机理的分歧在于，是否是应力波导致粉末高致密化，而 Sethi 等[75]在研究中未检测到应力波，同时利用分离式 Hopkinson 高速撞击研究粉末高速压制时虽然检测到应力波，但是制品密度比传统粉末压制要低。显然，目前的研究忽略了影响粉末致密化的另一关键因素，即摩擦。

合肥工业大学吴玉程等[11-13, 84]研究发现，由于粉末体是一个松散集合体，粉末颗粒间、粉末与模具间均存在复杂的非连续性接触和摩擦状况，粉末体在压制力下被不断压缩，压坯密度和接触界面等也在不断变化，进而造成了摩擦状况的不断变化和粉末颗粒间力传递的不连续性，使最终获得的制品存在不同程度的密度不均匀性，尤其对复杂形状的粉末冶金零部件而言，很容易因为局部密度太低而导致产品失效。此外，粉末高速压制的速度高达常规速度的 500～1000 倍，材料处于动态变形状态，粉末颗粒间或粉末与模具间的接触和摩擦状况极为复杂，而目前尚无针对粉末高速压制过程中的摩擦行为进行系统的研究。因此，对粉末高速压制过程中的摩擦行为开展系统性研究亟待进行，可揭示摩擦这一重要因素对粉末致密化规律影响的实质，为高速压制成形的研究应用提供必要的参考依据。

1.3.3　高速压制成形设备

粉末冶金技术自 20 世纪初得到迅速发展以来，突破了材料领域的多项瓶颈，所制得的结构材料、功能材料和复合材料的大量制品被应用到多个行业与领域。高速压制技术因其具有的节能、环保、高效等诸多突出优势，引起了生产厂家及研究人员的重点关注。近年来，人们通过压缩空气、液压驱动、磁力驱动、机械弹簧、重力势能驱动方式对高速压制成形展开了大量的研究工作[81, 85, 86]。

现今广泛使用的主要是由瑞典 Hydropulsor AB 公司及其合作公司生产的中小型高速压制设备，可用来生产大零件，但该设备存在液压冲击系统结构复杂、零件数量大、设备体积大、加工及安装精度高以及设备造价昂贵等问题。目前，Hydropulsor AB 公司已开发出了系列高速压机，其中 100 吨高速压机更是高速压制成形设备的新突破，可以完成整个高速压制过程及精整工艺[81]。

国内某公司开发出的 HYP352-02 和 HYP35-07 型压机[82]，已分别应用于科学研究和工业生产领域。该设备采用了独特的液压冲击结构，并配备了完善的气动系统，但由于液压冲击系统存在管路复杂、体积庞大、结构复杂、整机造价昂贵、在压制速度上也不够高等问题，使得开展此技术的研究和推广工作较为困难。

1.4　粉末冶金成形过程控制的数值模拟与方法

由于粉末体压制过程存在材料物理性能非线性、几何变形非线性和边界条件非线性，所以很难用理论解析方法来求解。而传统的设计工作通常是靠相关工作人员的经验和反复的试模修正来完成的，效率低、成本高且不能在大范围内进行推广。因此寻求一种快捷高效的方法来解决这个问题就显得尤为重要。近些年来，随着计算机技术和有限元方法的快速发展，有限元数值模拟方法正逐渐成为研究这种复杂变形过程的有效工具。通过采用有限元数值模拟可获得对粉末变形过程更为微观、全面的认识。现有限元数值模拟已成功运用到板材的冷加工成形领域，为数值模拟技术在工业领域中的推广打下一定基础。

由于模拟技术受计算机发展的制约，始于 20 世纪后期的粉末冶金数值模拟在进入 21 世纪后，才得以快速度发展，欧洲国家在粉末冶金行业的数值模拟工作中走在世界前列。刚开始的数值模拟也是从简单圆柱体零件开始的，模拟时采用非线性材料模型。后来，研究人员考虑采用塑性材料模型和弹塑性材料模型相结合来开展这方面的研究工作，通过不断地模拟和实验，并加以分析比较，最后塑性材料模型得到了最广泛的应用。

粉末成形即粉末变形时体积是变化的，流动应力随着粉末压坯的相对密度的变化而变化。从本质上看，粉末在压制初期是非连续体，但由于非连续介质的基本理论还不完善，基于连续介质力学对粉末成形进行研究是将粉末体视为连续体，即将粉末体视为“可压缩的连续体”。根据粉末变形的特性，目前普遍采用两种建模方法，一种是基于连续介质力学，另一种则是基于非连续介质力学[87-89]。研究粉末成形行为可用连续体塑性力学理论进行，常用的建模方式有两种，其一基于粉末烧结体塑性力学方法，其二是基于广义塑性力学方法。而基于非连续介质力学所形成的建模方法主要是基于密集堆积球形颗粒的微观力学方法，目前还有待完善。

对金属粉末压制过程的力学建模，先要建立合适的粉末材料屈服准则，目前对于金属粉末压制过程的力学模型包括 Green、Kuhn、Gurson、Shima、Doraivelu、FKM 模型，这些模型有着比较扎实的理论基础，许多对粉末成形展开的数值模拟工作都是采用以上几种力学模型来完成的。目前国内外建模思路主要有三种，即金属塑性力学方法、广义塑性力学方法（土塑性力学方法）和微观力学方法。其中金属塑性力学方法和广义塑性力学方法是在连续介质力学的基础理论之将粉末体看成是可压缩的连续体而建立的，这是研究粉末成形的主流建模思路。微观力学方法是在非连续介质力学的理论基础之上建立的。

1.4.1　金属塑性力学方法

随着金属粉末体塑性加工工艺（粉末锻造、粉末挤压、粉末轧制等）的发展，使得粉末体的塑性理论研究得到了很大的提高。该理论研究将粉末体视为可变形的连续体介质，旨在通过连续体塑性力学的理论来分析粉末体在成形过程中的变化。粉末体塑性力学理论的主要内容之一就是建立相应的屈服准则。由于粉末体变形过程比较特殊，在建立其屈服准则时需要将粉末体的体积变化、流动应力与相对密度的关系和静水应力对其屈服的影响均考虑进去。

近几十年以来，国内外许多学者对粉末体的屈服准则进行了研究并提出相关理论，这些理论都是从经典的 Von Mises 理论引申而来，建立的屈服准则在形式上也是大同小异，可以写成如下通式：

$$A\boldsymbol{J}_2' + B\boldsymbol{J}_1^2 = \delta Y_0^2 = Y_\rho^2 \tag{1.1}$$

式中，A、B、δ 为相对密度参数，$A = 3(1-B)$，ρ 为相对密度，$\boldsymbol{J}_1$ 为第一应力张量不变量，$\boldsymbol{J}_2$ 为第二应力偏量不变量，Y_0 为无孔隙密度时烧结体屈服应力，Y_ρ 为相对密度为 ρ 时烧结体屈服应力，不同屈服模型其数值不同。当相对密度趋于 1 时，就趋向于利用经典的致密金属的 Von Mises 屈服准则。

事实上，这些屈服准则由于各自的假设前提不一样以及理论上存在的一些缺陷或是由于形式过于复杂，实际运用并不多，其结果与实际情况也存在一定的差异。经过验证，Doraivelu 准则、Lee 准则以及 Kim 准则与实验结果较为接近，有一定的实际运用价值。

1.4.2　广义塑性力学方法（土塑性力学方法）

金属粉末与土壤粉末具有一定的共性，二者均有体积可变性。基于此，许多研究学者纷纷考虑将土塑性力学理论应用到金属粉末的压制过程分析中，拓宽了土塑性力学理论的应用范围。这些基于土塑性理论的屈服模型主要有 Cam-Clay 模型、帽子模型和 Drucker-Prager 模型。金属粉末压制成形的数值模拟分析中采用这些屈服准则得到的结果比较理想，这些模型可以较好地描述金属粉末体成形过程中的变化。但是金属粉末和土壤粉末还是存在一定的差异性，实际分析中必须把握住这些模型中的参数准确性，以期获得更为真实的分析结果。粉体致密化成形数值模拟中常用金属塑性力学、广义塑性力学（土塑性力学）两种方法，实用性更好。

1.4.3　微观力学方法

在宏观的模拟分析之外，近年来也有些学者另辟蹊径采用微观的力学方法来研究粉末体的压制成形过程，旨在深入研究其致密化机理。目前，关于粉体压制的微观力学研究方法主要包括离散元法、离散单元法、分子动力学法和孔洞模型法[90]。

离散元法将研究对象离散成许多的单元颗粒，这些单元颗粒具有一定的形状和物理特性，如图 1.5 所示。离散元通过追踪单元的运动来计算单元颗粒在运动过程中所受的平衡力和位移，这些力的计算可以通过接触力得到。中国学者对于离散元法的研究较晚，目前也主要应用在岩土和粉体工程中。离散元法将压制成形过程中的单元颗粒看成是形状不变的，这样就能对实际问题进行很大的简化。但这也是该方法的主要缺陷。因此，该方法对脆性粉末或者粉末体初始压制阶段的描述较好，但对易变形的金属粉末适用性较差。

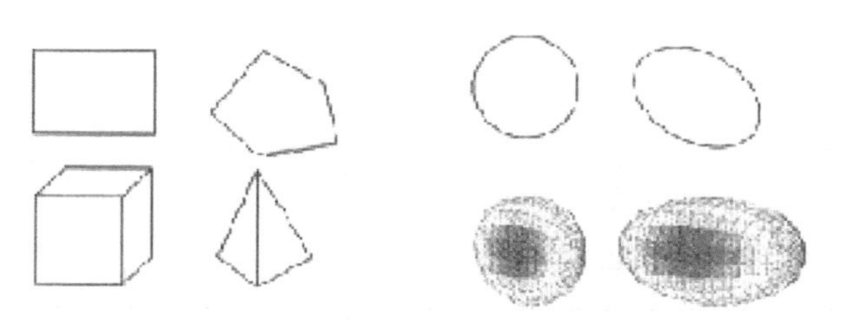

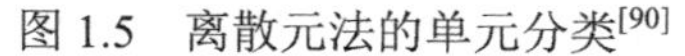

图 1.5　离散元法的单元分类[90]

考虑到上述方法的缺陷，Gethinl 等提出一种称之为离散单元法的新的研究方法。采用离散单元法描述的单元颗粒是可以发生变形的，其变形采用有限元方法来进行计算。该方法描述的单元颗粒如图 1.6 所示[91]，每个单元颗粒都分里外两层，里面是实体单元，外面是界面单元。图 1.7 描述了离散单元法中采用过渡层来连接离散元区域和有限元区域[92]。离散单元法相比离散元法更合理，得到的结果也更加精确。但是其里外两层的设计方法也对计算结果的稳定性产生了不良的影响。

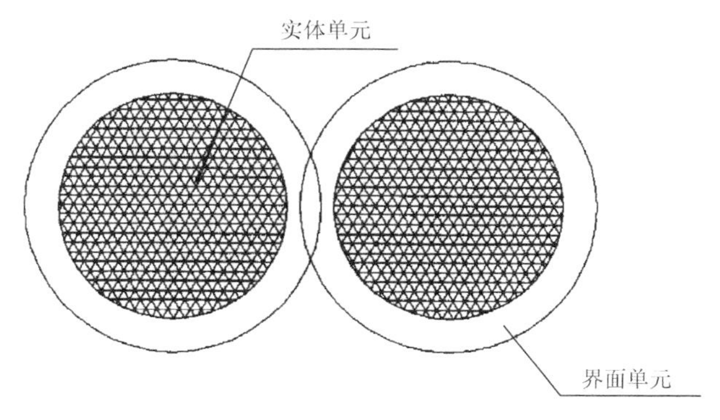

图 1.6　离散有限元法中的颗粒[91]

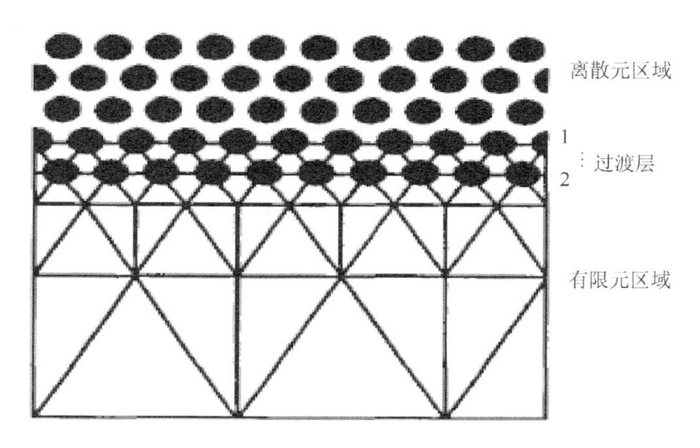

图 1.7　有限元与离散元的结合[92]

近年来，还有许多学者从分子动力学的角度对粉末体的成形过程展开研究工作。例如，Kitahara 等就用该方法模拟了非球形磁性颗粒在磁场作用下发生的压制变形，如图 1.8 所示[93]。他们认为磁场方向与压制方向垂直时，得到的颗粒排列方向更整齐。计算分析中，分子动力学系统采用各种势函数来求解力-位移之间的关系，系统总能量守恒。分子动力学法对微观情况的考虑思路很好，但是运算很麻烦，可行性较差。

图 1.8　Kitahara 等对非球形粉末颗粒展开的模拟研究[93]

所述的各种微观力学研究方法均能在一定程度上较好地描述粉末体压制成形过程中的微观变化，庞大的计算规模只能是随着计算机水平和超算能力的提升而逐步接近。华南理工大学陈普庆将粉末体看成是含有一定孔隙度的孔隙材料，这种模型使得系统稳定性大大提高，计算规模也大幅降低，但是如何将实际压制过程中那么多的孔隙的准确位置在建立的模型中有效地表征出来是该研究方法的一大难点。

粉末压制过程是一个极其复杂的非线性力学过程，从宏观力学行为着手进行模拟存在着材料非线性、几何非线性、边界条件非线性以及弹性回复等因素的影响。金属粉末微观模拟是研究粉末压制过程宏观力学行为的一个辅助手段，各种微观模拟方法的比较见表 1.6。微观模拟试图从微观角度研究颗粒特性对粉末体宏观性能的影响，以弥补连续体方法的不足，具有重要的实际意义。但此类方法的实现还存在以下几个问题：①颗粒模型的几何形状，颗粒形状通常假设为圆形或者球形，这与实际情况有很大的出入。②颗粒间的作用力，颗粒间的作用力类型不确定，这样将大量颗粒集成在一起后对于金属粉末宏观力学行为影响很大。③颗粒模型的控制。压制开始阶段，颗粒之间结合相当松散，此时压坯中孔隙形状为开孔隙。随着压制的进行，开孔隙逐渐转变为闭孔隙。颗粒由于变形开始出现相互“嵌入”的现象，此时颗粒间的形状和作用力均发生了变化，整个颗粒的模型在计算中控制起来难度增加。

表 1.6　微观模拟方法特点比较

算法类型	离散元法	离散有限元法	分子动力学法	孔洞模型法
算法思想	介质离散成“元”，相邻“元”间存在某种或几种作用力，“元”运动由牛顿运动定律支配	利用过渡层连接有限元区域和离散元区域，过渡层厚度由离散元计算采用的势函决定	建立介质内颗粒的牛顿运动方程，用各种势函数求解力-位移关系，系统总能量保持守恒	将粉末体视为在一种基体材料内部均匀随机分布的孔隙材料
算法稳定性	差	较好	差	较好
算法精度	中	较好	中	中
算法缺陷	忽略了压制过程中粉末自身变化；计算量过大，效率低	过渡层能量场不稳定；两种方法的时间尺度不统一	用以考察分子和晶体的微观层次，模拟效率低下	孔洞随机表征困难

1.4.4　内蕴时间理论方法

K. C. Valanis 在 1977 年提出一种内蕴时间理论，近年来被越来越多的学者所关注，并用作粉末体成形的建模方法。其基本定义是粉末体内任意一点的即时应力状态是其领域内变形和温度的历史泛函。这一历史泛函通过内蕴时间 Z 来标定，内蕴时间取决于粉末材料的特性和变形程度。内蕴时间方法避开了一个不是很精确的物理量的屈服点及其相应的屈服面带来的困扰。该模型是一个比较经典且适用范围比较广泛的模型。但内蕴时间理论目前尚处于定性分析中，研究难度较大，也没有涉及在数值运算中的应用。

除了材料模型的建立，还需要考虑屈服准则和摩擦模型的建立。过去很长的一段时间里，国内外的许多科技工作者都在这方面投入了大量的时间和精力，并取得了众多的科研成果。这些屈服准则模型的科研成果大多是根据研究者的姓名进行命名的。像著名的 Shima 准则、Gurson 准则以及 Green 准则等。而摩擦模型的建立主要考虑滑动 Coulomb 摩擦模型和修正的滑动 Coulomb 摩擦模型以及剪切模型。

华林[94-96]和任学平[97, 98]等在基于粉末屈服准则上，建立了粉末高速压制工艺中的屈服模型，如表 1.7 所示。

表 1.7　国内粉末的屈服准则模型[94]

研究者	A	B	δ
华林	$2+\rho^2$	$(1-\rho^2)/3$	—
任学平	$2(1+\mu)$	$(1-2\mu)/3$	$c(\rho-\rho_c)$

注：ρ 为相对密度，ρ_c 为粉末体强度为零时的相对密度，μ 为泊松比。

陈振华利用非线性流变模型来描述粉末应力松弛的应力与应变之间的关系，提供了粉末屈服模型的研究新思路[99]。董林峰、汪俊等[87, 88, 100-102]根据产品需求进行模具和工艺设计，针对粉末压制过程中的缺陷问题，建立了基于损伤力学的缺陷模型和金属零件集成设计系统。黄春曼等[103]验证了粉末温压中模具的加热装置和方式的可行性，进行了有限元热场分析。

李元元等[104]基于连续介质力学，模拟了粉末温压成形过程，得到了热力耦合方程，即

$$\mathrm{d}\sigma_{ij}=\sigma_{ijkl}^{\mathrm{ep}}(\mathrm{d}\varepsilon_{kl}-\mathrm{d}\varepsilon_{kl}^{\mathrm{TH}})-\frac{\dfrac{\partial F}{\partial \sigma_{ij}}D_{ijkl}^{\mathrm{e}}\dfrac{\partial F}{\partial T}\mathrm{d}T}{\dfrac{\partial F}{\partial \sigma_{ij}}D_{ijkl}^{\mathrm{e}}\dfrac{\partial F}{\partial \sigma_{kl}}-\dfrac{\partial F}{\partial \varepsilon_{ij}^{\mathrm{p}}\partial \sigma_{ij}}} \tag{1.2}$$

Kuhn 和 Downey 等[105]在 20 世纪 70 年代初，提出了椭球形屈服表面的半定量屈服准则。该准则中参数为泊松比函数，且屈服函数与基体材料流动应力无关，因此不能处理基体有硬化的材料。Green 针对假设的厚壁球壳模型，分别推导出纯剪切和纯等静压条件下的屈服准则，并综合两种准则，建立了粉末体的屈服准则[106]。Oyane 则根据立方体单元胞模型推导出屈服准则[107]。Shima 等[108]研究了与基体材料有关的等效应力、等效应变增量组成的屈服准则，用以处理基体材料的加工硬化，并使用 MSC.MARC 有限元仿真软件将该模型嵌入其软件，用以描述铜粉压制变形过程中的屈服行为。Gurson 则将多孔材料看作含有孔的刚塑性单元胞得出另一种屈服准则[109]。Rodrigues[110]则建立了多孔材料与其基体材料屈服应力间的关系，建立了新的屈服准则。

近年来，国外建模结果如表 1.8 所示，虽然在过往研究中成功建立了多种模型，但大多数准则在实际工作中运用较少，这主要归因于理论上的缺陷或过于复杂的公式等因素。

表 1.8　国外粉末屈服准则研究

研究者	A	B	δ
Kuhn[105]	$2+\rho^2$	$(1-\rho^2)/3$	—
Green[106]	3	$\{[3(1-(1-\rho)^{1/3})]/[3-2(1-\rho)^{1/4}\ln(1-\rho)]\}^2/4$	$\{[3(1-(1-\rho)^{1/3})]/[3-2(1-\rho)^{1/4}]\}^2$
Gurson[109]	3	$(1-\rho)^2/8$	$\rho^2-\rho+1$
Shima[108]	3	$1/\{9[1/2.49(1-\rho)^{0.514}]^2\}$	ρ^5
Doraivelu[100]	$2+\rho^2$	$(1-\rho^2)/3$	$(\rho^2-\rho_c^2)/(1-\rho_c^2)$

Rodrigues 等[110]提出了泊松比模型（表 1.9），用以模拟铜烧结体塑性成形过程，对粉末压制初始阶段的塑性行为进行了建模，与实验结果可较好吻合。

表 1.9　泊松比模型[110]

研究者	Shima，Oyane	Doraivelu	Lee，Kim	Rodrigues
泊松比	$[2.49(1-\rho)^{0.514}]^2/9$	$\rho^2/2$	$\rho^2/2$	$(\rho^{4.15\rho_0-1.23})/2$

最早的土体屈服准则是 Coulomb 屈服准则[111, 112]。Drucker 和 Prager 又提出了主应力空间为圆锥形屈服表面的屈服准则[113, 114]。Jenike 和 Shield 用平面底来封闭 Mohr-Coulomb 破坏锥面[115]。Suh 提出的屈服准则中，其屈服表面为旋转双纽线[116]。Roscoe 和 Burland 根据能量方程，提出了剑桥模型，随后又对其进行了修正[117, 118]。DiMaggio 和 Sandler 提出了 DiM-S 帽子模型，与之相对应的是 Prager 屈服准则，通常认为 D-P 屈服准则是 DiM-S 的精简形式[119]。

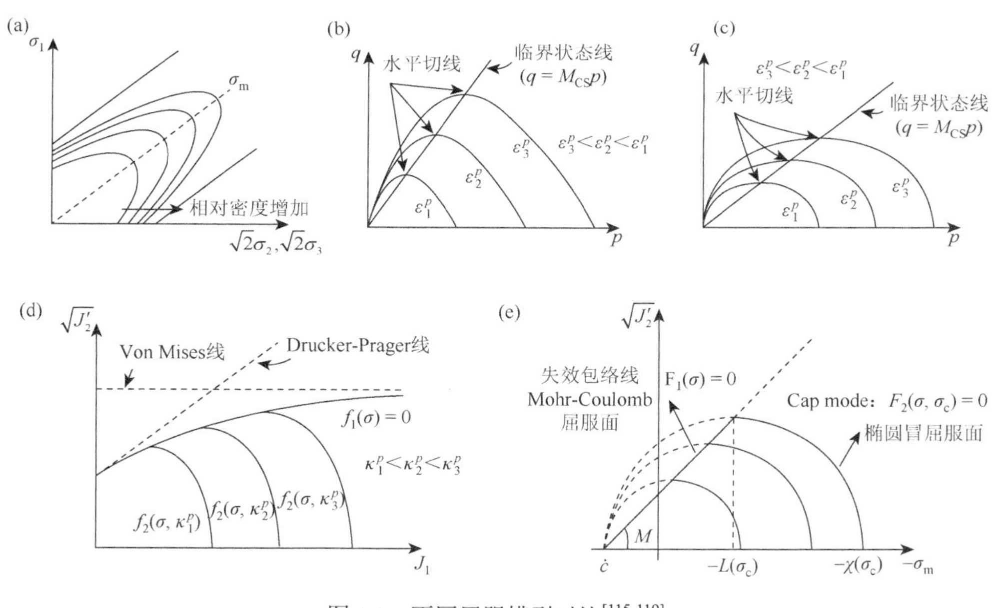

图 1.9　不同屈服模型对比[115-119]

（a）Mohr-Coulomb 屈服面；（b）Cam-Clay 模型；（c）修正的 Cam-Clay 模型；（d）DiMaggio-Sandler 模型；（e）Lewis-Khoei 模型

Lewis 和 Khoei 对 Coulomb 屈服模型［图 1.9（a）］、剑桥模型［图 1.9（b）］进行了 Mohr-Coulomb 模型修正图，结果如图 1.9（e）所示。为描述粉末成形过程中塑性行为，研究者建立了凸形双曲面屈服模型，并对不同形状的制品进行了轴对称和三维模拟[120]。

Ariffin 和 Mujibur 基于连续介质力学方法，推导出热弹塑性屈服模型［式（1.3）］，并进行了数值模拟，比较应力、温度变化等与相对密度之间的关系[121]。

$$\mathrm{d}\sigma = D_{\mathrm{ep}}\left[\mathrm{d}\varepsilon - \left(m\frac{\beta_{\mathrm{s}}}{3} - \frac{\partial Q / \partial\sigma(\partial F / \partial h)(\partial h / \partial T) + \partial F / \partial T}{\partial F / \partial h(\partial h / \partial \varepsilon^{p})^{\mathrm{T}} \partial Q / \partial \sigma}\right)\mathrm{d}T\right] \tag{1.3}$$

Wikman 等[122]认为黏塑性模型不能正确地描述压制初期颗粒致密化行为，进而采用弹黏-黏塑性模型，可与实验结果较好吻合。Mähler 等[123]采用热超弹性-黏塑性模型分析了金属粉末热等静压过程，也取得了与实验结果相符度较高的模拟结果。

Khoei 和 Iranfar 对粉末冷成形轴和三维有限元模拟进行了研究，建立了类非线性模型，即

$$E = 3640\rho^{3.9} \tag{1.4}$$

但该模型对除了弹性模量之外的其他参数的非线性影响未作介绍，也未与实际实验结合进行比较分析[124]。Azami 和 Khoei 描述了粉末屈服准则，主要采用了三个应力不变量，即

$$F(\sigma,\eta)=\psi \boldsymbol{J}_{3\mathrm{D}}^{2/3}+\boldsymbol{J}_{2\mathrm{D}}+(f_{\mathrm{d}} / f_{\mathrm{h}})^{2}\boldsymbol{J}_{1}^{2}-f_{\mathrm{d}}^{2} \tag{1.5}$$

式中，$\boldsymbol{J}_1$ 第一应力张量不变量，$\boldsymbol{J}_{2\mathrm{D}}$、$\boldsymbol{J}_{3\mathrm{D}}$ 为第二、第三偏应力不变量，f_{h}、f_{d} 为相对密度函数，η 为相对密度，该屈服模型结果显示与实验相符度较高[125]。

Justino 等[126]对粉末成形问题进行了模拟，采用的是弹黏-塑性本构模型。Kim 等[127]研究了铜粉冷压成形过程，并将 Lee-Kim 屈服准则和基于密度相关的黏塑性屈服准则重塑形成了新的混合模型，模拟结果与实验数据亦相符度较高。Khoei 和 Bakhshiani 研究了以内蕴时间塑性本构模型为基础的粉末塑性成形过程，可以对粉末成形问题进行预测[128]。Lewis 和 Gethin 研究了药物粉末压制成形过程的微观模型，发现粉末的成形过程与本构关系、摩擦、表面涂覆等因素存在一定的相应关系[129]。Fleck 和 Tvergaard 采用修正的 Gurson 模型对粉末成形过程进行了描述，但并不能有效模拟全部成形过程，只能进行两个阶段的粉末压制过程模拟[130]。Kim 和 Cho 采用的是 Tvergaard 修正模型和 Fleck 模型，对铜粉和铁粉冷压成形过程进行了研究，并发现混合模型可较好验证整个粉末成形过程[131]。

Ransing 等[132]对粉末冷压成形过程进行了研究，并发现微观模型能更好地反映粉末成形的过程及其变形规律。Zavaliangos 发现[133]压制初始阶段颗粒间摩擦状况会对压制过程有所影响。该模型未对热态进行分析，仅模拟了冷态下的压制过程。

Wu 等[134]对铝粉和铁粉混合压制微观形变机制进行了研究，并建立了二维模型。对各向同性粉末材料而言，颗粒间的摩擦系数对密度的影响不大，即便当摩擦系数大于 0.2 时，影响比例也是很小的。并且提出在低压力下，孔隙面积的增大主要是弹性回复造成的结果。

总之，粉末冶金成形过程是致密化过程，粉末材料的塑性或可压缩性较差、

内应力和弹性回弹较大以及压制过程中由于摩擦的原因而不能更为有效和均匀地传递压力，影响了粉末冶金制品密度提高。通过粉末冶金塑性成形过程中的力学行为分析，研究成形过程中的金属塑性变形规律及力学特性，对于提高粉末冶金制品性能非常有益，也可以为工业生产设计和应用提供一定的参照依据。但是，粉末压制成形过程涉及材料非线性、几何非线性和边界条件非线性等复杂的高度非线性分析问题，若采用一般的数值解析方法，难以解决此类问题，传统的试验法耗费大量的人力、物力及时间，不可能在大范围内进行，而有限元数值模拟技术是一种研究高度非线性塑性成形问题的有力工具，可以获得对粉末变形过程更为微观、全面的认识，大大降低人力、物力消耗，达到为生产过程提供指导性依据的目标。

作者一直从事粉末冶金的压制成形过程控制与致密化研究，为了研究复杂的粉末成形过程，设计并制造出了电阻和电磁感应加热温压装置以及利用重力势能作为蓄能方式进行冲击压制的设备，分别对温压和高速压制过程进行分析，并使用有限元数值模拟技术进行相关实验验证性研究。

参 考 文 献

[1] 刘咏，黄伯云，龙郑易，贺跃辉. 从 PM2004 看世界粉末冶金的发展现状[J]. 粉末冶金材料科学与工程，2005，10（1）：10-20.

[2] 孙世杰. 2014 年北美地区粉末冶金行业发展状况报告[J]. 粉末冶金工业，2014，24（5）：67.

[3] 曹阳，包崇玺. 中国粉末冶金零部件产业依托汽车工业的发展研究[J]. 汽车工艺与材料，2018，358（10）：52-59，64.

[4] 邹志强，曲选辉，黄伯云. 国外粉末冶金的最新进展[J]. 粉末冶金技术，1997，15（1）：66-70.

[5] 韩凤麟. 世界粉末冶金零件工业动态[J]. 粉末冶金技术，2001，（4）：225-263.

[6] 亓家钟，陈蓓京，陈利民. 世界粉末冶金工业一瞥[J] .中国冶金，2005，15（9）：4-8.

[7] 郑雪萍，李平，曲选辉. 世界粉末冶金行业的发展现状[J]. 稀有金属快报，2005，24（3）：6-9.

[8] 韩凤麟. 中国（大陆）粉末冶金零件行业 2004 年进展[J]. 粉末冶金技术，2006，24（1）：56-59.

[9] 蔡韻，吴菊清. 我国汽车粉末冶金零件发展动向趋势分析[J]. 新材料产业，2005，（1）：60-62.

[10] 黄培云. 粉末冶金原理[M]. 北京：冶金工业出版社，2000.

[11] Gu M，Wu Y C，Jiao M H，Huang X M. Structural and mechanical properties of CuZr/AlN nanocomposites[J]. Transactions of Nonferrous Metals Society of China，2014，24（2）：380-384.

[12] Gu M，Wu Y C，Jiao M H，Huang X M. Structural and mechanical properties of Cu/AlN nanocomposites with high strength and high conductivity[J]. Rare Metal Materials and Engineering，2014，43（7）：1562-1567.

[13] Gu M，Wu Y C，Jiao M H，Huang X M. Effect of aging treatment on structural and mechanical properties of CuCrZr/AlN nanocomposites[J]. 2014 International Workshop on Material Processing and Mechanical Engineering，2014，（548-549）：141-146.

[14] 李元元，肖志俞，陈维平，等. 粉末冶金高致密化成形技术的新进展[J]. 粉末冶金材料科学与工程，2005，（1）：1-9.

[15] Rutz H G，Hanejko F G，Luk S H. Warm compaction offers high density at low cost[J]. Metal Powder Report，

1994，49（9）：40-47.

[16] 肖志瑜，柯美元，李元元，等. 温压工艺最新进展——流动温压技术[J]. 粉末冶金工业，2002，12（5）：28-32.

[17] 肖志瑜，李元元. 温压技术及其应用[J]. 材料开发与应用，2000，15（2）：35-39.

[18] 蔡志勇，曹顺华，谢湛，等. 温压技术在非铁基粉末冶金材料中的应用研究[J]. 稀有金属与硬质合金，2007，35（3）：49-53.

[19] 谷曼，王德广，焦明华，吴玉程. 铁基粉末温压过程中的致密化研究[J]. 材料热处理学报，2014，35（6）：15-19.

[20] Capus J，Pickering S，Weaver A. Höganäs offers higher density at lower cost[J]. Metal Powder Report，1994，49（7-8）：22-24.

[21] Sethi G，Myers N S，German R M. An overview of dynamic compaction in powder metallurgy[J]. International Materials Reviews，2008，53（4）：219-234.

[22] 李元元，肖志瑜，倪东惠，等. 粉末冶金温压技术的研究及其应用[J]. 广东有色金属学报，2004，14（1）：1-8.

[23] 李益民，黄伯云，曲选辉. 金属注射成形技术进展[J]. 稀有金属材料与工程，1996，25（1）：1-4.

[24] 吴菊清，倪冠曹. 温压成形技术及用于发动机连杆生产的可能性探讨[J]. 上海有色金属，1998，19（4）：147-153.

[25] 何峰，汪武祥. 温压工艺在粉末冶金中的研究与应用[J]. 材料工程，2001，（6）：41-47.

[26] 肖志瑜，柯美元，李元元，等. 温压工艺在汽车工业中的应用[J]. 汽车工艺与材料，2002，（5）：7-10.

[27] 李元元，肖志瑜，潘国如，等. 温压技术的应用、发展及其在我国的工业化前景[J]. 粉末冶金技术，2002，20（6）：360-364.

[28] 肖志瑜，李元元. 温压技术及其应用[J]. 材料开发与应用，2000，15（2）：35-39.

[29] 果世驹. 粉末冶金温压技术的进展[J]. 粉末冶金工业，2003，12（2）：3-8.

[30] 曹顺华，易健宏，奉东文. 温压致密化机理及其在温压粉末设计中的应用[J]. 粉末冶金材料科学与工程，2001，6（3）：9-11，22.

[31] 李明怡，果世驹，康志君，等. 不同类型金属粉末的温压行为[J]. 粉末冶金技术，2000，18（4）：261-264.

[32] 林信平，曹顺华，李炯义，等. 温压工艺在粉末冶金 Ti 合金制备中的应用[J]. 稀有金属与硬质合金，2004，32（3）：36-39，13.

[33] 罗述东，唐新文，易健宏，等. 钨基高密度合金粉末的温压成形行为研究[J]. 粉末冶金工业，2003，13（3）：31-35.

[34] 李明怡，果世驹，林涛，等. 无黏结剂铁粉的温压工艺研究[J]. 粉末冶金工业，1996，6（6）：5-9.

[35] 果世驹，林涛，魏延萍，等. 细磷铁粉的制备及其对铁粉温压行为的影响[J]. 粉末冶金技术，1997，15（1）：14-17.

[36] 果世驹，杨霞，陈邦峰，等. 316L 不锈钢粉末温压与模壁润滑的高密度成形[J]. 粉末冶金技术，2005，23（6）：403-408.

[37] 李金花，倪东惠，朱权利，等. 利用温压工艺制备了粉末冶金温压工艺制备 Fe-Cu-C 材料[J]. 机械工程材料，2005，29（5）：38-40.

[38] 郭瑞金，St-Laurent S，Chagnon F. 粉末混合料配方对温压试样的生坯与烧结件性能的影响[J]. 粉末冶金工业，2004，14（1）：1-9.

[39] 项品峰，张双益，李元元，等. 聚合物加入方式对粉末冶金温压成形的影响[J]. 机械工程材料，2001，25（3）：23-24，34.

[40] 李金花，李元元，潘国如，等. 几种润滑剂对温压工艺的影响[J]. 粉末冶金工业，2004，14（3）：5-8.
[41] 杨霞，陈邦峰，果世驹，等. 粉末冶金静电模壁润滑中复合润滑剂的静电荷电与润滑特性[J]. 北京科技大学学报，2004，26（4）：407-410.
[42] 林涛，果世驹. 粘结剂和润滑剂对铁粉流动性和松装密度的影响[J]. 粉末冶金技术，2000，18（1）：8-11.
[43] 屈盛官，夏伟，肖志瑜，等. 大功率发动机高性能粉末冶金油泵齿轮研究[J]. 中国机械工程，2005，16（10）：852-856.
[44] 曹顺华，林信平，李炯义，等. 模壁润滑温压工艺的研究[J]. 材料导报，2004，18（10）：85-88，102.
[45] 果世驹，林涛. 侧压系数及压坯高径比对温压有效性的影响[J]. 粉末冶金工业，1998，8（4）：7-10.
[46] 欧阳鸿武，何世文，韦嘉，等. 装粉方式对钛粉压制成形影响的数值模拟[J]. 中国有色金属学报，2004，14（8）：1318-1323.
[47] 成小乐，高义民，邢建东，等. WC/45 钢复合材料的温压烧结工艺及其磨损性能[J]. 西安交通大学学报，2005，39（1）：53-56.
[48] 程继贵，王成福，夏永红，等. CF/Cu-10Sn 复合轴承材料温压成形致密化规律和其有关性能研究[J]. 矿冶工程，2002，22（4）：95-98.
[49] 何世文，欧阳鸿武，刘咏，等. 钛合金粉末温压成形行为[J]. 稀有金属材料与工程，2005，34（7）：1119-1122.
[50] 周洪强，陈志强. 钛合金粉末冶金内润滑温压成形[J]. 稀有金属材料与工程，2008，37（11）：2020-2022.
[51] 谢海东，周照耀. 粉末冶金温压斜齿轮系统传动性能[J]. 制造技术与机床，2009，（4）：70-74.
[52] St-Laurent S, Chagon F. 温压工艺设计的混合粉[J]. 粉末冶金技术，1998，16（1）：40-51.
[53] 张双益，李元元. 温压技术及其致密化机制的研究进展[J]. 材料科学与工程，1999，17（4）：96-100.
[54] 李元元，项品峰，徐铮，等. 温压技术中的致密化机制[J]. 材料科学与工程，2001，19（1）：39-42.
[55] Toyota hits on smooth fomula for compaction[J]. Metal Powder Report，2002，57（9）：30-31.
[56] 刘华，邵明，陈维平，等. 分级电阻式粉末冶金温压加热系统结构的研究[J]. 机械科学与技术，2004，23（3）：341-343.
[57] 刘华，邵明，陈维平，等. 用于粉冶温压的分级电阻式加热系统及控制研制[J]. 锻压设备与工业炉，2003（4）：19-21.
[58] 刘华，邵明，陈维平，等. 分级电阻式粉末冶金温压加热系统[J]. 现代制造工程，2003，（7）：7-9.
[59] 刘华. 粉末冶金温压加热系统的研究[D]. 广州：华南理工大学，2002.
[60] Whittaker D. Press makers signal faith in warm compaction[A]. Metal Powder Report，1994，49（7/8）：24.
[61] 李元元，徐铮，倪东惠. 产业化温压设备中的加热系统[J]. 粉末冶金工业，2000，10（6）：14-18.
[62] Wang J Z，Qu X H，Yin H Q，et al. High velocity compaction of ferrous powder[J]. Powder Technology，2009，192（1）：131-136.
[63] 闫志巧，蔡一湘，陈峰. 粉末冶金高速压制技术及其应用[J]. 粉末冶金技术，2009，27（6）：455-460.
[64] 李祺. 粉末材料超声压制成形新工艺装置研制与试验研究[D]. 长沙：中南大学，2010.
[65] 邓三才，肖志瑜，陈进. 粉末冶金高速压制技术的研究现状及展望[J]. 粉末冶金材料科学与工程，2009，14（4）：213-217.
[66] 余惺. 高速压制法制备 W-15Cu 合金工艺的研究[D]. 长沙：中南大学，2010.
[67] 戴建东，李大勇，胡茂良，等. 高密度粉末材料成形技研究进展评述[J]. 机械工程师，2013，（6）：1-5.
[68] 范景莲，彭石高，刘涛，等. 钨铜复合材料的应用与研究现状[J]. 稀有金属与硬质合金，2006，34（3）：19，30-35.
[69] 岳书霞. 高速压制成形中金属粉末本构方程的研究[D]. 长沙：中南大学，2008.
[70] Azhdara B，Stenberga B，Leif K. Development of a high-velocity compaction process for polymer powders[J].

Polymer Testing，2005，（24）：909-919.

[71] Jonsén P，Häggblad H-Å，Troive L. Green body behaviour of high velocity pressed metal powder[J]. Materials Science Forum，2007，（534-536）：289-292.

[72] Souriou D，Goeuriot P，Bonnefoy O. Influence of the formulation of an alumina powder on compaction[J]. Powder Technology，2009，190（1-2）：152-159.

[73] Souriou D，Goeuriot P，Bonnefoy O. Comparison of conventional and high velocity compaction of alumina powders[C]. 11th International Ceramics Congress and 4th Forum on New Materials，Acireale，Sicily，Italy，June 4-9，2006.

[74] Guennec Y L，Dorémus P，Imbault D. The multiple layers of high velocity compaction[J]. Metal Powder Report，2009，64（1）：25-26，28.

[75] Sethi G，Hauck E，German R M. High velocity compaction compared with conventional compaction[J]. Materials Science and Technology，2006，22（8）：955-959.

[76] Richard F. HVC punches PM to new mass production limits[J]. Metal Powder Report，2002，57（9）：26-30.

[77] 迟悦，果世驹，孟飞，等. 粉末冶金高速压制成形技术[J]. 粉末冶金工业，2005，15（6）：41-45.

[78] 肖志瑜，陈维平，李元元. 粉末冶金高致密化的新途径[J]. 材料导报，2003，17（11）：5-8.

[79] 果世驹，迟悦，孟飞，等. 粉末冶金高速压制成形的压制方程[J]. 粉末冶金材料科学与工程，2006，11（1）：24-27.

[80] 易明军，尹海清，曲选辉. 力与应力波对高速压制压坯质量的影响[J]. 粉末冶金技术，2009，27（3）：207-211.

[81] 曲选辉，尹海清. 粉末高速压制技术的发展现状[J]. 中国材料进展. 2010（02）：45-49.

[82] 王建忠，曲选辉，尹海清，等. 电解铜粉高速压制成形[J]. 中国有色金属学报. 2008，（8）：1498-1503.

[83] 陈进. 粉末温高速压制成形装置、成形规律及其致密化机理研究[D]. 广州：华南理工大学，2011.

[84] 王德广. 金属粉末高致密化成形及其数值模拟研究[D]. 合肥：合肥工业大学. 2010.

[85] Vityaz P A，Roman O V. Impulse Compacting of Powder Materials[C]. Proceedings of the Thirteenth International Machine Tool Design and Research Conference，1973：441-447.

[86] Dahlberg K. Impact Machine[P]. Sweden：PCT/SE95/00758. 1997-1-9.

[87] 汪俊. 粉末金属成形过程建模及成形工艺计算机仿真[D]. 上海：上海交通大学，1999.

[88] 董林峰. 粉末金属成形中的缺陷预测与成形过程的计算机仿真[D]. 上海：上海交通大学，2001.

[89] 程勇. 粉末成形规律和过程模拟研究[D]. 武汉：武汉理工大学，2001.

[90] 刘凯欣，高凌天. 离散元法研究的评述[J]. 力学进展，2003，33（4）：483-490.

[91] 王伟，刘小君，焦明华. 滑块运动和形位参数对颗粒流润滑特性的影响规律[J]. 机械工程学报，2009，45（7）：101-106.

[92] 胥建龙，唐志平. 离散元与有限元结合的多尺度方法及其应用[J]. 计算物理，2003，20（6）：479-481.

[93] Kitahara H，Kotera H，Shima S. 3D simulation of magnetic particles' behaviour during compaction in a magnetic field[J]. Powder Technology，2000，109：234.

[94] 华林，赵仲治. 粉末烧结材料屈服条件[J]. 武汉汽车工业大学学报，1999，21（2）：26-30.

[95] 华林，秦训鹏. 粉末烧结材料屈服函数形状[J]. 塑性工程学报，2004，11（3）：39-42.

[96] 华林，秦训鹏. 粉末烧结材料屈服条件研究和进展[J]. 武汉理工大学学报，2004，26（4）：1-5.

[97] 任学平. 粉末体的屈服准则[J]. 粉末冶金技术，1992，10（1）：8-12.

[98] 任学平. 粉末金属屈服准则和流动应力的研究[D]. 哈尔滨：哈尔滨工业大学，1989.

[99] 陈振华. 金属粉末压缩成形的应力松弛[J]. 稀有金属材料与工程，1994，23（1）：21-25.

[100] Doraivelu S M，Gegel H L，Gunasekera L S，et al. A new yield function for compressible P/M materials[J].

International Journal of Mechanical Science，1984，26（9/10）：527-535.

[101] 汪俊，李从心，阮雪榆. 粉末金属压制过程建模方法（3）——微观力学方法[J]. 金属成型工艺，2000，18（4）：1-4.

[102] 汪俊，李从心，阮雪榆. 粉末金属压制过程数值模拟建模方法[J]. 机械科学与技术，2000，19（7）：436-438.

[103] 黄春曼，邵明，刘华. 粉末温压中模具的加热设计及有限元热场分析[J]. 华南理工大学学报，2005，38（3）：33-35.

[104] 赵伟斌，李元元，周照耀，等. 金属粉末温压成形的数值模拟研究[J]. 粉末冶金工业，2004，（5）：28-32.

[105] Kuhn H A，Downey C L. Deformation characteristics and plasticity theory of sintered powder materials[J]. International Journal of Powder Metallurgy，1971，7（10）：15-25.

[106] Green R J. A plasticity theory for porous solids[J]. International Journal of Mechanical Science，1972，14（3）：215-224.

[107] Oyane M，Shima S，Kono Y. Theory of plasticity for porous metals[J]. Bulletin of the SEM，1977，（16）：1254-1261.

[108] Shima S，Oyane M. Plasticity theory for porous metallurgy[J]. International Journal of Mechanical Science，1976，18（6）：285-291.

[109] Gurson A L. Continuum theory of ductile rupture by void nucleation and growth：Part I：Yield criteria and flow rules for porous ductile media[J]. Journal of Engineering Materials and Technology，1977，（ASME99）：2-5.

[110] Alves L M M，Martins P A F，Rodrigues O M C. A new yield function for porous materials[J]. Journal of Materials Processing Technology，2006，（179）：36-43.

[111] 谢水生，王祖唐. 金属塑性成形工步的有限元数值模拟[M]. 北京：冶金工业出版社，1997.

[112] 李尚健. 金属塑性成形过程模拟[M]. 北京：机械工业出版社，1999.

[113] Drucker D C，Prager W. Soil mechanics and plastic analysis or limit design[J]. Quarterly Journal of Applied Mathematics，1952（10）：157-165.

[114] Drucker D C，Gibson R E，Henkel D J. Soil mechanics and work hardening theories of plasticity[J]. Transactions，1953，（122）：338-346.

[115] Jenike A W，Shield R T. On the plastic flow of coulomb solids beyond original failure[J]. Journal of Applied Mechanicals，1959，（26）：599-602.

[116] Suh N P. A yield criterion for plastic，frictional，work-hardening granular materials[J]. International Journal of Powder Metallurgy，1969（5）：69-78.

[117] Roscoe K H，Schofield A N，Wroth C P. On the yielding of soils[J]. Géotechnique，1958，（8）：22-53.

[118] Roscoe K H，Burland J B. On the Generalized Stress-Strain Behaviour of ‘Wet’ Clay. In：Engineering Plasticity[M]. Cambridge：Cambridge University Press，1968：535-609.

[119] DiMaggio F L，Sandler I S. Material model for granular soils[J]. Journal of the Engineering Mechanical，1971，（ASCE97）：935-950.

[120] Lewi R W，Khoei A R. A plasticity model for metal powder forming process[J]. International Journal of Plasticity，2001（17）：1659-1692.

[121] Ariffin A K，Mujibur M D. Themal-mechanical mode of warm powder compaction process[J]. Journal of Materials Technology，2001（116）：67-71.

[122] Wikman B，Svoboda A，Häggblad H-Å. A combined material model for numerical simulation of hot isostatic pressing[J]. Computer Methods of Applied Mechanical Engineering，2000，（189）：901-913.

[123] Mähler L，Ekh M，Runesson K. A class of thermo-hyperelastic-viscoplastic models for porous materials：Theory and numerics[J]. International Journal of Plastic，2001，（17）：943-969.

[124] Khoei A R，Iranfar S. 3D numerical simulation of elasto-plastic behaviour in powder compaction process using a quasi-nonlinear technique[J]. Journal of Materials Processing Technology，2003，（143-144）：886-890.

[125] Azami A R，Khoei A R. 3D computational modeling of powder compaction processes using a three-invariant hardening cap plasticity model[J]. Finite Elements in Analysis and Design，2006，（42）：792-807.

[126] Justino J G，Alves M K，Kleinl A N，et al. A comparative analysis of elasto-plastic constitutive models for porous sintered materials[J]. Journal of Materials Processing Technology，2006，179：44-49.

[127] Kim H S，Y Estrin，Gutmanas E Y. A constitutive model for densification of metal compacts：the case of copper[J]. Materials Science and Engineering，2001（A307）：67-73.

[128] Khoei A R，Bakhshiani A. A constitutive model for finite deformation of endochronic plasticity in powder forming processes[J]. Journal of Materials Processing Technology，2004，（153-154）：12-19.

[129] Lewis R W，Gethin D T. A combined finite-discrete element method for simulating pharmaceutical powder tableting[J]. International Journal for Numerical Methods in Engineering，2005（62）：853-869.

[130] Fleck N A，Kuhn L T，McMeeking R M. Yielding of metal powder bonded by isolated contacts[J]. Journal of the Mechanics and Physics of Solids，1992，（40）：1139-1162.

[131] Kim K T，Cho J H. A densification model for mixed metal powder under cold compaction[J]. International Journal of Mechanical Sciences，2001，（43）：2929-2946.

[132] Ransing R S，Gethin D T，Khoei A R，et al. Powder compaction modelling via the discrete and finite element method[J]. Materials and Design，2000，（21）：263-269.

[133] Zavaliangos A. A multiparticle simulation of powder compaction using finite element discretization of individual particles[J]. MRS online Proceedings library，2002，731：71.

[134] Wu W，Jiang G，Wagoner R H，et al. Experimental and numerical investigation of idealized consolidation—Part 1：Static compaction[J]. Acta Materials，2000（48）：4323-4330.

第2章　粉末冶金高致密化成形装置设计与测试

粉末冶金工艺过程中，从制粉、压制到烧结制品存在较多的固有孔隙，不仅影响制品的性能，还使得精密成形加工更为困难。传统的复压复烧、粉末锻造、热压、热等静压等成形方式，存在不同的优缺点。粉末冶金高致密化成形可以生产出密度更大、性能更好的制品，且成本较低、生产效率高，从而实现制品的规模化生产。随着粉末冶金制品向着形状复杂、尺寸精度高、性能特殊等方面发展，需要研发更多样、适应性更广的粉末高致密化成形技术与装备。

2.1　高致密化成形装置的设计

随着对粉末冶金制品的形状、尺寸、性能等方面提出了更高、更多样的要求，推动了粉末冶金技术的进一步发展，也促进了高致密化成形装备的发展。粉末冶金成形系统结构包括压机、成形模具和润滑等部分，涉及压力、温度和摩擦等参量，需要在装置设计中得到反映，确保高致密化化成形。

2.1.1　温压成形工艺流程

温压就是指采用特殊的粉末加温、粉末输送和模具加热系统，将加有特殊润滑剂的预合金粉末和模具加热，需要加热到130～150℃，为了保证粉末充填行为和良好的流动性，温度波动控制在2～3℃，然后按传统粉末压制工艺进行压制的一项新型粉末冶金生产技术，成形示意如图2.1所示。

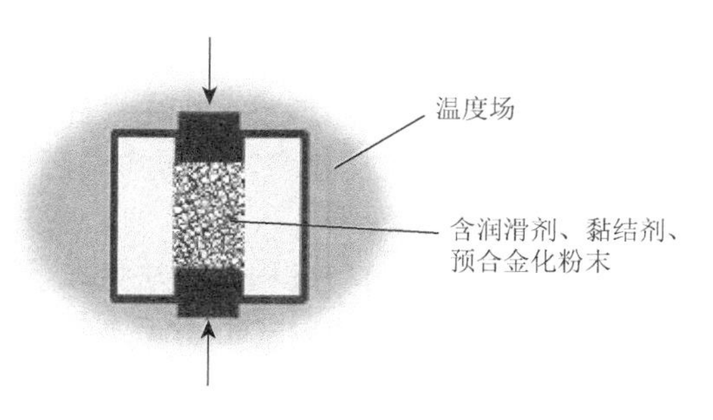

图2.1　温压成形示意图

大多数系统设定粉末和模具温度，但没有区分粉末和模具温度。温压工艺流程为：原料粉末 + 黏结剂 + 润滑剂—混合—混合粉末—温压—压坯—烧结—后处理—粉末冶金零件制品，基本流程如图 2.2 所示。在一定压力下，有效地提高了压坯的密度，改善了粉末冶金制品的性能。

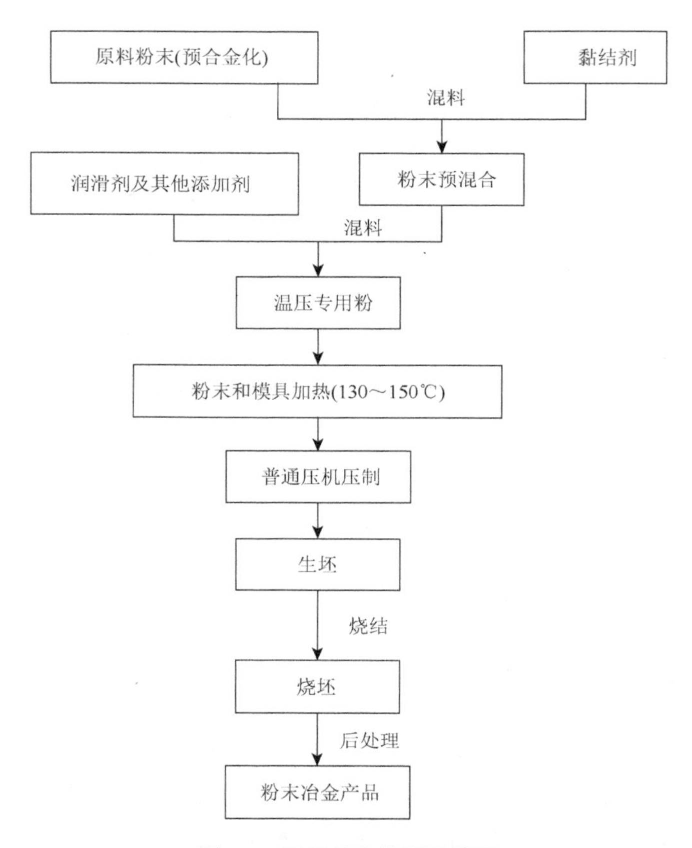

图 2.2　温压基本流程路线图

粉末与模具的温度是关键因素，因此温压加热系统设计与制造成为重要环节。著者为了研究粉末温压工艺最佳工艺参数，首先设计了简易电阻式温压加热系统，如图 2.3 所示，用来加热控制模具温度。温压实验所用粉末是独立加热的，当模具温度达到所需温度时，将预热粉末倒入模具，然后进行压制，所用阴模外径为 40 mm、高度为 50 mm。由于在压制过程中无法量取模具内壁的温度，因此在研究中采用外模壁控制模具内壁温度的方式。由于装粉高度一定，只要保证装粉区域温度达到所需要求即可，所以在研究模具内壁温度时，主要研究粉末区域的温度变化规律。

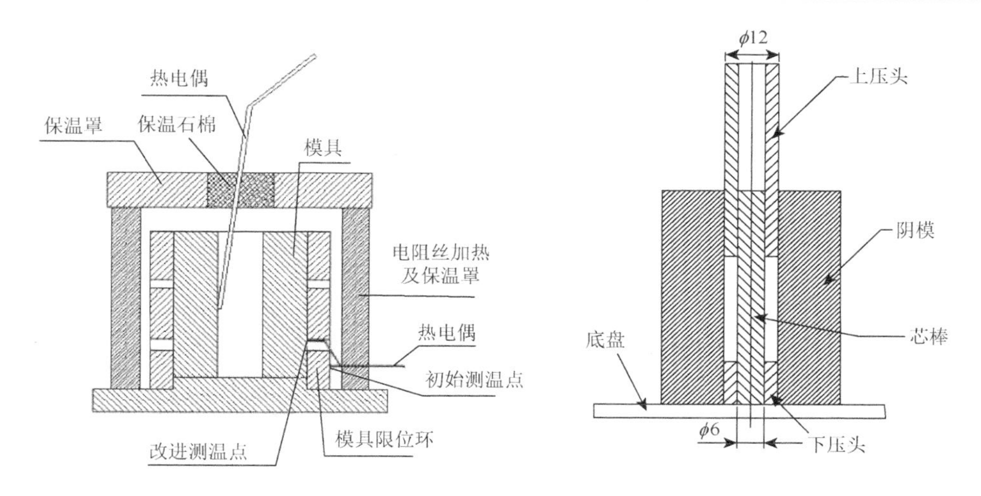

图 2.3　温压加热简易装置及模具（单位：mm）

2.1.2　温压成形工艺影响因素

粉末温压工艺是一个复杂的粉末受热、颗粒变形的过程，粉末组分、润滑剂种类、压制参数、模具特性和加热系统等因素，对最终制品密度与性能皆有影响，需要确定影响温压制品性能的关键因素。

（1）温压粉末。通常，预合金温压粉末的价格是普通粉末的几倍，温压粉末是温压技术的核心，是关系到获得高密度、高性能粉末冶金零件制品的重要因素。粉末组分、颗粒形貌和粒度（大小、分布）的配比，会使粉末的压缩性能、烧结性能和热处理性能发生变化。颗粒形貌的差异导致颗粒间互相牵连，影响粉末的流动性，初始松装密度越低，压坯的密度越低；粉末越粗大，之间的孔隙越大，越容易储存气体和压制时不易排出，压坯密度也会降低；粉末粒度过细，之间的搭桥和连接倾向越大，孔隙度也会越大。所以需要有效地设计颗粒的粒度与级配等。

（2）温压粉末多采用预合金化粉末，加上黏结剂、润滑剂，经温压成形得到一定形状的压坯。其制品性能取决于基体及合金的成分配比，性能的提高受合金元素添加量的影响。随着纳米技术的发展，利用超细或纳米尺度的颗粒特性，在粗颗粒体系中加入一定比例的超细粉末，能够形成有利的级配，填充到大颗粒的间隙中，从而可以提高混合粉末的松装密度，提高压坯的密度。

（3）所有因素中，温度是非常重要的参数，温度选择与所采用的润滑剂有关，一般要求控制在润滑剂聚合物玻璃化转化温度以上 25～85℃或熔点之下 5～50℃。此外，温压温度还必须根据制品零件尺寸、模具结构、压制（装粉高度、压力）和烧结工艺等综合设计选择。温度的提高可以降低粉末的塑性变形抗力，有利于提高粉末压坯的密度。是否能控制所需温度值并保持其稳定性是决定温压控制效果的关键。对无粉和有粉状况，以及连续和非连续升温情况均进行了部分研究，所得结果如图 2.4 所示。

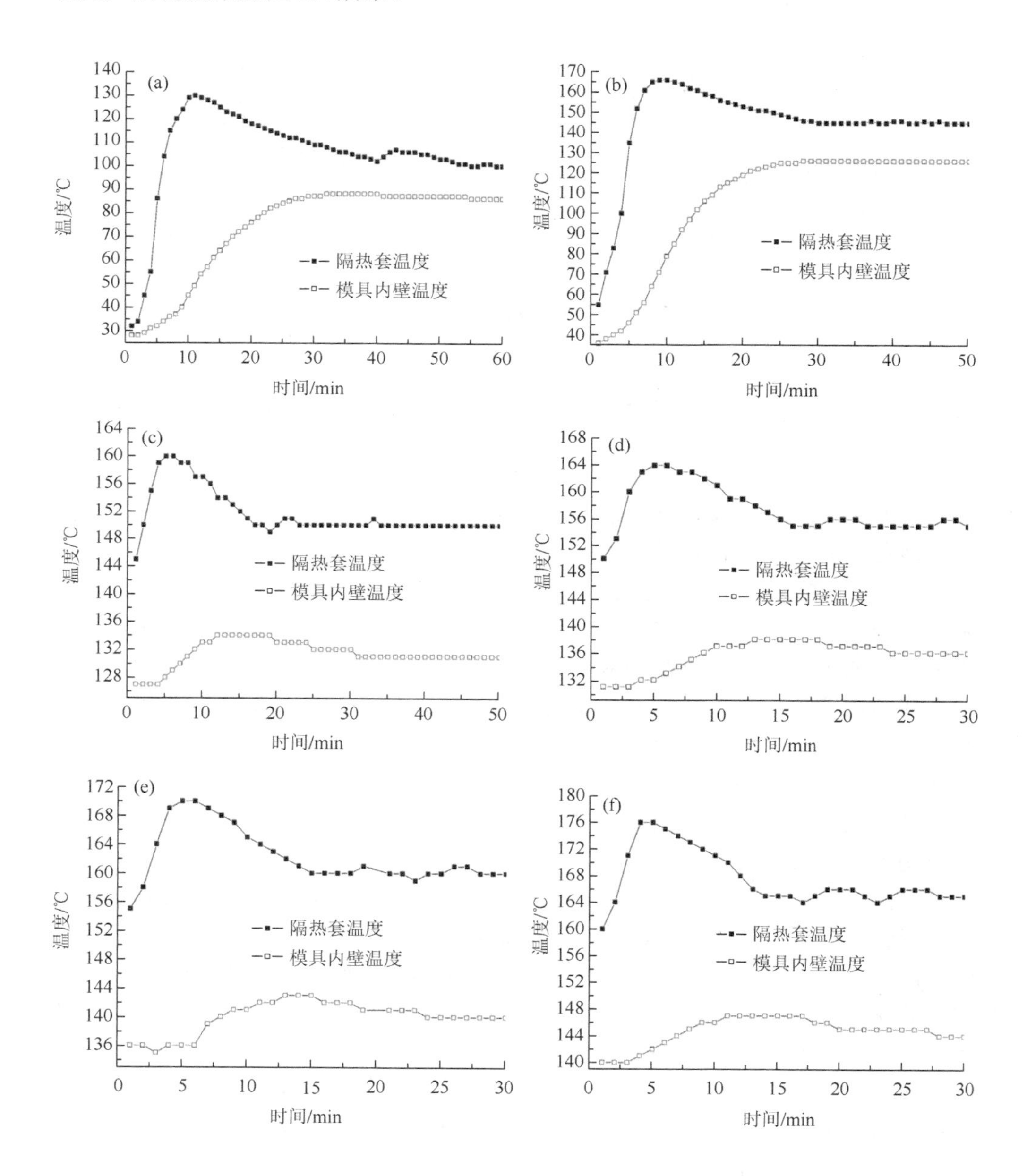

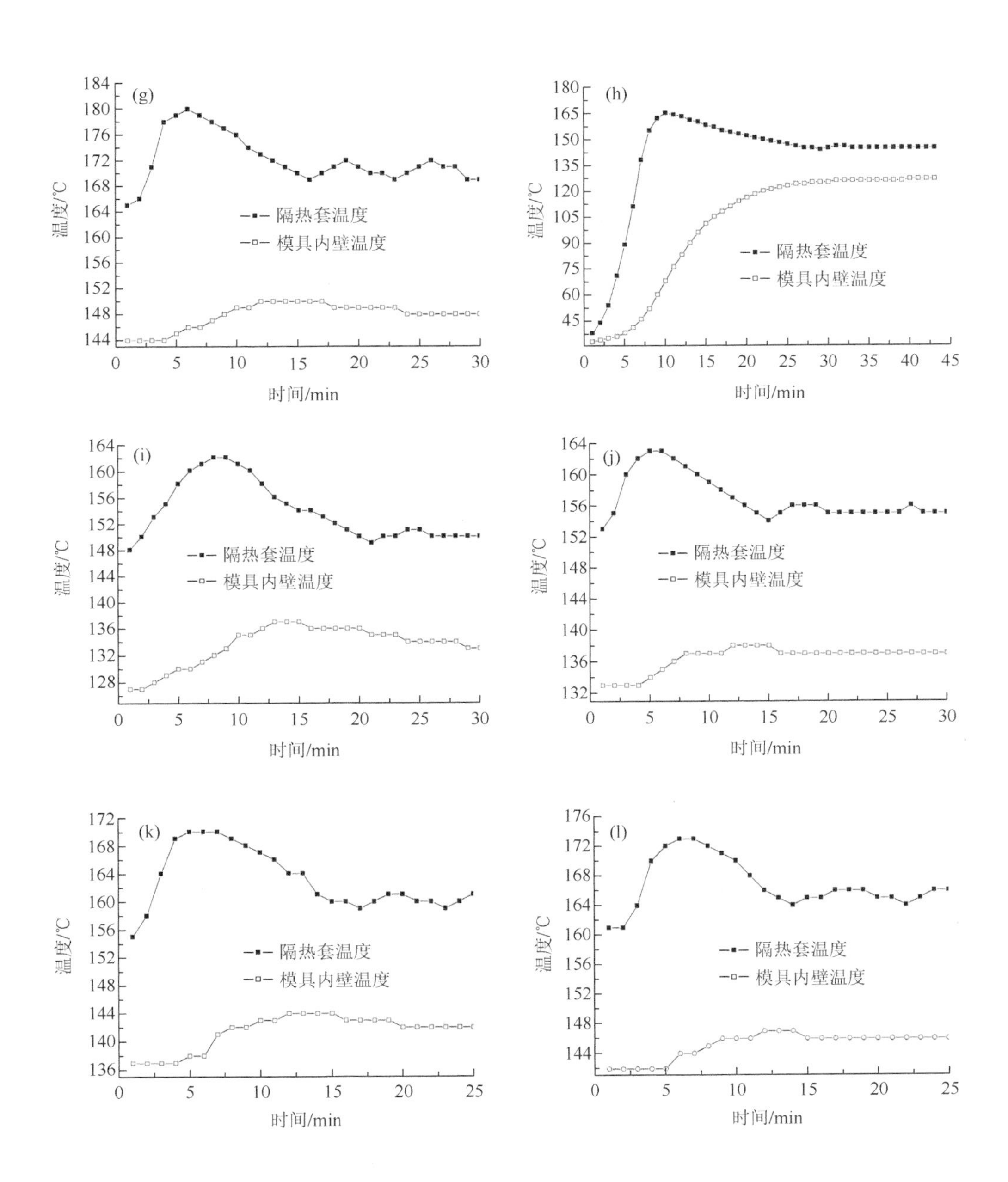
(g)
(h)
(i)
(j)
(k)
(l)
隔热套温度
模具内壁温度
温度/°C
时间/min

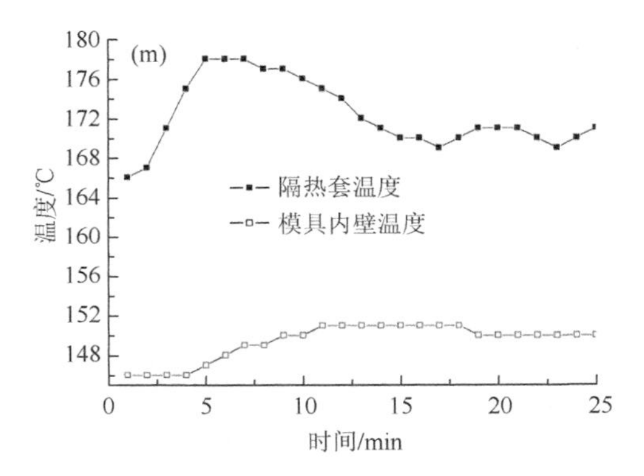

图 2.4　不同加热状况下温度测试结果

（a）无粉 100℃；（b）无粉 145℃；（c）无粉 150℃；（d）无粉 155℃；（e）无粉 160℃；（f）无粉 165℃；（g）无粉 170℃；（h）有粉 145℃；（i）有粉 150℃；（j）有粉 155℃；（k）有粉 160℃；（l）有粉 165℃；（m）有粉 170℃

由结果分析可得，测温时间要至少达到 20～25 min 左右时，模具内外表面温度才基本上稳定，模具内外壁温度差在 20℃左右，波动范围不超过±2℃。模具内有无粉末对其影响不显著，升温状况（连续升温和非连续升温）对其亦无明显影响。

2.1.3　温压成形加热系统影响

加热系统是粉末温压成形过程中的关键设备，其性能的高低和稳定性直接关系到制品性能。在初始设计电阻式加热方式时，温度测量点离模具外表面有一定的距离，为了进一步改进温度测试和控制的精度，将热电偶端面直接接触模具外表面，并对改进后的温度变化规律进行了测试，结果如图 2.5 所示。

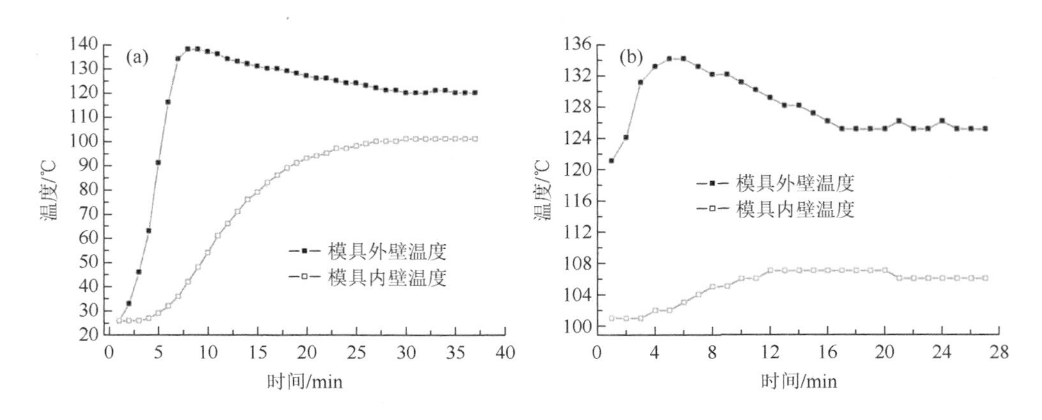

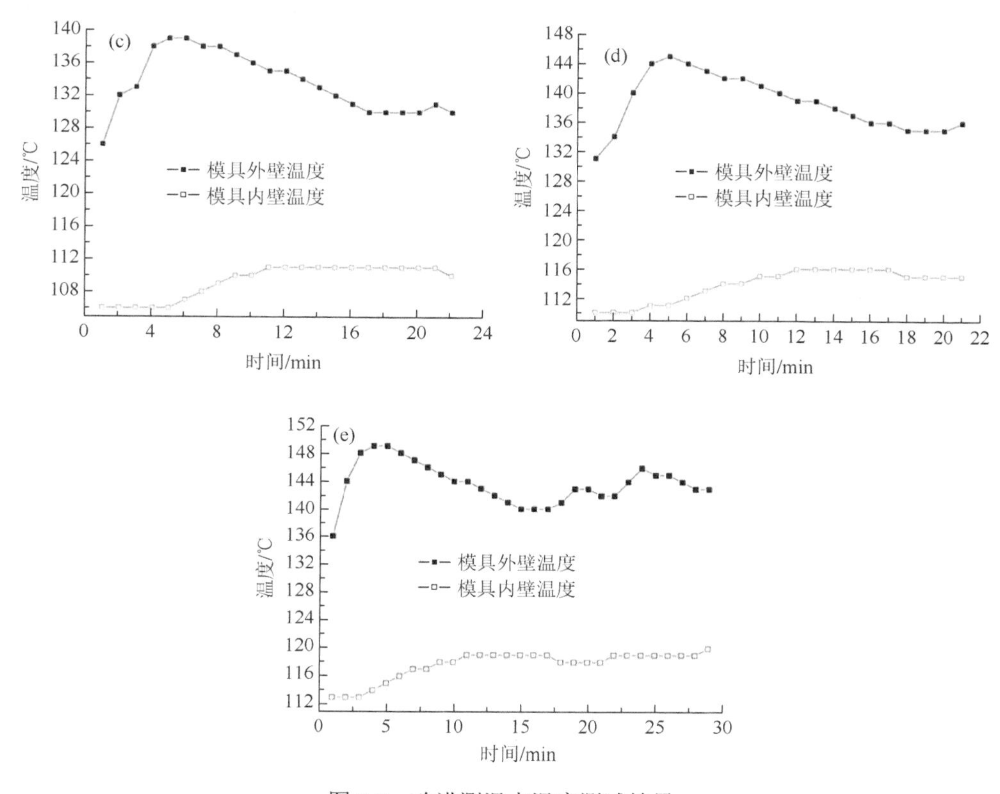

图 2.5　改进测温点温度测试结果

(a) 设定温度 120℃-改进（无粉）；(b) 125℃；(c) 130℃；(d) 135℃；(e) 143℃

从测试结果可以发现，改进温度测量点对温度控制的有效性并没有影响，其变化规律与初始测量点基本相同。另外，模具温度很容易发生冲高，这主要与设计有关，由于电阻式加热方式是利用电阻线圈通过一定电流产生热量的原理来加热模具的，而电阻线圈无法直接与模具接触，否则会发生短路而烧毁线圈，因此需要在电阻线圈和模具中间加一层绝缘层，即石棉保护。热量从电阻线圈传到模具需要经过石棉保护层，石棉是不良导体，这样就需要一定的加热时间，而当模具内壁温度达到目标值时断开电阻线圈电源，虽然电阻线圈不产生热量了，但是石棉中含有一定的残余热量，且这个热量会继续向模具传送，从而造成模具温度过高，对温压成形过程中使用的润滑剂性能不利。故而在实验过程中，均等模具内外壁温度稳定下来再进行试验。另外，由结果可知，利用模具外表面温度控制模具内表面的温度的方法是可行的。后文表述中除了特别说明，模具温度均指模具外表面的温度，即改进后测量点处温度。

2.1.4 加热方式的影响

同时，在传统电阻式加热方式的基础上开发出了一种新型的温压加热系统——电磁感应加热系统，如图 2.6 所示，且详细地研究了这种新型加热系统的可行性和有效性。

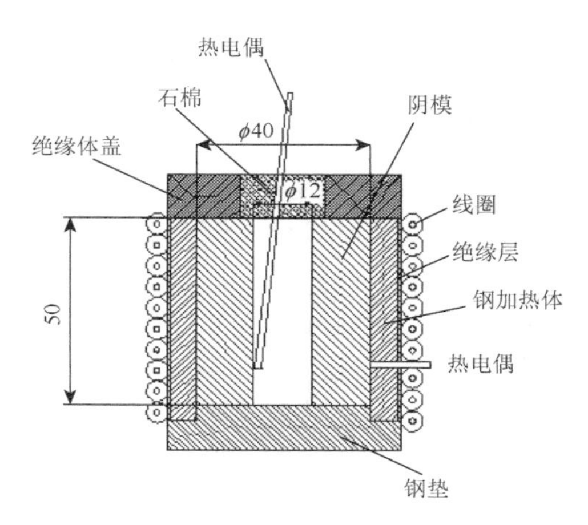

图 2.6 新型电磁感应加热装置（单位：mm）

与传统加热方式，如微波加热、热油加热、电阻加热等相比，电磁感应加热有许多优点[1-7]：加热速度快，节能且生产效率高，易于实现自动化，工作环境安静、安全和洁净，成本低和维护简单等，在生产实践中得到推广和使用。但这种新型加热方式同样有不可忽视的应用局限，容易使加热物体产生磁性，如采用的铁基预合金粉末，就存在被磁化的可能，磁化粉末很容易团聚在一起，因此该方法应用于温压工艺尚需要进行实验验证。

设定模具外壁温度为 135℃，可获得电磁感应加热模具内外温度变化规律，如图 2.7（a）所示。由图中曲线可知，感应加热速度快，整个加热过程中内外壁温度随时间变化几乎呈线性规律，内外温度仅相差 2～3℃。而电阻加热方式加热速度较慢，达到温度目标值至少需要 20 min［图 2.7（b)］，温度过冲现象很明显。这主要归因于电阻式加热装置是将电阻缠绕在模具外侧，热源在模具外部，热量须由外向内传导，故而模具内壁干温较慢，内外壁温差较大。

相较而言，感应加热控温更精确且温度过冲小。这也与其加热方式相关，由于内外壁温度变化一致，故一旦达到预期温度，电源立即停止加热，不会引起较大温度过冲；而电阻加热由于内外壁温差较大，热传导较慢，等模具内壁到达温

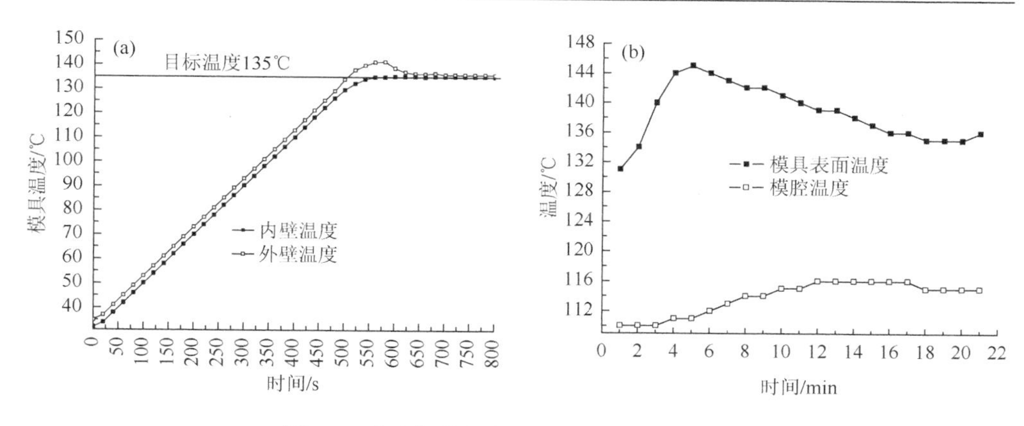

图 2.7　感应加热与电阻加热的升温曲线对比

（a）感应加热；（b）电阻加热

度时，再切断电源已经来不及了，这是因为外壁储存一定的热量，将继续向内壁传导，最终导致模具内壁出现较大的温度过冲。温度过冲对粉末中的润滑剂有不良影响，温度过冲较大，可能导致润滑剂失效，影响实际生产中产品的稳定性和质量。由此可见，将电磁感应加热引入粉末温压成形有利于精确控制模具温度，同时可以获得均匀的加热温度，效率高、温差小，且温度过冲小，又有利于实现自动化控制。

2.2　高速压制成形方法及装置

当压制压力由静压变成动压时，压制的粉末不仅受到静压力的作用，还受到动量的作用，压力、速度越大，动量越大。由于冲击时间很短，粉末所受的冲击力比静压时所受的压力要大，能够使粉末颗粒间结合紧密，减少了压坯空隙，所以成形速度快、效率高。由于粉体的成形速度很快，大于粉末因受静压作用所产生的加工硬化速度，粉体成形与变形不受加工硬化的影响，故成形时变形所需要的应力比静压时要小。同时，粉末以大量的点、线接触为主的复杂接触受到外力冲击作用时，接触区域因迅速变形而放出大量的热量，这种瞬时放出的热量必然使接触部分的温度升高，导致粉末的塑性增加，加上巨大的压制压力使得粉末更易于变形，弹性后效较低。

高速压制（HVC）成形是一种瞬间绝热成形高密度压坯的过程，粉末颗粒之间发生黏结甚至熔焊，颗粒则因内部含有较多的缺陷（如位错、空位和晶格畸变）而处于高能状态，其成形方法与传统压制有较大差异，需要从成形方法和装置实现成形目标。

2.2.1 分离式霍普金森高速撞击法

霍普金森（Hopkinson）高速撞击法[8-12]最初是由 Hopkinson 于 1827 年提出的，是高动量状态下的动态力学相应过程，随后 Kolsky 于 1949 年提出了分离式霍普金森高速撞击法并成功研制出试验机，使之成为研究材料动态力学性能的一种重要手段。该方法的原理是，打击杆在压力枪的作用下对输入杆产生一个输入应力 σ_I，这个应力经过试样传播到输出杆 σ_T，并且在短时间内这个应力波在输入杆、试样和输出杆之间进行反复振荡[1-5]，如图 2.8 所示。这种反复的振荡作用在试样上造成了试样材料性能和结构的改变。这种方法是基于固体材料在变形过程中体积不变原理，只适用于固体材料。但该方法可产生很高的应变率，进而产生应力波，因此作者对该方法进行了改进，以研究应力波对粉末致密化的影响规律。

图 2.8 中的主要参数 V_1 为撞击时试样与输入杆间的速度，V_2 为试样和输出杆间的速度，A_S 为样品的横截面积，L_S 为样品的长度，A_O 为输入杆和输出杆的横截面积。

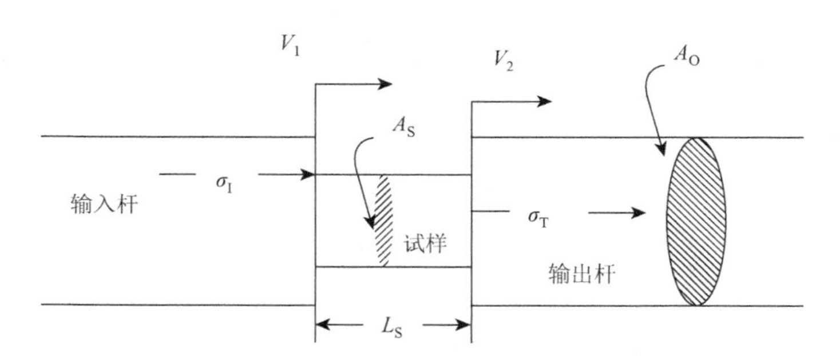

图 2.8 分离式霍普金森高速撞击原理示意图

弹性模量一定的材料可以得到

$$\frac{\partial^2 u}{\partial t^2}=\frac{E}{\rho}\frac{\partial^2 u}{\partial x^2} \tag{2.1}$$

还可写为

$$\rho\frac{\partial^2 u}{\partial t^2}=C_0^2\frac{\partial^2 u}{\partial x^2} \tag{2.2}$$

式中，C_0 是压力杆中应力波的速度，E 是杨氏模量，ρ 是材料密度。

2.2.2 冲击锤法

冲击锤法采用了独特的冲击结构，以重力势能作为蓄能方式，利用重锤通过压模将冲击能从压制机转移到粉末上，其中重锤的重量和冲击速度的大小与高速压制时的瞬间冲击能量的大小之间具有较大相关性，直接决定了制品的致密化程度。根据波动力学理论，应力波的形状决定能量交换的效率。在撞击系统中，能量传播效率最高的是矩形波，撞击物的波阻决定应力波的形状。在材质相同的条件下，冲锤与上模冲直径相等、均为等截面杆时，二者撞击产生的应力波为矩形波。因此，冲锤与模冲直径相等时，模冲寿命最长，撞击效率最高。

实验中可通过改变不同重锤组合来实现不同的压制能量，而不同的冲击速度可通过电磁吸盘来调节冲锤下落高度。这就避免了液压等其他驱动方式适用范围窄的缺陷，并可简化设备整体结构，提高安全性，减少对环境的污染，进而促进高速压制成形方法的推广和应用。

冲击锤法高速成形装置也是运用这一原理，利用冲击锤对粉末在冲击力的作用下高速压制，让具有一定重量的冲击锤在一定高度上自由落体，产生一定的速度冲击粉体从而使之致密化，基本原理如图 2.9 所示。

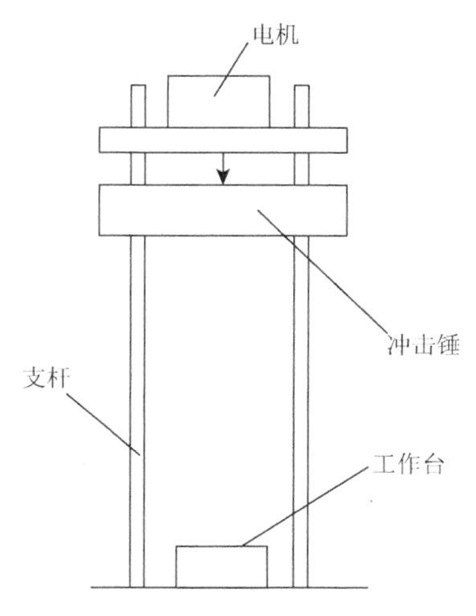

图 2.9　重锤式高速压制装置基本原理图

2.2.3　高速压制冲击锤法试验装置研制

选用合适的装置可以更好地发挥高速压制成形技术的优势，而在成形装置的使用过程中需要能够调节冲锤高度，从而改变成形速度，进而获得可靠的实验数据来研究粉末高速压制成形的原理。但由于目前高速压机的运转速度低，在实际设计加工制造中必须提高压机速度，增大速度范围。

2.2.3.1　高速压制冲击锤法成形装置的特点和要求

针对高速压制成形需求，高速成形装置在设计加工时应考虑以下问题：

（1）冲击锤的驱动。解决此问题，必须使其冲击速度满足高速压制要求，高速压制是瞬时输入适量机械能，与冲压工艺相比，其冲击能量更大，覆盖更密集，与模型锻造的锻锤相比，其能量较小，但精度高且可控性强。

（2）压制速度的调整与控制。可以通过调整冲击锤高度及不同质量组合来实现，进而研究压制速度对制品密度的影响规律。

（3）模具设计。可从结构设计、材料选择、加工工艺和装配问题这四个方面出发，考虑模具的受力情况以及寿命问题。

（4）精确的测试系统的选择。需选用配备高速测量系统的传感器，来精确测量压制瞬间的峰值压力。

（5）可靠性。由于该装置的速度快、冲击力大，要保证装置的安全可靠运行，如何实现装置的可靠性是设计时要考虑的一个重要问题。

（6）成本控制。成本控制贯穿从设计到加工制造的每一个环节，是试验结果能否应用于实际生产的重要因素之一。正是由于现行高速压制设备的液压冲击整机造价昂贵造成了应用难以推广，因此，在本装置设计与加工的每一个环节都要在满足使用要求的前提下，尽可能地降低成本。

设计目标是利用重力势能替代要求苛刻的液压或其他驱动方式，结构更简单、操作更方便，安全又实用，试验条件（参数）的可测性、复现性好，且成本低廉，是一种环境友好型成形装置，有利于开展对粉末成形高速压制技术的实验研究。

2.2.3.2 高速压制冲击锤法成形装置的设计研发

1）技术参数设计

研制的高速压制成形装置主要由机架、冲锤组件、模具部分、冲锤提升电机及滑轮、电磁吸盘和安全防护等组成。表 2.1 为高速压制成形装置主要技术参数一览表。

表 2.1 高速压制成形装置主要技术参数一览表

参数名称	数值	单位
设备总高	450	cm
冲锤提升高度	350	cm
冲锤质量	50；100	kg
提升电机	0.9	kW
提升质量	≥250	kg
电磁吸盘吸力	≥500	kg

2）机架设计

机架由底板、立柱、上横梁和冲锤导柱四部分构成。立柱下端固定在底板上，上部与上横梁连接，形成“门”字形结构；立柱两侧的标尺用来标示冲锤提升高度；机架中部设置有安全搁架，用来在模具安装等操作时临时放置冲锤，防止因钢丝绳的意外断裂对操作人员造成伤害，或日常不进行试验操作时放置冲锤，以减少提升钢丝绳负荷。冲锤导柱上端通过可调螺栓与上横梁相连，下部与模具组件连接。

2.2.3.3　动力系统设计

1）冲锤提升电机设计

研制的压制成形装置的动力系统为冲锤提升电机，选用固定式电动葫芦，因该设备质量轻、操作方便、费用较低，且安全性好、可靠性高，零件通用程度大，互换性强，便于维护，单重起重能力高等特点，并且能将电动机、减速器、卷筒、制动器和运行小车等元件紧密地连成一体的起重机械，故选用上海腾飞机械设备有限公司生产的 PA500 型微型电动葫芦，如图 2.10 所示。通过固定在机架上的滑轮组，电动葫芦将冲锤提升到需要的高度，在本装置中冲锤的提升速度为 12 m/min。

图 2.10　高速压制成形装置所选电机

2）电磁吸盘设计

粉末高速压制成形设备是要保证重锤自由下落，这就要求下落时，重锤不能受到过大的摩擦力，由此，本实验装置配备了电磁吸盘，并使用专用吊孔，用于连接提升电机的钢丝绳，以便提升或下降电磁吸盘和重锤。

电磁吸盘为电永磁结构，通过正/反向给电，完成充磁和消磁以达到对冲锤的吸合和施放。电永磁吸盘的吸力设计标准为≥500 kg，图 2.11（a）为电磁吸盘结构图和实物图，（b）为电磁吸盘控制面板。

3）滑轮设计

直接用提升电机来提升电磁吸盘，会导致在提升过程中出现电磁吸盘不停地转动的现象。这样不但使电磁吸盘的转动带动电磁吸盘的电源线，电源线会缠绕钢丝绳，严重时电磁吸盘的电源线甚至断裂；另外下部的重锤也会在电磁吸盘的带动下跟着转动上升，从而增大重锤摆幅，进而增大重锤与腔体间的摩擦，使得重锤所受摩擦力大于电磁吸盘的吸力时，重锤会脱离电磁吸盘而掉下来。

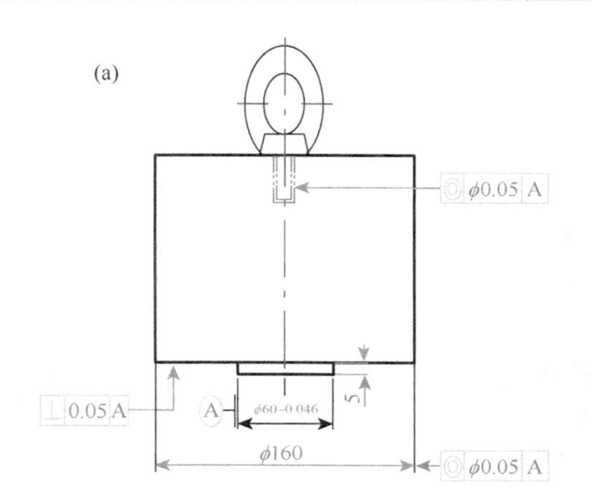

图 2.11　永磁吸盘（a）结构图（单位：mm）与实物图；（b）控制器

为了避免产生上述现象，采用动滑轮来提升电磁吸盘。穿过动滑轮的钢丝绳左右摇摆幅度有限，这样电磁吸盘的转动幅度就不可能过大。同时电磁吸盘的重锤上下移动时，其电源线也会随之上下移动而免遭破坏。解决转动问题后，在选定连接钢丝绳时也要考虑它的弹性形变。综合以上，设计出了压制装置的冲锤提升组件，如图 2.12 所示。

经实验证实，该电永磁吸盘结构简单，控制方便，操作安全可靠，很好地实现了本高速压制成形装置的最初设计目标要求。

2.2.3.4　模具结构设计

1）模冲设计

冲锤与模冲撞击过程即应力波产生和传播的过程，受冲锤模冲材质和形状的影响很大。剧烈冲击波会对上模冲产生很强的作用，所以上模冲不能使用脆性材料，最好选取锻造钢或粉冶钢等韧性高的材料。为了提高能量的传播效率，上模冲的外形尺寸的变化要连续，尽量避免在上模冲上产生应力集中的情况。

根据波动力学理论，应力波的形状决定了能量交换的效率。在撞击系统中，能量传播效率最高的是矩形波，所以，冲锤与模冲直径相等时，模冲寿命最长，撞击效率最高。经过试验对上模冲结构进行不断的改进，最终确定无阶台的设计，如图 2.13 所示。实验结果表明，上模冲前后进行 20 次以上的试验亦无出现损坏情况，模冲寿命大大提高，符合预期要求。

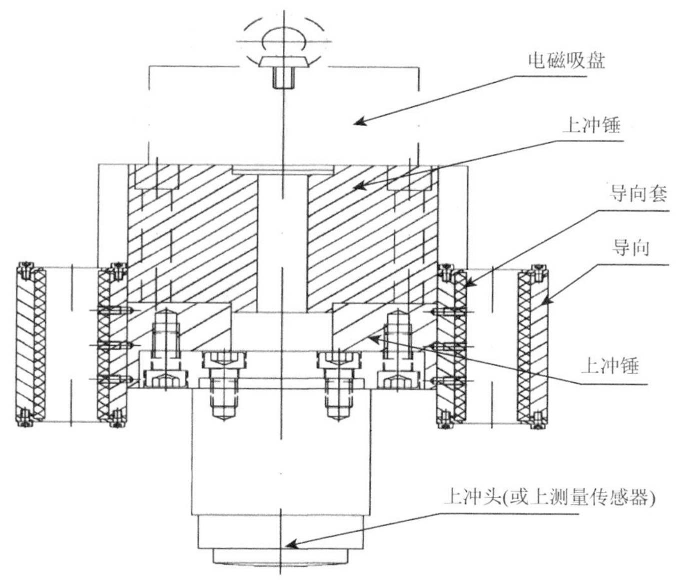

图 2.12　高速压制装置的冲锤提升组件

图 2.13　上模冲实物图

2）模具设计

模具设计要求为耐冲击震荡，有一定的耐磨性，这是因为在高速压制时的上、下模冲均要承受剧烈的应力波作用。因此应当选用韧性好的材料，而不能选用脆性材料，即需要选用具有足够的强度和刚度的模具材料。本装置选用的模具材料成分如表 2.2 所示，模具经热处理后，硬度值为 60～65 HRC，非工作部分 45～50 HRC，且寿命在 10 万次以上。

表 2.2　冲击锤法模具材料成分

成分	Si	Mo	Mn	C	Cr	V	Fe
含量（%，质量分数）	0.3	0.80	0.50	1.5	12	0.9	其余

模具由模架和冲锤组成；模架下部固定在底板上，上部与冲锤导柱连接，压制模具由下测量传感器、压制承重螺栓、楔块式压制承重垫、填粉垫、下模冲、阴模、阴模压套、上模冲和上模冲的导向套组成。图 2.14（a）为高速压制装置的上模冲的导向套实物图。本高速压制装置的下测量传感器固定在底板上，用以测量压制时产生的冲击力；压制承重螺栓通过螺纹固定在下测量所用传感器上；楔块式压制承重垫通过楔块移动产生的间隙方便脱模，图 2.14（b）为其实物图。

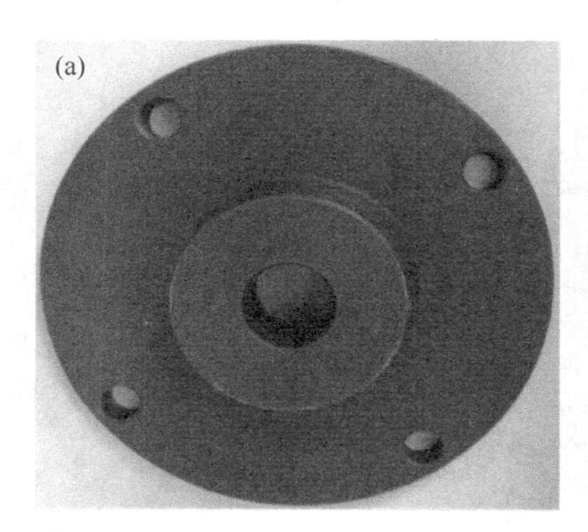

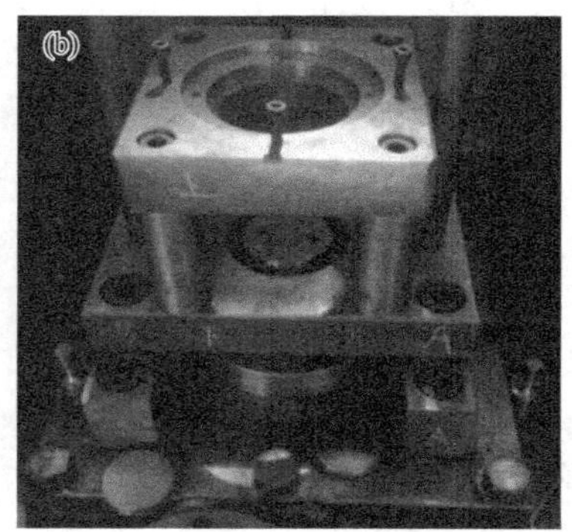

图 2.14　高速压制装置

（a）上模冲导向实物图；（b）模具组件实物图

为进一步研究不同形状零件的密度分布，该装置分别配套加工了圆柱形及齿轮模具各一套，图 2.15 为高速压制装置圆柱形模具图，图 2.16 为高速压制装置齿轮形模具图。

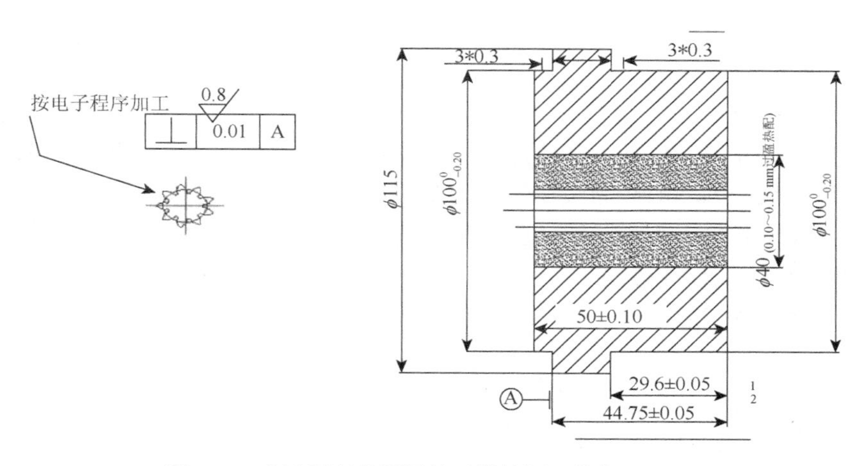

图 2.15　高速压制装置圆柱形模具图（单位：mm）

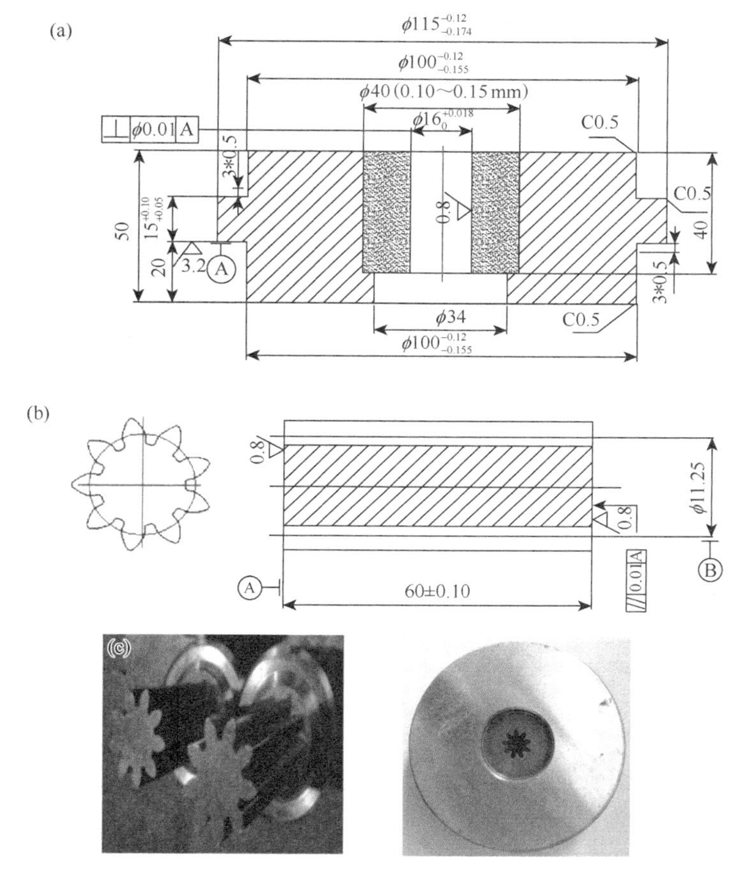

图 2.16　高速压制装置齿轮模具图（单位：mm）

（a）凹模；（b）凸模；（c）实物图

2.2.3.5　冲锤组件设计

分别加工 50 kg、100 kg 两种冲击锤，可实现 50 kg、100 kg 及 150 kg 三种不同的质量组合，以符合相应实验的要求。冲锤组件的 3 个组合，分别是 50 kg 组合冲锤、100 kg 组合冲锤及 150 kg 组合冲锤，50 kg 组合冲锤由上冲头（或测量传感器）、冲锤导向、导向套和下冲锤组成，150 kg 组合冲锤是在 50 kg 组合冲锤的基础上再加 1 个质量为 100 kg 的上冲锤。

冲锤组件以冲锤导柱为上下运动的导轨，冲锤导向套与导柱间以大间隙配合，保证冲锤在上下运动过程中不与导柱产生不必要的摩擦。图 2.17 为重锤式高速压制装置的 100 kg 冲锤结构图与实物图。

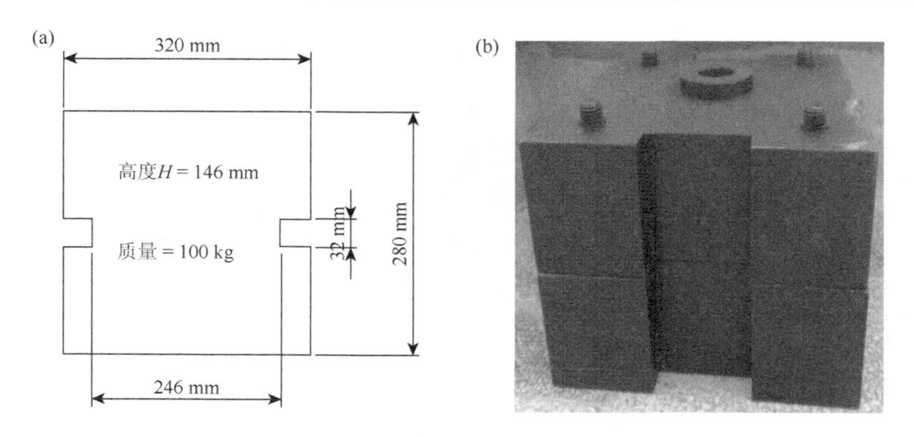

图 2.17 高速压制装置

（a）100 kg 冲锤结构图；（b）100 kg 实物图

2.2.3.6 电气系统设计

本机电气系统由提升电机电路和电磁控制电路及试验参数采集系统组成，电气原理图如图 2.18 所示。电机升、降时可以通过上升和下降按钮控制，电磁吸盘有充磁和消磁按钮。

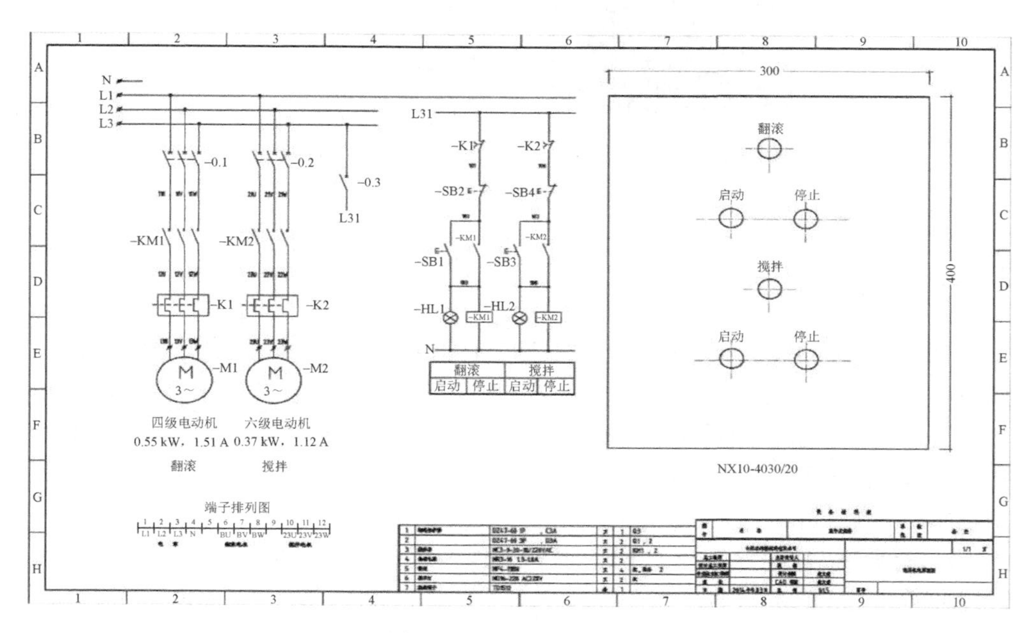

图 2.18 电气系统原理图

2.2.3.7　安全保护装置设计

由于高速压制成形装置在工作时冲击力较大，同时产生较大的震动及噪声，因此为了保证装置寿命、减噪及安全起见，该装置在安装时按照图 2.19 所示提前修整好地基。

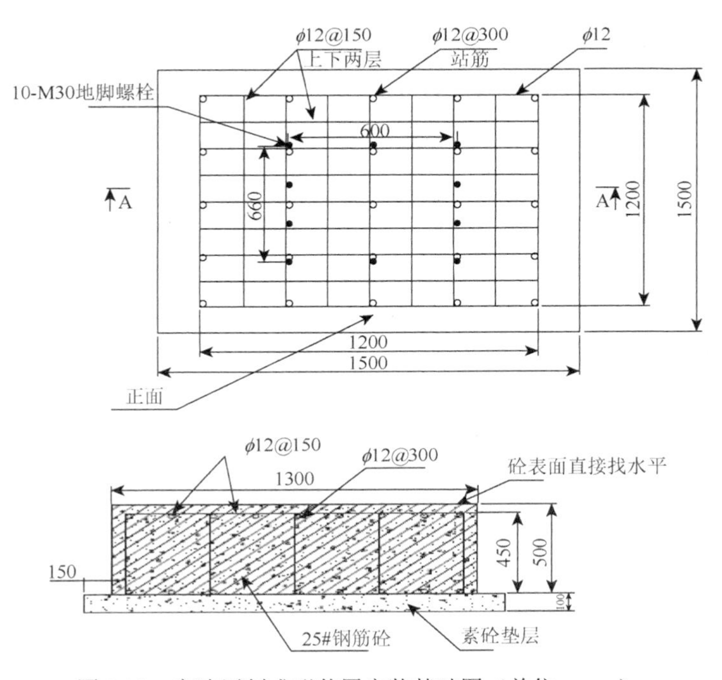

图 2.19　高速压制成形装置安装基础图（单位：mm）

为了保证粉末高速压制成形装置实验过程中的操作安全，在机架上安装有安全搁架，当重锤提升时，提升冲锤到安全搁架的上部，放好安全搁架，再按提升电机的下降按钮，至所需高度直至下落前，在安全搁架上平稳地放置冲锤；当进行下落操作时再把安全搁架移除，防止因电磁控制的意外失灵而造成安全隐患。

在粉末高速压制成形装置机架的下方，围绕压制模具的四周，安装有 1.2 m 高度的安全防护栏板，挡板护栏上安装有锁紧螺钉，操作时锁紧螺钉锁死防护挡板，用来阻挡高速压制时零件的意外飞出，保证操作安全。

2.2.3.8　粉末高速压制成形装置的机械操作部分性能测试

粉末高速压制成形装置设计安装完成后，进行了该装置的机械操作部分的性能测试，首先根据试验时压制速度和压制力的要求，通过计算确定了冲锤和备用冲锤的质量，确定了冲锤提升的初始高度。图 2.20（a）为自行设计高速压制装置的装配现场图，（b）为模具系统安装完毕的装配现场图。

图 2.20　自行设计的高速压制装置装配

根据试验要求，确定相应的模具组合，将阴模安装到模架上，准备好相应高度的填粉垫块，确定填粉量。模具安装结束后将冲锤提升至一定高度，按下提升电机的下降按钮，将电磁吸盘下降到冲锤的上表面，再按住电磁吸盘的充磁按钮不放，使得电永磁吸盘进行充磁；电磁吸盘吸合冲锤后，按动提升电机的上升按钮，提升冲锤到安全搁架的上部，放好安全搁架，再按提升电机的下降按钮，将冲锤平稳地放置在安全搁架上。进行模具安装等操作时，必须将冲锤放置在安全搁架上，为保证操作安全，注意冲锤不可悬空。

以上工作完成后安装下模冲，首先将楔块式压制承重垫的活动楔块调整到最高位置，将下模冲从阴模的下方放入阴模内，调整好的楔块式压制承重垫放置到压制承重螺栓上，将填粉垫块放置到下模冲和楔块式压制承重垫之间。图 2.21（a）为自行设计的高速压制装置活动楔块图。通过调整该楔块的位置实现下模冲的上、下移动，从而使试样实现快速完整地脱模。

图 2.21　高速压制装置

（a）自行设计活动楔块；（b）填粉垫块

装粉时可以通过选择不同厚度的垫块来调整装粉量，本装置设计加工了三种不同厚度的垫块。图2.21（b）自行设计高速压制装置填粉垫块图。当模具安装完成后进行填粉工作，首先将压制粉末填充到阴模内，此时要注意确保粉末均匀地自由下落到阴模腔内，用平整的刮片沿阴模的上表面将粉末刮平；取出下模冲下的填粉垫块，将上模冲插入到因取出填粉垫片粉末下降而形成的空阴模腔内；清除阴模上表面多余的粉末。

填粉后安装上模冲的导向套，将上模冲的导向套套入上模冲上，锁紧上模冲导向套固定螺钉，将上模冲导向套固定到模架上；旋转上模冲，确保上模冲能够在导向套中自由转动。

实验操作前关闭安全防护挡板的防护门，挡板护栏上安装有锁紧螺钉，操作时锁紧螺钉锁死防护挡板。并检查无误后按动提升电机的上升按钮，提升冲锤到需要的高度，撤回安全搁架，确保冲锤在下降过程中无阻挡；按住电磁吸盘的消磁按钮不放，消磁后冲锤下落进行高速压制动作。

根据试验时压制速度和压制力的要求对粉末高速压制成形装置的机械操作部分进行性能测试，经测试各项指标完全符合设计预期要求。

2.3　粉末高速压制成形装置的关键参数与实验测试

2.3.1　粉末高速压制成形装置数据采集系统传感器的选择

目前，对高速压制的机理研究还处于起步阶段，很难精确计算出最大作用力。黄培云教授在此领域的工作较为深入，从动量和能量的角度出发，确定了作用力与落锤运动之间的关系。冲击实验过程中，冲锤获得速度后会撞击上模冲，从而产生应力，在这一瞬间，粉末体冲压成形，可将冲模与上模冲所受的力看作粉末体的反作用力，记为F，由牛顿第三定律可知：

$$F=\frac{\mathrm{d}(mv)}{\mathrm{d}t}=\frac{\mathrm{d}E}{\mathrm{d}S} \tag{2.3}$$

设置冲压成形过程中冲锤接触上模冲瞬时速度为v_1，随后以共同速度v_2下落冲击粉末，可获如下公式：

$$m_1\cdot v_1=(m_1+m_2)\cdot v_2 \tag{2.4}$$

式中，m_1和m_2分别表示冲锤和上模冲的质量。

假设在高速压制过程冲击粉体瞬时动能可随粉体移动距离 ΔS 变化而产生均匀变化，则粉体所受作用力可由式（2.5）获得

$$F=\frac{\mathrm{d}E}{\mathrm{d}S}=\frac{\dfrac{(m_1\cdot v_1)^2}{2(m_1+m_2)}}{\Delta S}=\frac{(m_1v_1)^2}{2(m_1+m_2)\cdot\Delta S} \tag{2.5}$$

考虑到计算过程对恒定压制力的均匀化假设与实际值存在一定误差，可据上式估算出整个冲压过程的最大作用力，进而推定传感器量程。

以纯铁粉为例，计算过程如下，见表 2.3。压制过程中冲锤质量 50 kg，冲锤从 2 m 高处自由下落，撞击时冲锤速度 6.26 m/s，下压量约 6 mm，由于重锤质量较大，上模冲质量忽略不计。代入公式（2.5），则有

$$F=\frac{(50\times6.26)^2}{2\times50\times6\times10^{-3}}=163.281\,\mathrm{kN}=16632.65\,\mathrm{kg}=16.63\,\mathrm{t}$$

冲击能量的计算可由公式 $E=mgh$ 得到，冲击锤速度根据公式 $v=\sqrt{2gh}$ ，其中 m 为冲击锤质量，g 为重力加速度，h 为冲击锤高度。

表 2.3　冲击锤设定高度及相应参数

冲击锤高度/m	速度/(m/s)	冲击能量/J	作用力/kN	作用力/kg
0.5（H_1）	3.130	735	122.461	12496.046
1.0（H_2）	4.427	1470	244.979	24997.869
1.5（H_3）	5.422	2205	367.476	37497.556
2.0（H_4）	6.260	2940	489.845	49984.184
2.5（H_5）	7.000	3675	612.500	62500.000
3.0（H_6）	7.668	4410	734.977	74997.735
3.5（H_7）	8.283	5145	857.601	87510.318

以此为依据且充分考虑后期加大冲击力等因素，选取足够大量程为 100 t 的传感器。通过对现有市场上多家测试系统进行分析比较，最终确定选择使用 SLM-4 型智能载荷测试仪。该智能载荷测试仪的具体技术指标如下：载荷测试通道 4 个；精度为 0.5%；ADC 分辨率为 16 位；动态范围为 100 dB；通道采样频率为 5～12000 Hz，符合设计要求。图 2.22（a）为 SLM-4 型智能载荷测试仪实物图，（b）中标识的 1 为航空插座，用于连接载荷传感器；2 为电源开关；3 为电源指示灯；4 为电源插孔（12VDC 2A）；5 为接地端；6 为网线插口。

高速压制成形装置中的载荷测试软件，采用与本测试系统配套的专用软件，既可在线检测、观察载荷，也可线下回放测试数据、观察载荷细节，且有 PC 显示和中文操作界面，兼备设置、标定、清零、海量存储、记录回放等功能。可显示每个通道在静态载荷测量下的实时值，每个通道的载荷在多行程冲压过程中出

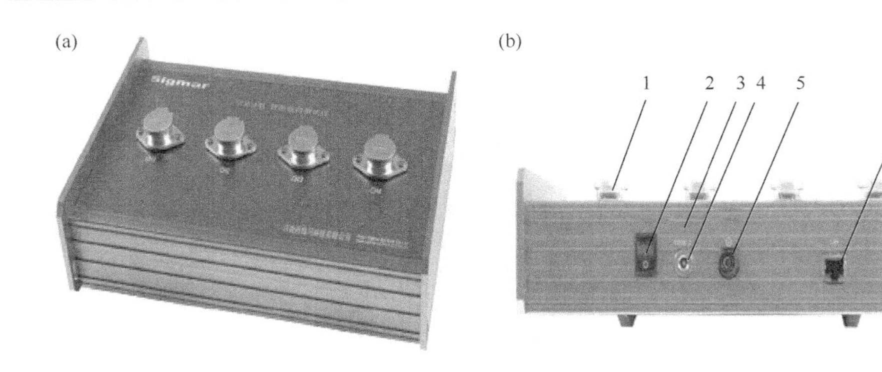

图 2.22　智能载荷测试仪

（a）控制面板；（b）后面板

现的峰值、峰值号及其峰值出现的时间；以及几个通道的载荷叠加之后的峰值、峰值号及其峰值出现的时间。历史数据中能够显示所有通道保存的曲线，并且能够对曲线进行放大、缩小等操作，但只能够对测试的曲线进行滤波、查找峰值、峰值导出等功能。图 2.23（a）为 SLM-4 型智能载荷测试仪现场图。

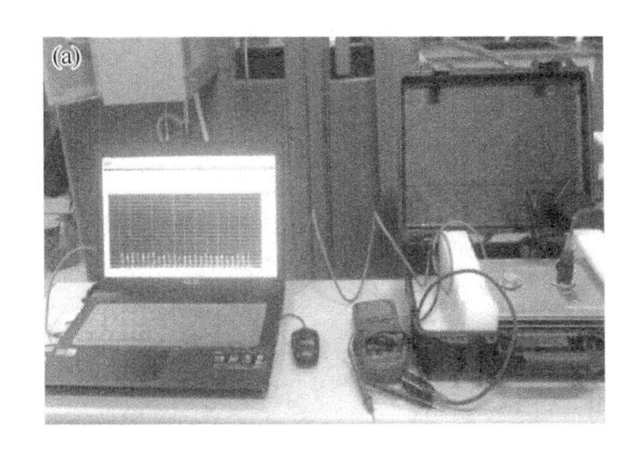

图 2.23　智能载荷测试

（a）现场图；（b）传感器

软件安装环境要求为：Windows XP 或 Windows 7 操作系统（32 位或 64 位）；内存：1 G；硬盘空间：1 G。图 2.24 为粉末高速压制成形装置的载荷测试软件的操作界面。

智能载荷测试系统传感器的安装中只包含图 2.25 所示装置中的装置 1，即载荷传感器，装置 2 是用户根据所需高度而加工的工装，工装要求表面平整，最好根据传感器的大小在工装中间加工一个传感器固定槽，以防止传感器在受打击时移动；工装厚度根据试验机的高度自行加工，但要保证装置 1 和装置 2 的表面水平；同时要注意，在打击时冲锤要垂直打在载荷传感器的中部。

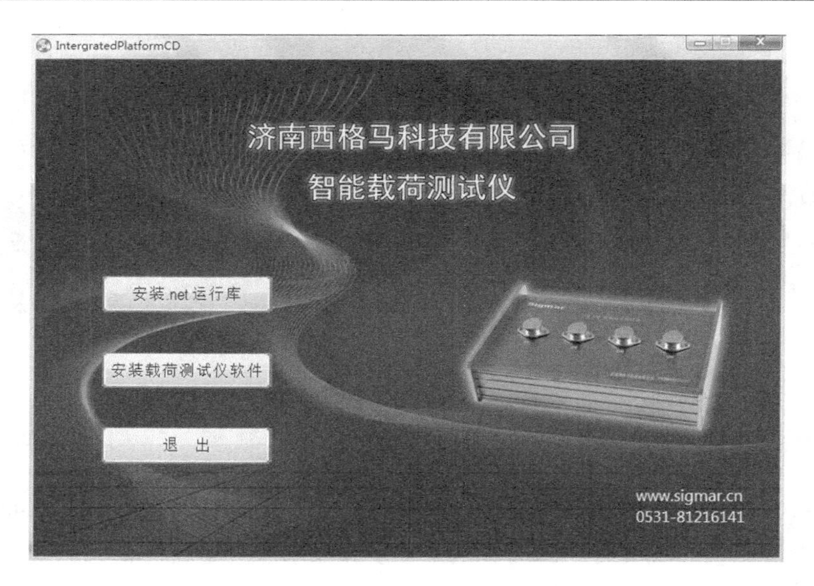

图 2.24　粉末高速压制成形装置载荷测试软件操作界面

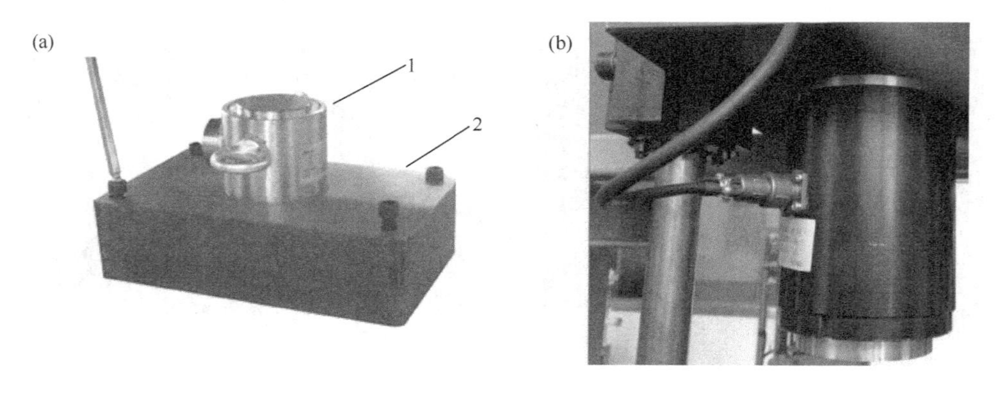

图 2.25　载荷传感器

（a）实物图；（b）用户自加工固定传感器工装

载荷测试仪连接时载荷传感器要用专用的连接线连在载荷测试仪上，并用地线把载荷传感器、载荷测试仪和大地相连，保证三者均接地良好，去除干扰信号。用网线将载荷测试仪的网口与电脑网口连接，如图 2.22（b）所示，设置好电脑 IP 地址，即可完成通信。同时注意，电脑与试验设备的 IP 均应设置在同一网段（如 192.168.0.1～192.168.0.254），但 IP 地址不能相同。图 2.26 为设置电脑 IP 地址。

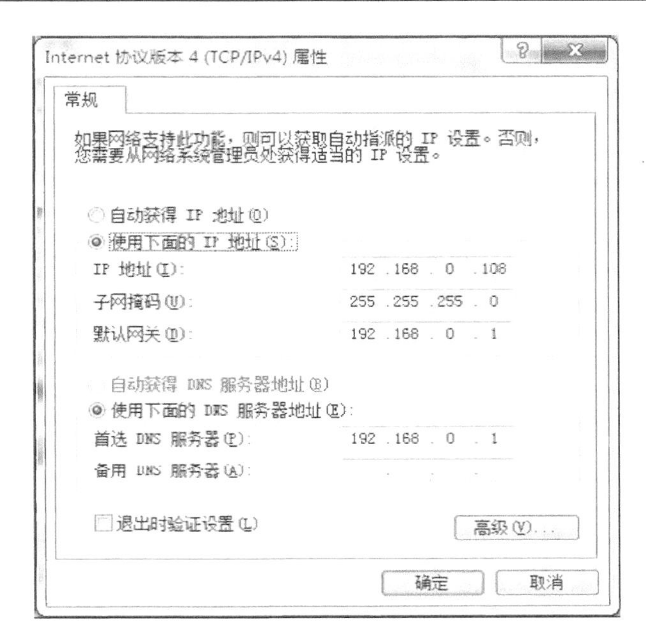

图 2.26　电脑 IP 地址设置界面

设置完成后插入加密狗，打开载荷测试软件，软件会自动查找设备并建立连接，若通信连接成功，则可以进行测试操作。

2.3.2　粉末高速压制成形装置的整体性能测试

2.3.2.1　粉末高速压制成形装置的机械操作部分性能测试

粉末高速压制成形装置设计安装完成后，进行装置的整体性能测试。首先根据试验时压制速度和压制力的要求，计算选择冲锤质量并准备冲锤，确定冲锤提升的高度。

根据试验要求确定相应的模具组合，将阴模安装到模架上，准备好相应高度的填粉专用垫块，确定装粉量。然后将冲锤提升至一定高度，按动提升电机的下降按钮，将电磁吸盘下降到冲锤的上表面，再按住电磁吸盘的充磁按钮不放，使电永磁吸盘进行充磁；电磁吸盘吸合冲锤后，按动提升电机的上升按钮，提升冲锤到安全搁架的上部，放好安全搁架，再按提升电机的下降按钮，将冲锤平稳地放置在安全搁架上。进行模具安装等操作时，为安全起见，必须将冲锤放置在安全搁架上，冲锤此时必须保证不悬空。

以上工作完成后，开始安装下模冲，首先将楔块式压制承重垫的活动楔块调整到最高位置，将下模冲从阴模的下方放入阴模内，调整好的楔块式压制承重垫放置到压制承重螺栓上，将填粉垫块放置到下模冲和楔块式压制承重垫之间。

当模具安装完成后进行填粉工作，首先将压制粉末填充到阴模内，此时要注意确保粉末均匀地自由下落到阴模腔内，用平整的刮片沿阴模的上表面将粉末刮平；取出下模冲下的填粉垫块，将上模冲插入到因取出填粉垫片粉末下降而形成的空阴模腔内；清除阴模上表面多余的粉末。

填粉后安装上模冲的导向套，将上模冲的导向套套入上模冲上，锁紧上模冲导向套固定螺钉，将上模冲导向套固定到模架上；锁紧上模冲导向套的同时，旋转上模冲，确保上模冲能够在固定的导向套中自由转动。实验操作前关闭安全防护挡板的防护门，挡板护栏上安装有锁紧螺钉，操作时锁紧螺钉锁死防护挡板。

以上所有工作完成并检查无误后按动提升电机的上升按钮，提升冲锤到需要的高度，将安全搁架撤回，以保证冲锤在下降过程中无阻挡；按电磁吸盘的消磁按钮不放，电磁吸盘消磁后冲锤下落进行高速压制动作。

2.3.2.2　粉末高速压制成形装置的数据采集系统测试

图 2.27 为 Sigmar 载荷测试仪主界面，该主界面从上到下分为控制栏部分、表格显示部分和曲线显示部分。测量前，首先应设置测量参数。

启动软件后，可得到如图 2.28 所示的操作界面。参数设置时，点击主界面上的按钮，弹出参数设置的具体界面。

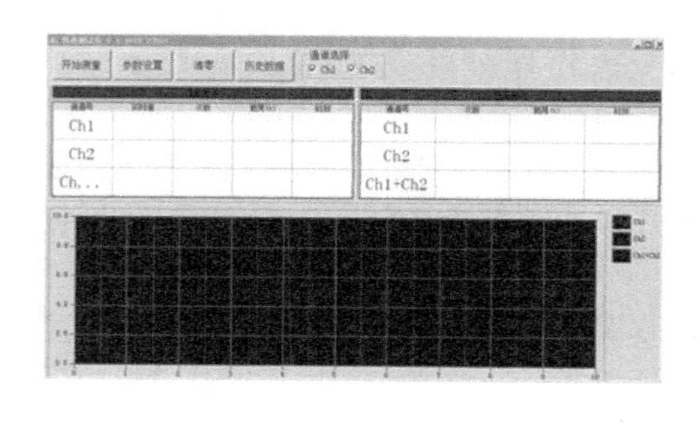

图 2.27　Sigmar 载荷测试软件主界面

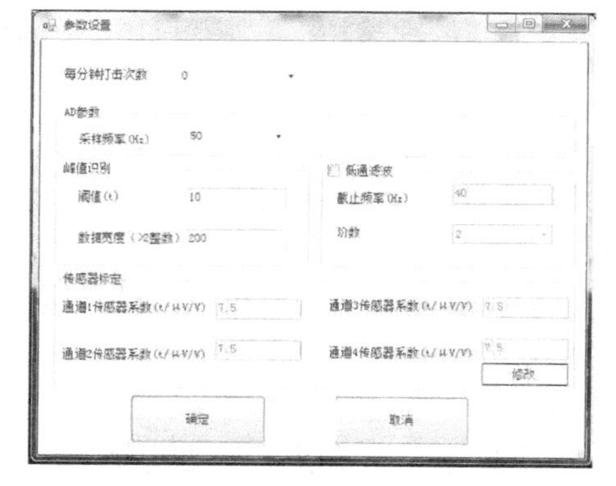

图 2.28　参数设置界面

在参数设置时要先预估实验时试验机的打击次数，并在每分钟打击次数上选择一个打击的范围。在静态载荷测量时，选择打击次数为 0，阈值设置为 10 t，数据宽度设置为 200，其他参数按照软件默认即可。在动态冲击载荷测量时，根据试验机的冲击速度，选择相应的打击次数，阈值可以设置 10 t（也可以自己设定），数据宽度设置为 10（也可以自己设定），其他参数按照软件默认即可。

采样频率是每秒钟 AD 对打击过程的采样次数，单位是 Hz，一般按照软件默认，不作修改。阈值有峰值识别的作用，在峰值识别过程中，只有超过规定阈值的峰才会被计数，单位 t，一般设置为 10 t，超过 10 t 的峰值就会被识别，低于 10 t 的就不会显示出来，也可以自己设置数值。数据宽度也有用于峰值识别，在峰值识别时，只有在峰值左右的点数超过规定的数据宽度才会被记作峰值。静态时，一般设置为 200；动态时，一般设置为 10，也可以自己设置数值。

截止频率是设置低通滤波参数，即当输入信号低于截止频率无损通过，高于截止频率被无限衰减，一般取软件默认值，不作修改。阶数也是低通滤波参数，阶数越高，滤波后的曲线越平滑，一般按照软件默认，不作修改。通道传感器系数是传感器的重要参数，默认不能修改，如需修改，则需输入密码 sigmar，在测试时，传感器的标定系数与通道设置的系数要一致。

2.3.3　粉末高速压制成形装置的数据采集与分析

参数设置好之后，点击主界面上控制栏部分的“开始测量”按钮（开始测量前先清零），若要停止测量，则需点击停止测量按钮。开始测量后，软件会自动将测量数据保存到安装目录下，文件名按照测试时间命名，例如，测试日期为 2015 年 3 月 30 号，时间 9:19:19，那么文件名即命名为 201533091919.pro. 主界面的控制栏部分，从左到右分别为“开始/停止测量”、“参数设置”、“清零”、“历史曲线”和“通道选择”。开始/停止测量按钮用于启动测量和停止测量，在每次启动测量时，软件会以当前系统时间命名要开始测量的文件，并进行测量数据保存。

参数设置按钮是设置整个测量参数的按钮。清零按钮可用于对数据进行清零，主要是在点击开始测量按钮前使用，防止因电桥不平衡等各种原因使得开始时（未加载）的数据不为零。历史数据按钮用于显示已测量的数据。通道选择用于选择加入的载荷传感器，并可根据载荷传感器所在的通道对 Ch1-Ch4 进行勾选。

表格显示部分的显示行数与通道选择个数有关，单个通道和通道的叠加值均可在表格显示中显示。左侧显示相应通道的当前测量值，右侧显示历史最大值。当前测量值包括通道号、实时值、次数、载荷、时刻，通道号为对应的载荷传感器的通道号，实时值为静态称重（一般选择较低采样率）时载荷的重量，次数为从点击开始测量到当前时刻的冲击次数，载荷为当前冲击时刻的峰值，时刻为出现当前峰值的时间。历史最大值包括通道号、实时值、次数、载荷、时刻这 5 个指标，它与当前显示数据基本相同，差别在于历史最大值中显示的峰值是从开始冲击产生的峰值到当前峰值所有峰值中最大的一个。

曲线显示部分是整个冲击采样曲线。曲线显示条数与通道选择个数有关，曲线显示不仅显示单个通道，还显示通道的叠加值。曲线显示部分，Y 轴坐标默认为自动刻度，即自适应曲线值的大小，根据当前屏幕显示值的范围，自动调整刻度。有时为了方便查看和比较峰值，也可以把 Y 轴坐标刻度调成固定刻度，方法是在曲线显示部分右键选择“Y 轴设置”，弹出如图 2.29 所示的 Y 轴刻度设置界面，刻度选择设置为固定刻度，最小值与最大值是整个曲线图表显示的范围值。

在测试过程中要查看当前时刻的曲线时，则可以点击停止测量按钮。此时，之前测量的数据进行了自动保存，在曲线显示的当前界面上，按住 Shift 键和鼠标左键，选中一个矩形区域，拖动鼠标，可以对当前选定区域进行放大或缩小操作，同时按住 Ctrl 键和鼠标左键，拖动鼠标即可进行移动曲线。

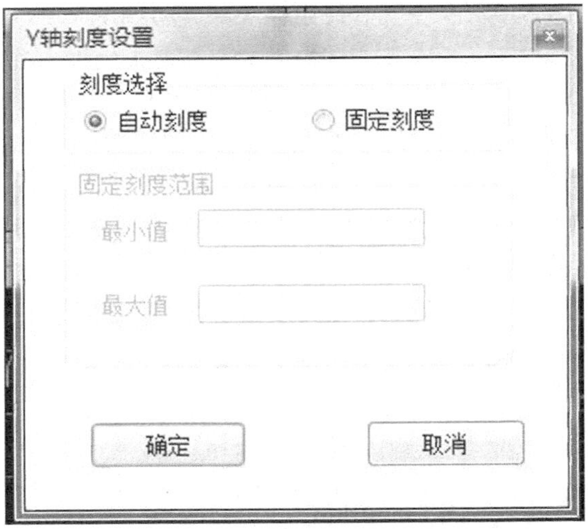

图 2.29　Y 轴刻度设置界面

要查看之前的整个测试曲线，打开历史数据点击主界面上控制栏部分的历史数据按钮，即可查看历史数据。如图 2.30（a）所示历史数据文件，直接显示的文件为按停止按钮前测量的数据文件，若要查看以前测试的文件，则可以点击该文件的上级目录 LoadTestSetup，如图 2.30（b）所示，可以找到以前的测试项目。

(a)
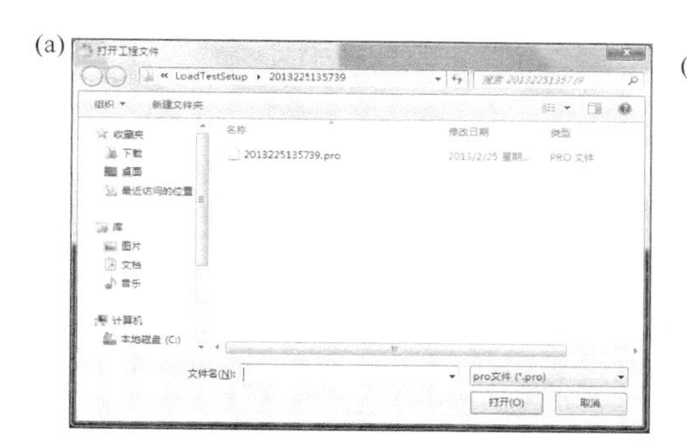

(b)
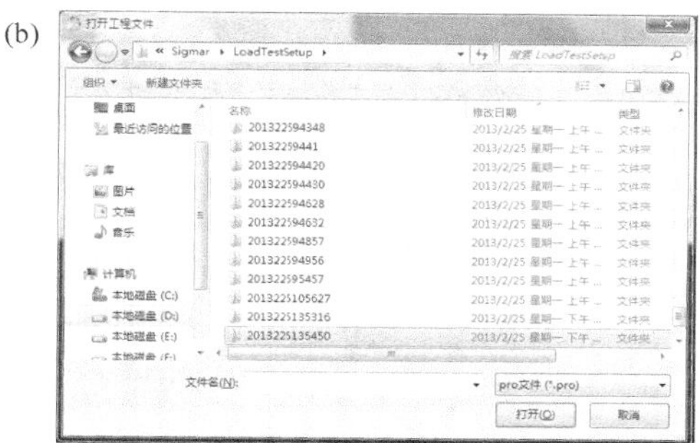

图 2.30　界面

（a）当前测试文件；（b）历史测试文件

若分析历史数据，则硬件信息会显示在历史数据界面的左侧的设备编码和通道号。右侧为曲线显示部分，在右侧上方有控制曲线大小和形状的按钮。要查看历史数据时，用鼠标左键按住要查看数据的通道号，拖动到右侧曲线显示区域，得到历史数据界面，如图 2.31（a）所示。历史数据打开的快慢与文件保存的大小和电脑配置有关。

在历史数据查看窗口右侧上面部分，有八个工具按钮可以对曲线进行操作，具体功能如下：

（1）鼠标恢复到原始状态，可自由点击曲线窗口，而不会影响曲线窗口形状。

（2）平移，选中则箭头形状变成“手”的形状，此时继续按住左键左右移动，可拖动曲线在窗口中移动。键盘上的组合键：Ctrl + ↑、Ctrl + ↓、Ctrl + ←、Ctrl + →，可分别上下左右连续移动曲线位置。

（3）矩形放大，直接按住鼠标在图表内拖动，可画出一个矩形区域，松开鼠标可对该区域放大，即 X 轴和 Y 轴刻度范围都变小。

（4）水平放大，在曲线窗口上方按住鼠标拖动，可对选中区域进行水平放大，即 X 轴刻度范围变小。

（5）垂直放大，在曲线窗口左方按住鼠标拖动，可对选中区域进行竖直放大，即 Y 轴刻度范围变小。

（6）点击放大，鼠标左击，在水平和垂直方向拉大曲线。

（7）点击缩小，鼠标左击，在水平和垂直方向缩小曲线。

（8）恢复曲线原状，鼠标左击，将图像恢复到最开始的形状。

在曲线显示区域单击鼠标右键，出现如图 2.31（b）所示菜单，添加图表选项用于增加一个曲线显示区域，可以让不同的曲线显示在不同的表格里面。删除图表用于把当前鼠标所在图表删除，查找峰值、查找谷值一般用于对滤波后的数据进行峰值与谷值的查找。

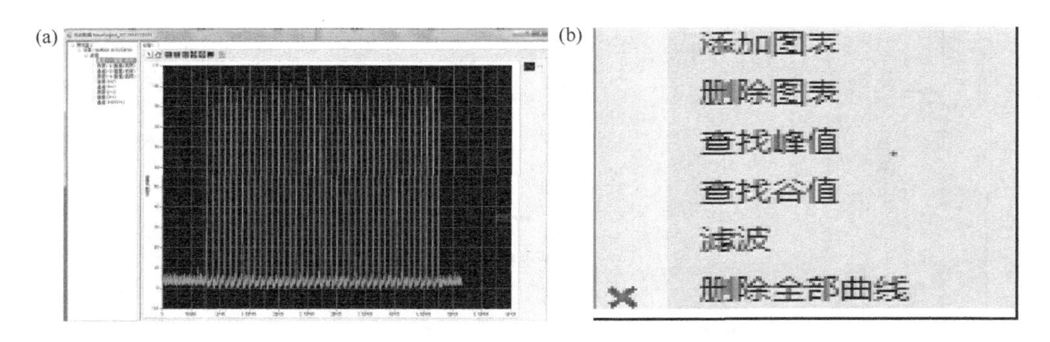

图 2.31 界面

（a）历史数据；（b）数据分析右键菜单

滤波选项是对数据进行滤波处理，方便查找峰值与谷值。需要注意的是，当点击删除全部曲线时，会把图表中的全部曲线删除。对图 2.32（a）的曲线进行滤波、查找峰值并水平放大后的形状如图 2.32（a）所示。

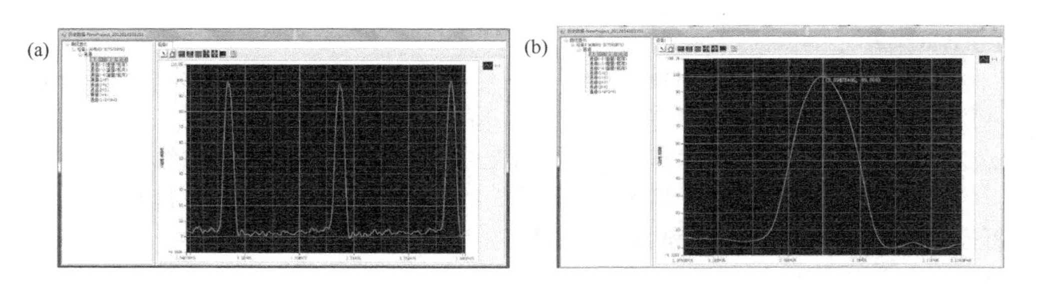

图 2.32 界面

（a）滤波、查找峰值并水平放大；（b）光标选择

在曲线显示窗口右侧的单个图例上单击鼠标右键，可以进行删除曲线、修改颜色和光标操作。这里的删除曲线只是删除右击的这条曲线，修改颜色选项可以对该曲线、峰值、谷值和光标等进行颜色修改，光标选项可对曲线上的点进行精确定位，如图 2.32（b）所示。锚定峰值选项，只有在找出峰值后才能使用，而且光标的移动只在峰值上移动，同样，锚定谷值选项，光标只在谷值上移动。自由移动选项，光标在图表的任意位置移动；对于锚定各点选项，光标也能在图表自由移动，但光标的运动轨迹只能在曲线上。

峰值的导出可使用数据导出功能，即在查找完峰值之后，点击数据导出功能按钮，可以把查找到的峰值存成 Excel 表格的形式，如图 2.33 所示。

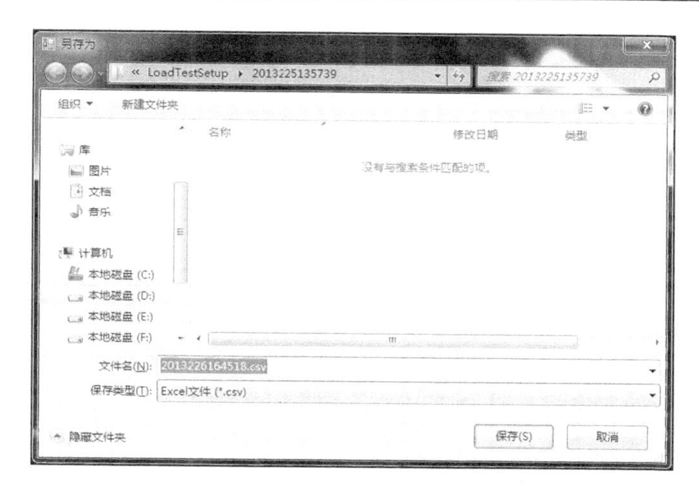

图 2.33　数据保存界面

参 考 文 献

[1] 刘华，邵明，陈维平，等. 分级电阻式粉末冶金温压加热系统结构的研究[J]. 机械科学与技术，2004，23（3）：341-343.

[2] 刘华，邵明，陈维平，等. 用于粉冶温压的分级电阻式加热系统及控制研制[J]. 锻压设备与工业炉，2003，（4）：19-21.

[3] 刘华，邵明，陈维平，等. 分级电阻式粉末冶金温压加热系统[J]. 现代制造工程，2003，（7）：7-9.

[4] 刘华. 粉末冶金温压加热系统的研究[D]. 广州：华南理工大学，2002.

[5] 徐铮. 用于粉末冶金温压的粉料加热系统的研究[D]. 广州：华南理工大学，2001.

[6] 汪志锋. 粉末温压加热系统的研究[D]. 广州：华南理工大学，2004.

[7] 李元元，徐铮，倪东惠. 产业化温压设备中的加热系统[J]. 粉末冶金工业，2000，10（6）：14-18.

[8] Hopkinson B. A Method of measuring the pressure produced in the detonation of high explosives or by the impact of bullets[J]. Philosophical Transactions of the Royal Society，1914，（213）：437-456.

[9] Davies R M. A simple modification of the hopkinson pressure bar[J]. Proceedings 7th International Congress on Applied Mechanics，1948，（1）：404-412.

[10] Davies R M. A critical study of the hopkinson pressure bar[J]. Philosophical Transactions of the Royal Society，1948，（240）：375-457.

[11] Kolsky H. An investigation of the mechanical properties of materials at very high rates of loading[J]. The Proceedings of the Physical Society. Section A，1949，（62B）：676-700.

[12] Taylor G I. The use of flat ended projectiles for determining yield stress. Part I：Theoretical considerations[J]. Proceedings of the Royal Society of London，1948，（194）：289-299.

第 3 章　粉末压制成形中的摩擦行为与影响

在粉末压制成形过程中，摩擦存在于颗粒与模壁之间，且颗粒与颗粒之间的接触面积和受力情况也都是动态变化的，影响模具的使用寿命、制品的致密性和密度均匀性等[1]。研究粉末压制过程中的摩擦行为是十分困难的，它的大小会受到诸多因素的影响，主要包括施加载荷的速度、压制力、模具的质量和粗糙度等，通常把摩擦系数设定为一个固定的常数，使计算简单，但却与实际压制情况相差太大[2]。为了使模拟的结果更加真实反映实际情况，必须对粉末压制过程中的摩擦进行深入研究。

3.1　粉末高速压制成形技术的理论基础

3.1.1　重锤下落高度和冲击速度及压制能量之间的关系

采用高速压制成形技术可以获得更高的压坯致密性和密度均匀性。在高速压制过程中，粉末体受到静压力和冲击载荷的共同作用。当压制的速度越高，粉末体受到的冲击力相应地也就越大；再者，由于高速压制时重锤与粉末体的作用时间很短，导致粉末颗粒产生加工硬化的速度要比静压时快，从而导致粉末颗粒发生应变时需要的应力就要比静态压制时低。高速压制过程中重锤的质量和速度对粉末成形具有很大的影响。重锤在下落的过程中，其重力势能转变成了动能，并直接作用于上模冲，由能量守恒定律可以得到

$$E = mgh = \frac{1}{2}mv^2 \tag{3.1}$$

式中，E 为重锤的重力势能，m 为重锤的质量，g 为重力加速度，h 为重锤下落时的高度，v 为重锤的冲击速度。压制的速度和重锤下落的高度也有关系，压制速度与下落高度之间的关系为

$$v = \sqrt{2gh} \tag{3.2}$$

由此可见，粉末压制能量是由重锤的质量和压制的高度确定的，当重锤的质量为 100 kg 时，它们之间的关系如图 3.1 所示。

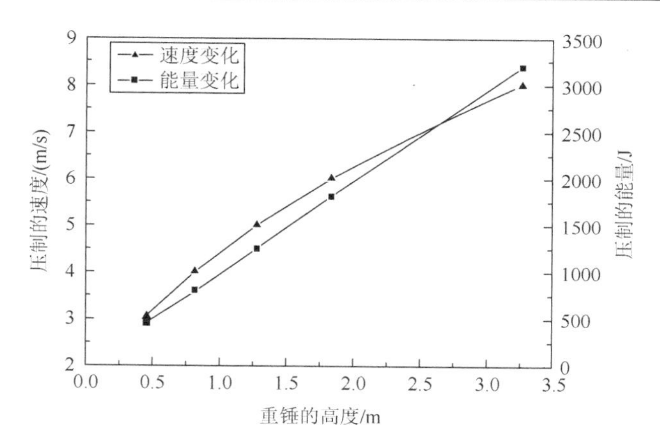

图 3.1　压制高度与压制能量、速度之间的关系

3.1.2　作用力与落锤运动之间的关系

在压制成形过程中，一定速度的冲锤撞击上模冲且作用时间很短，根据能量和动量守恒定律可得动能随距离的变化或动量随时间的变化即为物体所受的力，令其为 F，则

$$F = \frac{\mathrm{d}(mv)}{\mathrm{d}t} = \frac{\mathrm{d}E}{\mathrm{d}S} \tag{3.3}$$

假设落锤接触上模冲时的速度为 v_1，当与上模冲作用后共同以速度 v_2 开始冲击粉体，由动量守恒定律可得

$$m_1 \cdot v_1 = (m_1 + m_2) \cdot v_2 \tag{3.4}$$

式（3.4）中，m_1 为冲锤的质量，m_2 为上模冲的质量。

假设压制过程中，动能随粉体位移 ΔS 均匀变化，则由能量守恒定律可得

$$F = \frac{\mathrm{d}E}{\mathrm{d}S} = \frac{\dfrac{(m_1 \cdot v_1)^2}{2(m_1 + m_2)}}{\Delta S} = \frac{(m_1 v_1)^2}{2(m_1 + m_2) \cdot \Delta S} \tag{3.5}$$

公式（3.5）成立的前提是压制过程中作用力为恒定值，而实际压制时压制力是时刻变化的，故其计算的值为估计值[3]。

3.1.3　高速压制成形中力学分析

1）最大压制力

在高速压制过程中，重锤对上模冲的作用力分为加载和卸载两个部分，这两

部分都是以应力波的形式传递，冲击过程中应力波具有一个波峰，它对压制后制品的致密度有很大的影响。在应力波传递到粉体的过程中，其应力产生的作用效果分别为：克服粉末颗粒之间的摩擦；使粉体发生位移和应变。由于应力波的突变性和非周期性，很难用精确理论方法判定其传播规律，北京科技大学为此采用实验形式研究了最大压制力和压制速度之间的关系[4]，如图 3.2 所示。

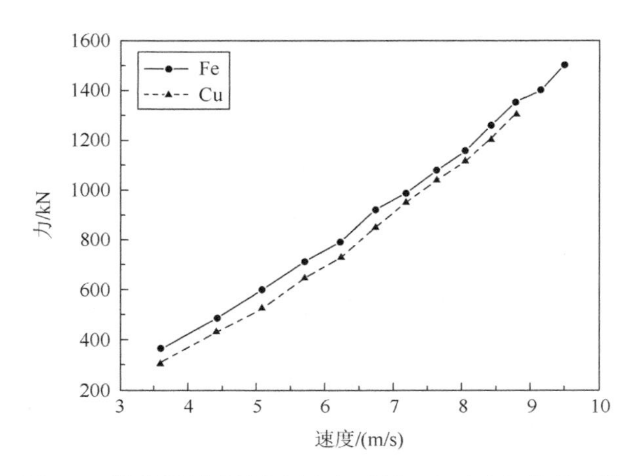

图 3.2 粉末压制时最大压力与重锤下落速度间的关系[4]

当重锤质量一定时，粉体受到的应力波的最大值与压制速度呈一定的线性关系，随着压制速度的增大，压坯承受的最大压制力随之增加。由于最大压制力与粉体最后的密度有关，所以应选用比较大的压制速度以获得更高的压坯密度。

2）脱模压力

压制完成后，将压坯从模具中取出而对压坯施加的力称为脱模压力，其大小、方向受到很多因素影响，包括压制能量、粉末物理性能及润滑剂等。模壁的摩擦系数大小主要影响脱模压力与平均压制压力的比值，卸载压制力后，粉末颗粒内应力的存在会导致粉体发生弹性回复而引起压坯体积增大，此时脱模压力等于压坯的质量和粉末体受到的横向力与摩擦系数的乘积之和。对于铁基粉末，其脱模压力与压制的平均压力 P 有以下的关系[5]：

$$P_{脱} \approx 0.13P \tag{3.6}$$

3）侧压力

高速压制过程中，当上模冲给粉末体冲击压力时，粉末颗粒在压力的作用下会向周围挤压，模壁就会给粉末体一个反向作用的力，这个力就是侧压力[6]。模壁摩擦的存在使粉末颗粒与模壁之间形成了界面摩擦力，阻止颗粒的流动而引起压坯内部压力分布不均匀。从图 3.3 可见，当把压制力 P 作用到粉体上，使压坯

在 y 轴方向发生应变 Δl_{y_1}。此应变值与材料的泊松比 ν 以及压制力 P 成正比例关系，而与弹性模量 E 成反比例的关系，其数学表达式为

$$\Delta l_{y_1} = \nu \frac{P}{E} \tag{3.7}$$

同样，在 x 轴方向，粉体在侧压力作用下，会产生一个 y 轴方向的应变值，记作 Δl_{y_2}，即

$$\Delta l_{y_2} = \nu \frac{P_{侧}}{E} \tag{3.8}$$

然而，需要考虑压坯因受到 y 轴方向的侧压力作用而产生的压缩量 Δl_{y_3}，即

$$\Delta l_{y_3} = \frac{P_{侧}}{E} \tag{3.9}$$

考虑到压坯在压模内无法侧向膨胀，因此在 y 轴方向的膨胀值之和 $\Delta l_{y_1} + \Delta l_{y_2}$ 应与其压缩量 Δl_{y_3} 相等，即

$$\Delta l_{y_1} + \Delta l_{y_2} = \Delta l_{y_3} \tag{3.10}$$

$$\nu \frac{P}{E} + \nu \frac{P_{侧}}{E} = \frac{P_{侧}}{E} \tag{3.11}$$

$$\frac{P_{侧}}{P} = \xi \frac{\nu}{1-\nu} \tag{3.12}$$

$$P_{侧} = \xi P = \frac{\nu}{1-\nu} P \tag{3.13}$$

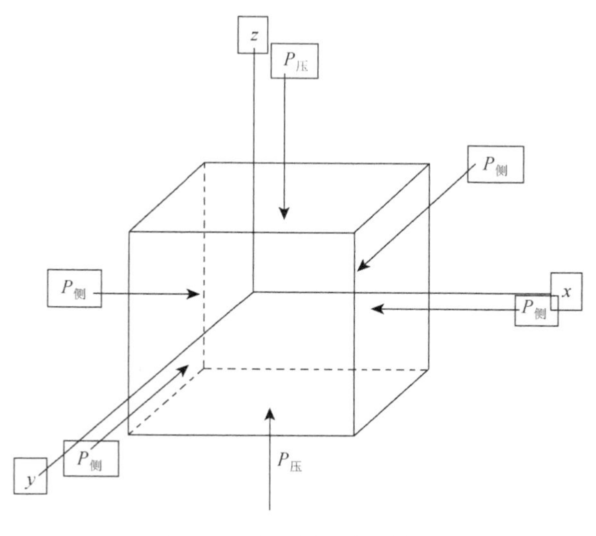

图 3.3　压坯受力分析示意图

公式（3.12）中单位侧压力与压制力的比值，称为侧压系数[7]。在实际压制过程中，侧压力与粉末颗粒和模壁之间的接触状态密切相关，而粉末颗粒和模壁之间的接触状态也在时刻变化，所以对侧压力的影响变得十分复杂。侧压力大小受到许多因素的影响，其中包括粉体的物理特性、压制工艺和模具粗糙度等。在以上的公式推导中，只是假设了粉体在压制力作用下发生了弹性应变，而并没有考虑压坯在较大力作用下的塑性应变，另外对粉末体的物理特性和模具的变形也没有考虑在其中。这样把适用于固体的胡克定律运用在粉末的压制变形上与实际的情况不是完全相符，故利用公式（3.13）推算出来的侧压力只是一个估计值。

3.2　冲击应力波理论

在弹性介质中，介质质点是以弹性力相互联系的，质点受外力作用后在平衡点处开始振动，然后应力波以一定的速度由近及远向各个方向传播，周围质点在弹性力的作用下也开始振动起来[8]。由于冲击载荷在极短的时间内使质点发生了很大的位移幅度，故与静态压制时有很大的区别。

应力波在粉体中传播是以能量的形式进行的，在传播的过程中会发生一定程度的衰减，分为几何衰减与物理衰减两种形式。几何衰减是由于能量在传递过程中分布空间的扩大而引起的，一般用 $1/r$ 比率来表征，其中 r 为振动质点距扰动源的距离；物理衰减主要在于在传递过程中应力波与介质之间相互作用，而引起的能量损耗。应力波的衰减将导致波的频散，波形变宽，周期延长，振幅减小[9]。

3.3　弹塑性有限元法

使用弹塑性的有限元分析方法研究金属成形过程具有较大优势，这在于它可以沿着应变路径获得材料应力和应变的变化规律；其次利用这种方法求解压坯在卸载过程中的应力应变也非常有效[10]。

利用有限元法解决弹塑性问题，常用的主要有三种算法，分别为静力隐式算法、静力显式算法以及动力显式算法[11]。静力隐式算法在求解的过程中把上一步求解的值作为未知数代入下一步的迭代中，其求解的精度较高，但收敛性不是很好且计算时间较长；显式算法利用初始的值进行迭代，不需要对参数进行重新赋值，故其收敛性较好，但计算精度受到影响。

3.3.1　弹塑性力学的基本方程

利用弹塑性力学对模型进行求解主要包括三个基本方程，利用张量标记的方法对求解方程进行数学建模，可分别表示如下。

1）求解的平衡方程

$$\left.\begin{aligned}\frac{\partial\sigma_x}{\partial x}+\frac{\partial\tau_{xy}}{\partial y}+\frac{\partial\tau_{xz}}{\partial z}+X=0\\ \frac{\partial\tau_{yx}}{\partial x}+\frac{\partial\sigma_y}{\partial y}+\frac{\partial\tau_{yz}}{\partial z}+Y=0\\ \frac{\partial\tau_{zx}}{\partial x}+\frac{\partial\tau_{zy}}{\partial y}+\frac{\partial\sigma_z}{\partial z}+Z=0\end{aligned}\right\} \tag{3.14}$$

张量的形式表示为

$$\sigma_{ij,j}+f_i=\rho u_{i,u}+\mu u_{i,t} \tag{3.15}$$

式中：$\sigma_{ij,j}$ 为应力张量的导数值；f_i 为体分布力；ρ 为绝对密度；μ 为阻尼系数。

2）求解的几何方程

当材料发生小的应变时，其应变值和位移之间有一定的联系，数学模型可表示为

$$\left.\begin{aligned}\varepsilon_x=\frac{\partial u}{\partial x},\quad \gamma_{xy}=\frac{\partial v}{\partial x}+\frac{\partial u}{\partial y}\\ \varepsilon_y=\frac{\partial v}{\partial y},\quad \gamma_{yz}=\frac{\partial w}{\partial y}+\frac{\partial v}{\partial z}\\ \varepsilon_z=\frac{\partial w}{\partial z},\quad \gamma_{zx}=\frac{\partial u}{\partial z}+\frac{\partial w}{\partial x}\end{aligned}\right\} \tag{3.16}$$

或

$$\varepsilon_{ij}=(u_{i,j}+u_{j,i})/2 \qquad (i,j=x,y,z) \tag{3.17}$$

当材料发生大的塑性变形时，其应变除了包含线性变化之外，还包含非线性的部分，即

$$\boldsymbol{\varepsilon}=\varepsilon_{\mathrm{L}}+\varepsilon_{\mathrm{NL}} \tag{3.18}$$

此时的应变张量可以表示为

$${}_0^t\varepsilon_{ij}=\frac{1}{2}({}_0^tu_{i,j}+{}_0^tu_{j,t}+{}_0^tu_{k,j}+{}_0^tu_{k,j}) \tag{3.19}$$

3）求解的物理方程

当模型在外力的作用下发生变形时，其应变包括弹性应变和塑性应变。而对于不同的变形状态，其求解方程也不同。

弹性变形阶段的屈服状态符合不等式 $f(\sigma_{ij}) \leqslant 0$ 的要求，利用广义的胡克定律可以得到应力、应变关系，数学模型可以表示为

$$\left.\begin{aligned} \varepsilon_x &= \frac{1}{E}[\sigma_x - v(\sigma_y + \sigma_z)], \quad \gamma_{xy} = \frac{\tau_{xy}}{G} \\ \varepsilon_y &= \frac{1}{E}[\sigma_y - v(\sigma_z + \sigma_x)], \quad \gamma_{yz} = \frac{\tau_{yz}}{G} \\ \varepsilon_z &= \frac{1}{E}[\sigma_z - v(\sigma_x + \sigma_y)], \quad \gamma_{zx} = \frac{\tau_{zx}}{G} \end{aligned}\right\} \tag{3.20}$$

或写为

$$\varepsilon_{ij} = \frac{1+v}{E}\sigma_{ij} - \frac{v}{E}\delta_{ij}\sigma_{ii} \qquad (i, j = x, y, z) \tag{3.21}$$

其中 $\sigma = \sigma_{ii}$。如果将应力用应变的方式来表达，则有

$$\left.\begin{aligned} \sigma_x &= 2G\left(\varepsilon_x + \frac{v}{1-2v}e\right), \quad \tau_{xy} = G\gamma_{xy} \\ \sigma_y &= 2G\left(\varepsilon_y + \frac{v}{1-2v}e\right), \quad \tau_{yz} = G\gamma_{yz} \\ \sigma_z &= 2G\left(\varepsilon_z + \frac{v}{1-2v}e\right), \quad \tau_{zx} = G\gamma_{zx} \end{aligned}\right\} \tag{3.22}$$

或

$$\sigma_{ij} = \frac{E}{1+v}\varepsilon_{ij} + \frac{Ev}{(1+v)(1-2v)}\delta_{ij}e \tag{3.23}$$

其中 $e = \varepsilon_{ii}$。

也可将模型的物理方程改写为

$$e_{ij}^e = \frac{1}{2G}S_{ij} = \frac{3\cdot\overline{\varepsilon^e}}{2\overline{\sigma}}S_{ij}, \quad \sigma_{\mathrm{m}} = 3K\varepsilon_{\mathrm{m}} \tag{3.24}$$

在发生弹塑性的区域，当材料处于初始屈服阶段，根据增量理论有

$$\left.\begin{aligned} \mathrm{d}\varepsilon_x &= \frac{1}{2G}\mathrm{d}s_x + \mathrm{d}\lambda s_x, \quad \mathrm{d}\gamma_{xy} = \frac{1}{G}\mathrm{d}\tau_{xy} + \mathrm{d}\lambda\tau_{xy} \\ \mathrm{d}\varepsilon_y &= \frac{1}{2G}\mathrm{d}s_y + \mathrm{d}\lambda s_y, \quad \mathrm{d}\gamma_{yz} = \frac{1}{G}\mathrm{d}\tau_{yz} + \mathrm{d}\lambda\tau_{yz} \\ \mathrm{d}\varepsilon_z &= \frac{1}{2G}\mathrm{d}s_z + \mathrm{d}\lambda s_z, \quad \mathrm{d}\gamma_{zx} = \frac{1}{G}\mathrm{d}\tau_{zx} + \mathrm{d}\lambda\tau_{zx} \end{aligned}\right\} \tag{3.25}$$

或

$$d\varepsilon_{ij} = \frac{1}{2G} ds_{ij} + d\lambda s_{ij} \tag{3.26}$$

其中

$$d\lambda = \frac{3d\varepsilon_i}{2\sigma_i} \tag{3.27}$$

由全量理论可得应变的偏量为

$$\left.\begin{aligned}
e_x &= \frac{\varepsilon_i}{\sigma_i}\left[\sigma_x - \frac{1}{2}(\sigma_y + \sigma_z)\right], \quad \gamma_{xy} = \frac{3\varepsilon_i}{\sigma_i}\tau_{xy} \\
e_y &= \frac{\varepsilon_i}{\sigma_i}\left[\sigma_y - \frac{1}{2}(\sigma_z + \sigma_x)\right], \quad \gamma_{yz} = \frac{3\varepsilon_i}{\sigma_i}\tau_{yz} \\
e_z &= \frac{\varepsilon_i}{\sigma_i}\left[\sigma_z - \frac{1}{2}(\sigma_x + \sigma_y)\right], \quad \gamma_{zx} = \frac{3\varepsilon_i}{\sigma_i}\tau_{zx}
\end{aligned}\right\} \tag{3.28}$$

或

$$e_{ij} = \frac{3\varepsilon_i}{2\sigma_i} S_{ij} \tag{3.29}$$

3.3.2　弹塑性力学的边界条件

求解以上的弹塑性变形问题，如果要得到一个精确的计算结果就必须给出准确的边界条件。在求解弹塑性问题时，边界条件的情况主要有两种：首先为模型的物理特性，包括其大小、形状以及尺寸等；其次为模型所受到的外界干涉，主要包括外力所加的载荷、温度以及所受到的约束等。在实际的求解过程中，应根据不同的问题设置不同的边界条件，为此可以把边界条件概括为以下三类问题：第一类问题是在已知外界载荷的情况下求解模型的应力应变及位移；第二类问题是在已知模型位移时求解其在运动过程中的应力变化；第三类问题则是在已知模型所受到的外界载荷和部分位移时求解其剩余位移和应力的变化情况。对于这三类问题的处理，在数值求解中，一般有如下三种方法[12]。

应力法：求解时把物体的应力当成未知量，这种方法对第一类边值问题比较适用，在对模型进行分析的过程中要把其未知量用应力的形式来表示。此时，模型具有六个自由度，而边界方程数量不足，无法求出精确解，故此时应考虑模型的几何方程来共同求解。

位移法：求解时把模型的未知量转换成位移的形式，其对求解第二类边界条件问题比较适用。求解时利用已知的几何条件，可以得到模型应力与位移之间的关系，将其结果输入边界方程中，求得相应的位移量，然后利用模型几何与物理方程，对所列方程组进行求解，就可算出应力应变数值。

混合法：求解的基本未知量是各节点中的局部位移和局部应力，在求解第三类问题时，一般选用这种方法。求解过程与上述两种方法类似，即不断消除所求量以外的未知量进行求解。

在实际求解中，由于问题的情况不同，选择求解方法也不同。通过对比上述方法可以看出利用位移法求解边界条件问题比较简单，但在实际的生产中模型通常还会受到外界载荷、约束以及材料非线性因素的影响而导致计算比较困难，故利用有限元法求解弹塑性问题还有很多问题需要去研究。

3.4 经典的压制方程

1）巴尔申方程

在求解的过程中，其假设当应力和应变都无限小时，应力和应变的值成一定的正比例关系：

$$\frac{\mathrm{d}\sigma}{\mathrm{d}\varepsilon}=K \tag{3.30}$$

$$\sigma=\frac{P}{A} \tag{3.31}$$

式中，ε 为粉末颗粒的压缩量；A 为颗粒与颗粒间的接触面积。把上式经过积分变化之后经过取对数可以得到

$$\lg P_{\max}-\lg P=L(\beta-1) \tag{3.32}$$

由此可见 $\lg P$ 与 $L(\beta-1)$呈线性关系。式中，L 为压制因数，β 为粉体的相对体积。

当压制粉末颗粒的硬度较高时，或者压制力不是很大，利用公式（3.32）计算的结果与实际压制情况比较符合。但也有一定缺陷，表现在低压时粉末颗粒一般以位移填充粉末空隙的运动为主；其次，在压制过程中，较大的压制力会导致粉末颗粒过度变形而产生加工硬化现象，导致计算值要大于实际值。

2）川北方程

川北公夫在 1956 年时对不同粉末在压制过程中的变形行为进行了研究，并给出了不同粉末的应力-体积变化曲线，在一定假设的基础之上提出了一个重要的经验公式[13]：

$$C=(V_0-V)\cdot V_0=\frac{abP}{(1+bP)} \tag{3.33}$$

式中，C 为粉末体体积减小率；V、V_0 分别为当压力为 P 和 0 时的粉末体积；a、b 为常数；$1/C$ 与 $1/P$ 呈线性关系。

此公式当压力不太大时准确性较好。

3）黄培云压制理论

上述各个压制方程的推导都在某种特定假设的前提下，故均只能在一定范围内适用。通过分析以前的压制方程，改进研究方法并弥补以前压制方程中的不足。充分考虑粉末颗粒在压制过程中的应力、应变的弛豫以及加工硬化对粉末成形致密性的影响，且得到以下的压制方程：

$$\lg\ln\frac{\rho(\rho_{\mathrm{m}}-\rho_0)}{\rho_0(\rho_{\mathrm{m}}-\rho)}=n\lg p-\lg M \tag{3.34}$$

式中，ρ_{m} 为致密时金属的密度（g/cm^3）；ρ_0 为压坯的原始密度（g/cm^3）；ρ 为压坯密度（g/cm^3）；P 为单位压制压强（Pa）；M 为压制的模数；n 为硬化指数的倒数[14]。

3.5　摩擦特性分析模型

在粉末成形过程中，随着压坯致密度的增大，粉末与粉末之间、粉末与模具之间的接触表面一直在动态变化，其摩擦系数也在不断变化，所以需要更精细地研究粉体的摩擦行为。通过调整阴模和和上模冲的运动速度，把摩擦力转化为压制力的一部分，使压坯密度分布更为均匀，把摩擦现象作为粉末压制成形的有利因素进行研究。在目前工程领域中，常用的摩擦模型为经典的库仑摩擦模型[15]，其数学表达式一般表示为

$$\sigma_{\mathrm{fr}}\leqslant-\mu\sigma_{\mathrm{n}}\boldsymbol{t} \tag{3.35}$$

式中，σ_{n} 为接触节点的法向力；σ_{fr} 为接触节点的切向力；$\boldsymbol{t}$ 为相对速度方向上的单位矢量。

由于粉末的压制过程具有高度的非线性，当给定接触节点的法向力以后，摩擦力随 v_{r} 的变化规律如图 3.4 所示[16]，由图可以看出其变化的过程具有非连续性。

当在数值模拟分析过程中存在这种不连续的突变模型时，有可能会引起计算无法收敛[17]。为了消除突变的影响，采用修正之后的摩擦模型，其连续后的数学模型可用函数来表示，即

$$\sigma_{\mathrm{fr}}\leqslant-\mu\sigma_{\mathrm{n}}\frac{2}{\pi}\arctan\left(\frac{\boldsymbol{v}_{\mathrm{r}}}{v_{\mathrm{c}}}\right)\boldsymbol{t} \tag{3.36}$$

经过这种平滑处理以后，计算的收敛性得到大幅度改善[18]。式中 v_{c} 的含义是

两个接触体之间的相对滑动速度大小，它决定这个数学模型与实际粉末压制过程中的摩擦力变化规律的接近程度[19]（见图 3.5）。

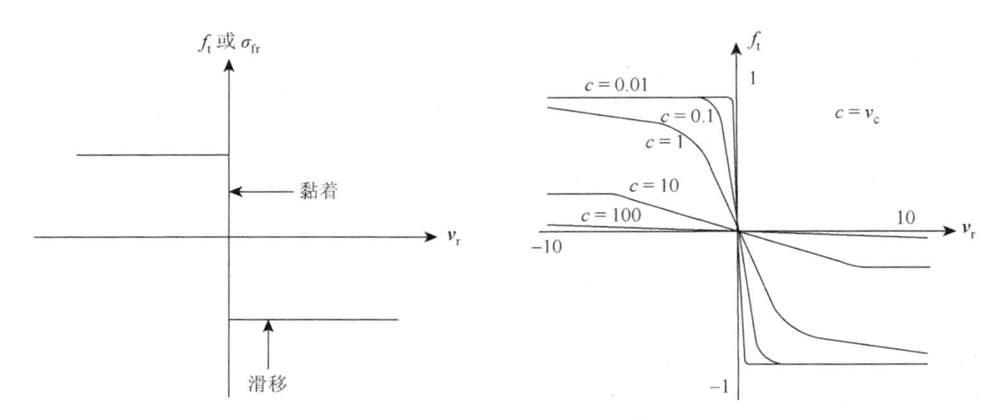

图 3.4　静摩擦力和滑动摩擦力的突变　　图 3.5　修正之后的库仑摩擦模型

当 v_c 的值较小时，模拟的结果与实际实验的结果比较接近，但是收敛性较差；而过大的 v_c 会造成摩擦力值的减小，迭代的收敛性较好。故在实际的模拟计算中，应根据实验的具体要求和精度来确定 v_c 的值，一般推荐其值采用接触节点的相对滑动速度的 1%～10%，经过处理之后的接触节点总是存在某种程度的滑动[20]。

当接触节点的法向应力过大时，由库仑摩擦模型计算的结果往往与实验测得的数据有一定的出入[21]。此时由库仑定理计算的摩擦应力会超过材料的流动应力或失效应力（如图 3.6 所示），而在这种情况下如果采用基于切应力的剪切摩擦模型时结果就会更加准确[22]。

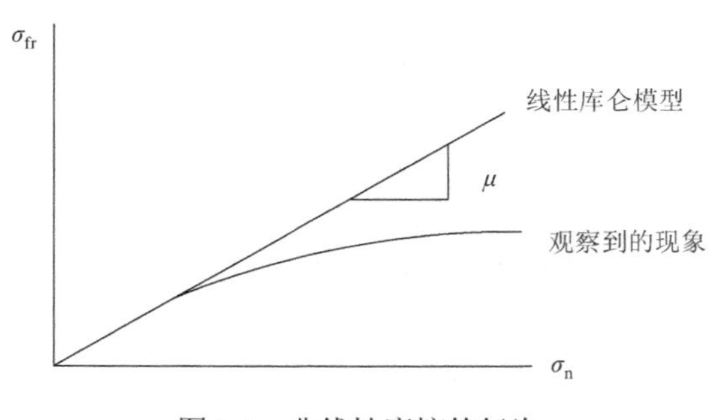

图 3.6　非线性摩擦的行为

剪切摩擦定理是在切应力的摩擦模型基础上，提出摩擦的应力是材料等效应力的一部分，其数学模型为[23]

$$\sigma_{\mathrm{fr}} \leqslant -m\frac{\bar{\sigma}}{\sqrt{3}}t \tag{3.37}$$

用反正切函数平滑黏-滑摩擦之间的突变可得

$$\sigma_{\mathrm{fr}} \leqslant -m\frac{\bar{\sigma}}{\sqrt{3}}\cdot\frac{2}{\pi}\arctan\left(\frac{v_{\mathrm{r}}}{v_{\mathrm{c}}}\right)\cdot t \tag{3.38}$$

这种模型可以用于分析所有能够处理分布载荷的应力分析单元。由以上的描述可以看出已有摩擦模型具有一定的特点：能够精确地描述滑动摩擦，很难模拟纯粹的黏性摩擦，选择一个合适的参数 v_{c} 值比较的困难，迭代的过程中不涉及关于摩擦的其他检查，收敛性较好[24]。

在研究粉末压制成形过程中的摩擦行为时，广泛采用的摩擦测定方法有两种，即闭模式压制摩擦测定方法和平面剪切式摩擦测定方法。闭模式压制摩擦测定方法通过测量压制过程中上下冲模的压制力和阴模径向压力来表述粉末与模具之间的摩擦。平面剪切式摩擦测试方法是将压坯压制到一定密度，然后与另一物体组成摩擦副测定其摩擦。

3.6　模壁摩擦系数的测定

粉末压制过程，即在压制力的作用下，起初松散的粉末体向下移动，逐渐变得致密。压制过程中的摩擦主要包括颗粒与颗粒之间以及颗粒与模壁之间的摩擦，由于颗粒与颗粒间的摩擦比较复杂，且有“拱桥”效应的产生，导致研究的难度很大。研究压制过程中模壁摩擦的变化情况，考虑压制过程都是在模具中进行的，给测量造成了难度。就目前而言，在测量模壁摩擦系数时，一般有如下两种方法[25]：

（1）闭模式压制摩擦测量方法。这种测量方法对实验装置及测试系统的安装精度要求比较高，它通过安装压力传感器实时地记录上模冲的压制力和阴模的径向压力，然后根据摩擦学定律通过编程的方式得到模壁摩擦的动态变化情况。

（2）平面剪切式摩擦测量方法。相对于闭模式压制而言，这种方法动态显示模壁摩擦系数变化的精度不是很高，但因其装置简单且易操作，就目前而言，其在工业生产中应用最为广泛。它将粉末体在压制力下形成一定的致密度，然后保持压制力不变，通过使粉末体与另外一个物体发生相对移动，从而形成摩擦副，然后再测定其模壁摩擦系数。

3.6.1　模壁界面摩擦系数的测定设备

由于实验条件有限，测量在粉末压制成形过程中的摩擦系数时，本节选择平面剪切式的摩擦测量方法。在后期的数值模拟中，为了进一步提高模拟精度，使用整理后的实验数据。

在测量模壁摩擦系数时，本实验采用的装置主要由压力供给装置、测量数据装置和最终结果显示装置这三个部分组成。选用四柱压力机作为压力装置。测试装置主要包括：驱动电机、斜劈推进机构、蜗轮蜗杆传动机构、压制模具及数据采集系统。显示装置主要由动态应变测试系统（XSB5 系列）和电脑组成，实验装置如图 3.7 所示。

图 3.7　实验压力机

实验过程选用的模具如图 3.8 所示，图 3.9 为选用模壁摩擦的测试装置。

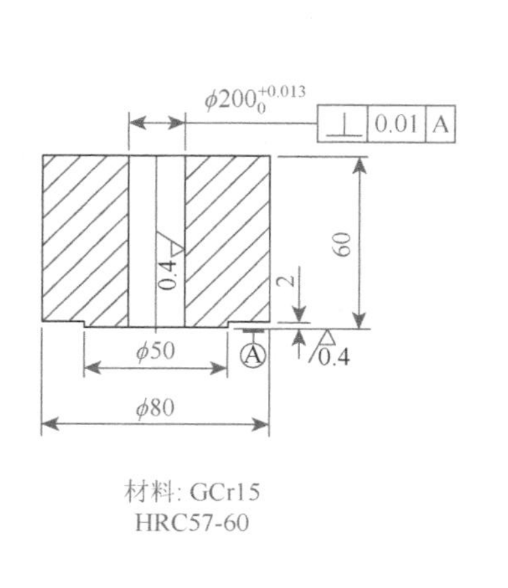

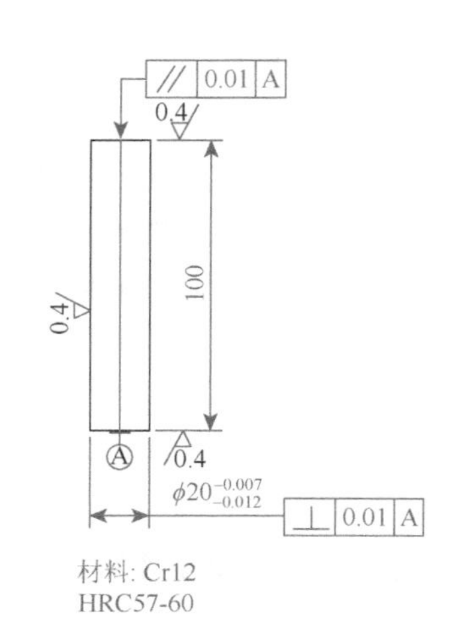

图 3.8　粉末压制过程使用的模具（单位：mm）

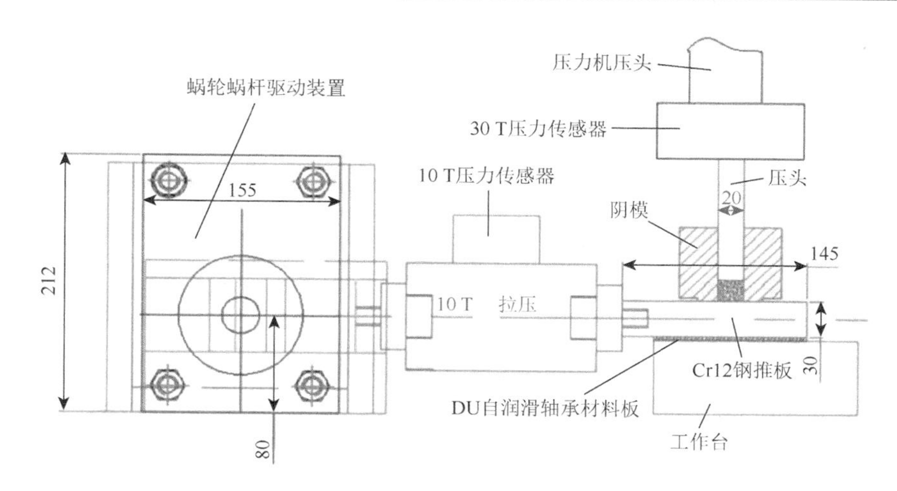

图 3.9　模壁摩擦的测量装置（单位：mm）

3.6.2　模壁界面摩擦系数的测量方法

国内很多关于粉末压制方面的参数大都是借鉴国外的实验数据或者根据生产中的经验而定，但对于不同的工况而言，其压制的参数都是不相同的。在特定的外界条件下测出实验需要的相关参数对于理论分析而言就显得尤为重要。在测量摩擦系数时，实验采用结构简单、操作方便，并且能测试在不同工况下粉末压制时的摩擦系数的装置。在压制前先把阴模和底板固定，摩擦系数的测量主要分为四个步骤。

（1）装粉。首先调整手柄，把上模冲提高到一定的高度使其与模具之间保持一段距离并固定，然后把下模冲下移，当移至粉末装粉线的地方，再缓慢均匀地把准备好的粉末填充到模具空腔内，通过控制手柄，使上模冲缓缓地向下移动并放入模具空腔内，此移动过程要伴随着旋转运动，这样做的目的是使空腔内的气体顺利排出以防止在压制的过程中因为空气阻力而降低试验的精度。

（2）粉末加压。通过操作手柄控制液压油缸的运动，给上模冲一定的压力使其对粉末进行缓慢的压制，在这个过程中要时刻观察压力表读数的变化，当其值达到了当初设定的压力值时就开始保压。

（3）测量摩擦系数。保持上模冲压力保持不变，启动驱动电机，为使工作的滑台前后移动，需要通过蜗轮蜗杆的传动机构和斜劈运动。在此过程中，要时刻记录液压机的压力值和斜劈机构上的摩擦力的大小。记录的数据通过运用经典库仑（Coulomb）摩擦学定律可以得到在此过程中的摩擦系数的动态变化规律。

（4）卸载的阶段。在卸载之前要把压制滑台调至原处，然后通过控制手柄，将上模冲缓慢上升到一定的高度位置。轻轻取出压头和压坯，将其放在含有标签的袋子中，为方便随后的其密度计算。

3.7 粉末压制成形中摩擦系数的测量

3.7.1 摩擦系数随压制时间的变化规律

在现有的实验装置上，为了研究模壁界面摩擦的变化规律，需要测量粉末压制过程中的模壁界面摩擦。实验选用纯铁粉为材料，每次称取量为 5 g，装入模具中，压制压力为 750 MPa 时，控制手柄通过压力机压制粉末。推板的材料为 Cr12，表面的粗糙度 $R_a = 0.15\,\mu\text{m}$ 。

保压过程如下：把粉末装入模具中，通过压力机对粉末施加压力，待压力表读数稳定后保持即可。在压力不变的情况下打开驱动电机使下模板进行水平移动，此时粉末体与下模板产生了一定的相对运动，详细记录模壁摩擦系数，找出其随着时间的变化规律，模壁摩擦系数随着时间的变化如图 3.10 所示。

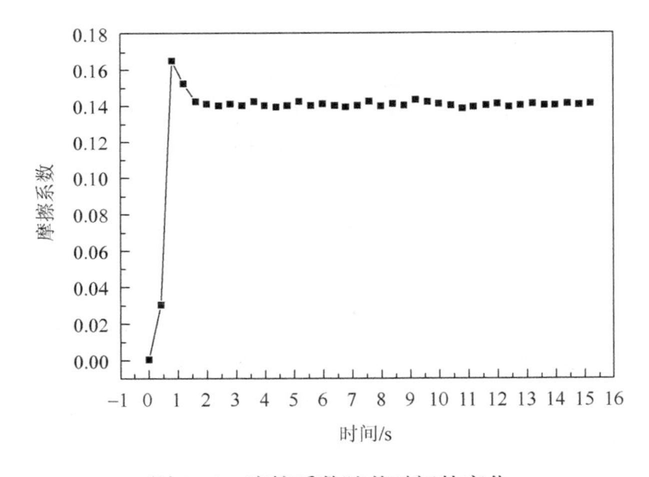

图 3.10 摩擦系数随着时间的变化

从图 3.10 分析可以得出，在压制初期，很短时间内，摩擦系数急剧增大到一个峰值，然后开始缓慢下降，最终稳定在 0.14 左右。在推板开始运动时，靠近下模冲的粉末颗粒发生了剪切收缩，从而引起摩擦系数迅速增大。粉末颗粒与推板之间的接触经过一段时间的磨合达到了稳定状态，此时摩擦系数就开始下降并趋于平稳。

3.7.2　摩擦系数随压制力的变化规律

研究压制力对摩擦系数的影响，通过选取不同压力，对粉末体进行压制，压坯摩擦系数对压制力的变化规律如图 3.11 所示。增大压制力，粉末与模壁之间的摩擦系数有逐渐下降的趋势。因为当压制力很小时，粉末颗粒仅仅发生了弹性应变，颗粒表面凸凹不平仍然存在。在增大压制力时，粉末颗粒发生了塑性变形，使得压坯逐渐紧密，从而颗粒之间以及颗粒与模壁之间均保持相对稳定的状态。颗粒表面经过塑性变形而变得光滑，降低了其表面的粗糙度，故摩擦系数会随着压制力的增大而降低并趋于稳定。在实际生产中，采用较大的压制力可以有效地提高压坯的密度，图 3.11 中的数据为下一步模拟分析提供了较为准确的理论依据。

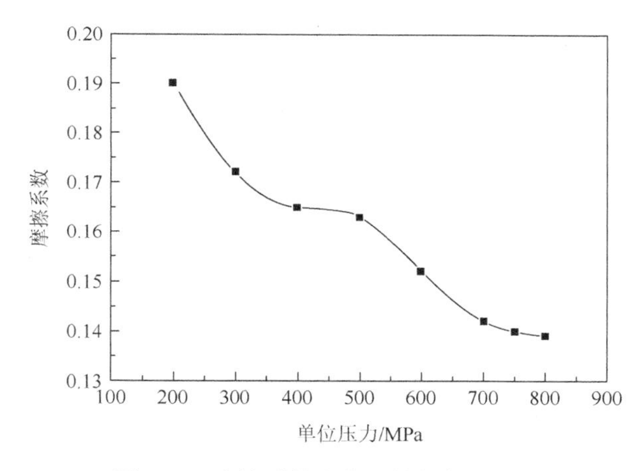

图 3.11　摩擦系数随着压制力变化规律

3.7.3　不同粉末材料对模壁摩擦系数的变化

为得到粉末材料不同对模壁摩擦系数的影响，设定实验材料石墨（G）的百分含量分别为 0.5、1、1.5、2，硬脂酸锌（ZNT）的百分含量分别为 0、0.5、1，进行了相关交叉实验。实验结果如表 3.1 所示。

表 3.1　不同含量的 G 和 ZNT 的摩擦系数变化曲线

试验号	石墨含量	硬脂酸锌含量	摩擦系数
1	0.5	0	0.215
2	1	0	0.192

续表

试验号	石墨含量	硬脂酸锌含量	摩擦系数
3	1.5	0	0.153
4	2	0	0.145
5	0.5	0.5	0.179
6	1	0.5	0.168
7	1.5	0.5	0.152
8	2	0.5	0.129
9	0.5	1	0.149
10	1	1	0.138
11	1.5	1	0.1263
12	2	1	0.105

当材料中不含硬脂酸锌时，压坯的摩擦系数会随着粉末体含G量的增加，呈现逐渐减小的趋势，这是由于石墨具有润滑性；通过对比，保持石墨含量不变时，增加硬脂酸锌（ZNT）含量，摩擦系数也呈现递减的趋势，显然，硬脂酸锌材料在粉末压制过程中起到润滑作用。所以在实际的生产中，为了提高压制效果，需要降低模壁摩擦，通常添加润滑剂。

3.7.4　压制力与压坯密度的关系

粉末压制时，密度是制品性能的重要指标之一，充分分析比较多组实验结果后，确定表3.1中的方案1为本章最终选取的方案，为测其压坯的密度，采用排水法，图3.12所示为压制力和密度的影响关系。

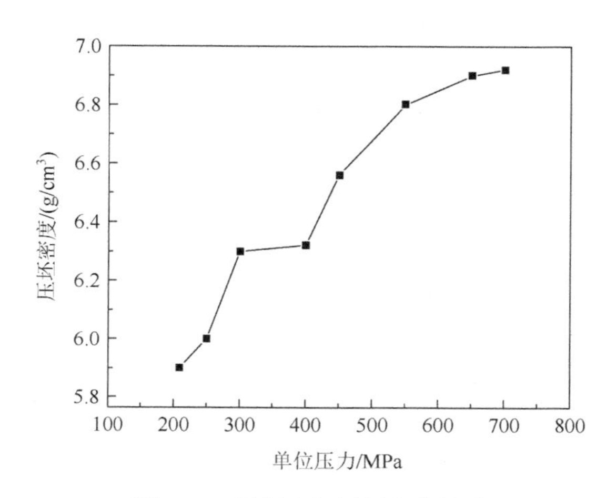

图3.12　压制力与压坯密度关系

分析图3.12可知，压坯的致密性与压制力基本呈正相关的关系，当压制力越大时，粉末颗粒就越有可能发生塑性应变，从而可以有效填充颗粒之间的间隙，进而会使压坯变得更为致密。

从图中还可以看出，当压制力增大到400 MPa时，曲线出现转折，即压坯密度增加趋势出现了转折点，当压制力小于400 MPa时，确切地说，在压制力小于300 MPa时，压坯密度随着压制力迅速增大，而在300～400 MPa之间时，压坯密度增加的速度有所下降。这是由于在压制初期，处于松散状态的粉末颗粒即使受到的压制力很小，颗粒之间也会发生很大的相对运动。所以松散的颗粒会迅速填充压坯的相对缝隙，随着压坯的内部缝隙减小，从而使得压坯的整体密度迅速增大。随着压制的过程变化，压坯逐渐变得较为密实，粉末颗粒之间的相对运动量会越来越低，空隙也随之减小。

如果进一步提升密度，只能使颗粒发生塑性应变，因此，在金属颗粒的塑性屈服极限之前，即颗粒未发生塑性形变时，压坯密度基本保持稳定，只有进一步增大压制力直至超过材料的屈服极限，大量颗粒才会发生塑性应变，就会进一步填充颗粒之间的间隙，从而压坯密度会因为颗粒发生塑性形变而变得更大。

参考文献

[1] 王德广，吴玉程，焦明华，等. 粉末成形过程中摩擦行为研究进展[J]. 机械工程学报，2009，45（5）：12-18.

[2] 黄培云，金展鹏，陈振华. 粉末冶金基础理论与新技术[M]. 北京：科学出版社，2010：5-95

[3] 郑珊. 离散单元法及其在粉末高速压制成形模拟中的应用[D]. 长沙：中南大学，2008.

[4] 吴新光. 粉末冶金发泡铝的制备与性能研究[D]. 昆明：昆明理工大学，2004.

[5] 王荣辉. Fe-Cr-W-Ti-Y 高温合金的制备及其组织性能研究[D]. 武汉：华中科技大学，2008.

[6] 徐志坤. 无镉中温银基钎料的低电压电磁压制及烧结工艺研究[D]. 武汉：武汉理工大学，2012.

[7] 华林，秦训鹏. 环形粉末预制坯压制规律研究[J]. 金属成形工艺，2004，21（6）：67-69.

[8] 任齐，薛晶. 应力波法分析桩基承载力[J]. 噪声与振动控制，2005，24（6）：40-41.

[9] 张忠伟. 增容扩机时引水洞爆破振动影响分析[D]. 武汉：武汉大学，2004.

[10] 马交成. 连铸坯凝固过程传热模型与热应力场模型的研究及应用[D]. 沈阳：东北大学，2009.

[11] 周敬勇. 板料成形数值模拟中的接触摩擦研究[D]. 南昌：南昌大学，2005.

[12] 谭涛. 离散变量优化设计的连续化方法研究[D]. 大连：大连理工大学，2006.

[13] 黄培云. 粉末冶金原理[M]. 北京：冶金工业出版社，2000.

[14] 杨晨晨. 金属粉末的粘弹塑性本构方程的研究[D]. 长沙：中南大学，2011.

[15] 徐飞英. 非局部摩擦的数值模拟及相关实验[D]. 南昌：南昌大学，2008.

[16] 韩凤麟. 粉末冶金技术手册[M]. 北京：化学工业出版社，2009.

[17] 曾鸣. 登陆舰车辆甲板结构设计和强度校核规范建立的研究[D]. 上海：上海交通大学，2007.

[18] 寇淑清，金文明. 体积成形数值模拟边界接触摩擦与滑动约束处理[J]. 锻压机械，2001，36（3）：21-23.

[19] 王玉山. 复合材料液态浸渗挤压有限元模拟及损伤研究[D]. 西安：西北工业大学，2006.

[20] 刘宇恒. 车用金属材料的干摩擦特性研究[D]. 杭州：浙江大学，2007.

[21] 茹铮，余望，阮熙寰，等. 塑性加工摩擦学[M]. 北京：科学出版社，1992：10-96.

[22] 陈火红. Marc 有限元实例分析教程[M]. 北京：机械工业出版社，2002：20-381.
[23] 汪俊. 粉末金属成形过程建模及成形工艺计算机仿真[D]. 上海：上海交通大学，1999.
[24] 程远方，果世驹，赖和怡.球形颗粒随机排列过程的计算机模拟[J]. 北京科技大学学报，1999，21（4）：387-391.
[25] 常春，郭正华，熊洪淼，等. 板料成形过程模具圆角摩擦测试实验装置的研究[J]. 锻压技术，2007，32（3）：22-25.

第 4 章　粉体高速压制成形致密化规律与机理

在常规的压制条件下，压坯的密度主要取决于压制压力，并不随压制次数的增加而提高。然而，在高速压制下，压制装备将能量在很短的时间内通过模具传递给粉末，并使之致密化。压坯的密度取决于机构供给的能量，不同的速度对压坯的压制效果也有不同的影响。根据爱因斯坦的质能方程 $E = mv^2$，在一定质量下，随着速度的增加，能量以平方级数增加，在粉末压制过程需要消耗一定能量促使粉末变形，并克服摩擦，因此更多的能量将使粉末体致密化程度更高。故而对更高速度的高速压制成形过程的规律了解尤为重要。

4.1　分离式霍普金森高速撞击成形致密化

当冲击载荷作用时间特别短，在以毫秒（ms）、微秒（μs）量计的短暂时间内会发生运动参量（位移、速度、加速度）的显著变化。在这样的动载荷条件，介质的微元体处于随时间迅速变化的动态过程中，因此粉末在冲击载荷下的力学响应往往与静载荷下的有显著不同，具有不同的致密化成形特征[1]。

采用分离式霍普金森高速撞击试验机［图 4.1（a）］对粉末在高速撞击下的变形情况进行了分析。试验过程中，在输入杆和输出杆上粘贴应变片以检测打击时的应力波，该应力波由 Odyssey Xe 公司生产的示波仪及数据信号采集系统获得，如图 4.1（b）所示。图中示波仪上显示的红白曲线是在撞击过程中输入杆和输出杆应变波信息，得到的撞击瞬间如图 4.1（c）所示。

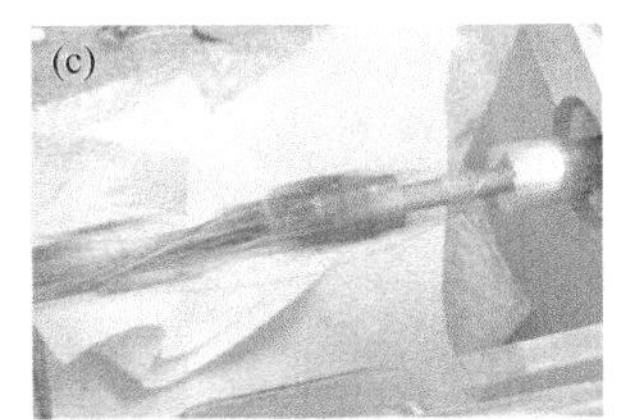

图 4.1　分离式霍普金森高速撞击试验机

（a）实物图；（b）撞击时示波仪显示曲线；（c）高速撞击瞬间

试验材料采用的是铁基合金 Distaloy4600A，粉末质量为 4 g，并对模具采用喷雾式硬脂酸锌润滑。分别选用不同压力枪压力，即 40 PSI（275.8 kPa）、50 PSI（344.75 kPa）和 60 PSI（413.7 kPa），研究粉末变形特征。由于在高速撞击时模具呈悬空状况，因此需要设计一个装置保持撞击时的模具位置，由此设计了一个铝合金材料制备的小模具，使其与输入杆和输出杆紧密匹配，试验中使用的打击杆、输入杆和输出杆的材料均为高强度热处理钢［Maraging（C）350］，其成分见表 4.1，经热处理后其硬度可达到 HRC56，弹性模量为 210 GPa。

表 4.1　分离式霍普金森高速撞击试验模具材料成分（%，质量分数）

	Si	Mo	Al	Ti	Mn	Ni	C
Maraging（C）350	＜0.1	4.6～5.2	0.05～0.15	1.3～1.6	＜0.10	18～19	＜0.03
	Cr	S	Co	Cu	P	Fe	
	＜0.5	＜0.01	11.5～12.5	＜0.5	＜0.01	其余	

当压力枪压力为 40 PSI 时，输入和输出杆的变形状况以及模具变形特征，参见图 4.2。在初始打击阶段输入杆的变形较大，经过 3 个应力波后逐渐降低，而输出杆的应变则是一开始很小，随后逐步增大，但到最后两个应力波均趋于 0，这一点在撞击时示波仪上可以明显看到，输出杆的应变有个滞后，这是因为粉末是由松散的颗粒组成的，颗粒之间的接触不是很紧密，这种松散状况的粉末体不能有效地传递力和应力波，故而随着应力波影响的增加，粉末体的密度提高，传递力和波的能力增大，这就使得输出杆的应变波逐步上升。当压力枪增加到 50 PSI 时［图 4.3（a）、（b）］，输入和输出的应变基本上变化不大；当压力枪增加到 60 PSI 时［图 4.3（c）、（d）］，应变稍微有所增加。

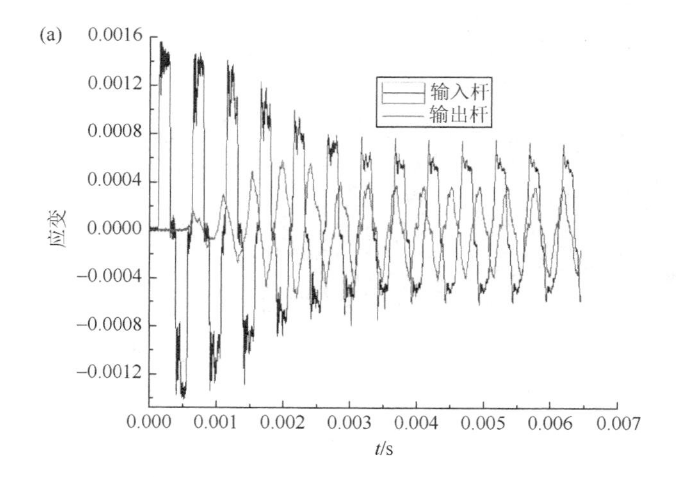

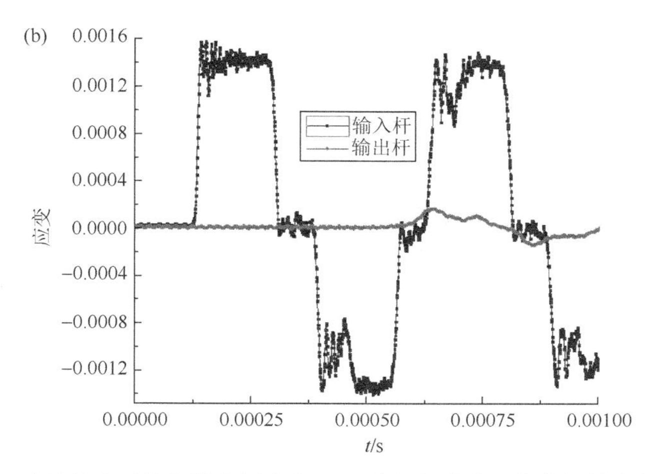

图4.2　高速撞击时输入输出杆应变（a）和局部放大，撞击初始阶段（b）

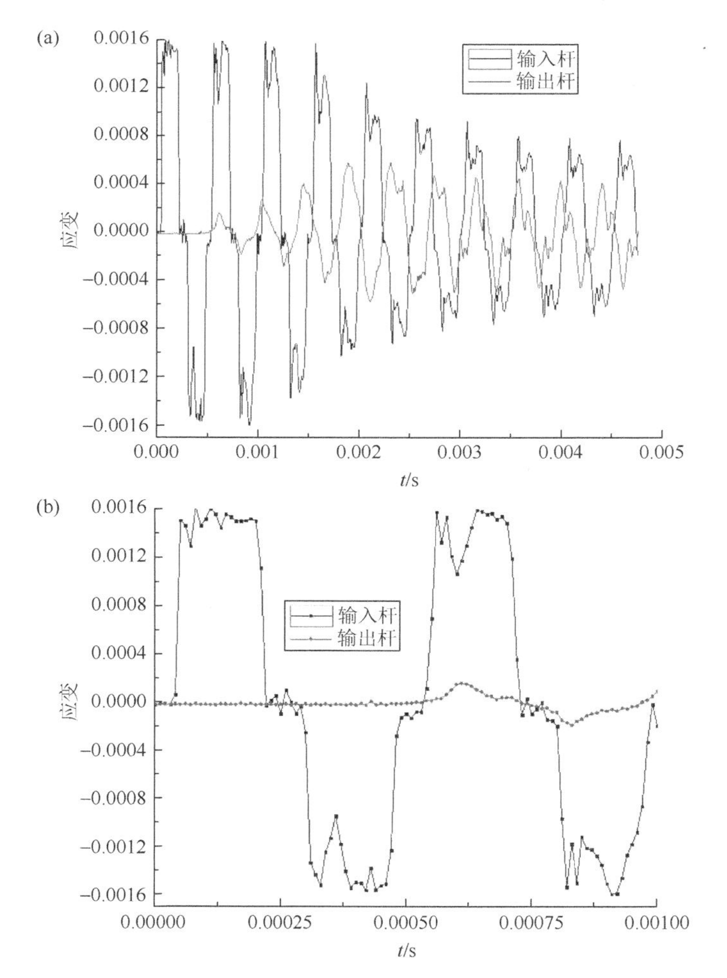

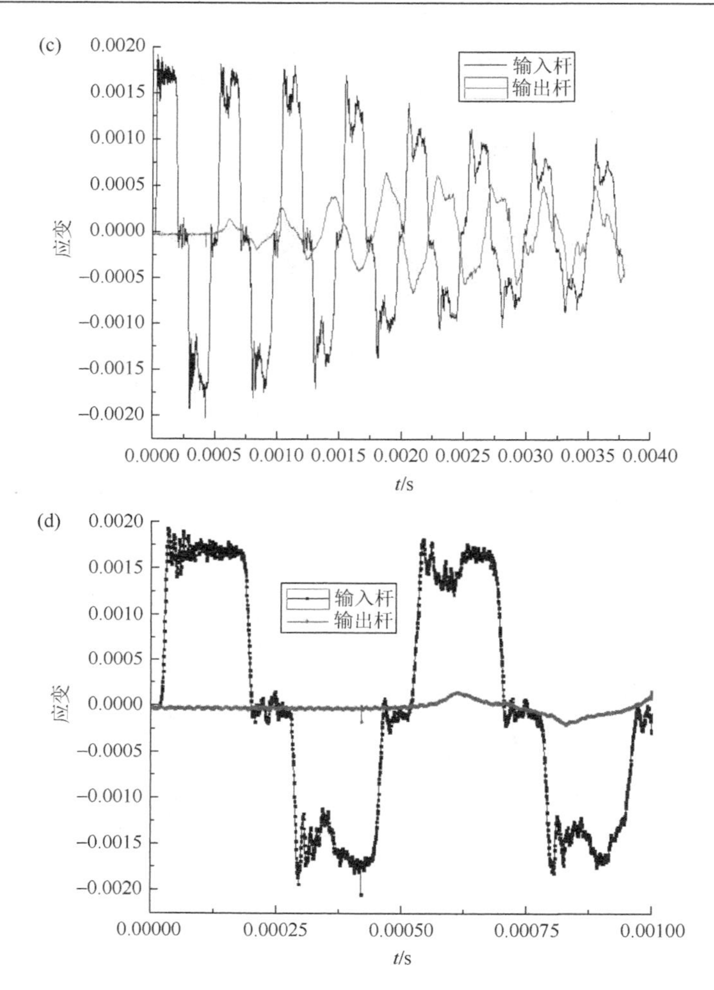

图 4.3　高速撞击时输入输出杆应变（a）；局部放大，图（a）撞击初始阶段（b）；高速撞击时输入输出杆应变（c）；局部放大，图（c）撞击初始阶段（d）

通过对比不同压力下脱模力变化可以看到，随着压力枪压力的增大，脱模力增加，特别是当压力增大到 60 PSI 时，脱模力比前两种情况明显增大不少，如图 4.4（a）所示，三种情况脱模力变化趋势基本相当。

作者研究了分离式霍普金森高速撞击方法，主要是研究这种方法对粉末压制成形的影响，即不同工艺形式所致密度变化规律，从图 4.4（b）中可以看到，分离式霍普金森高速撞击虽然有高的应变率，但是对提高粉末样品密度的效果并不明显。

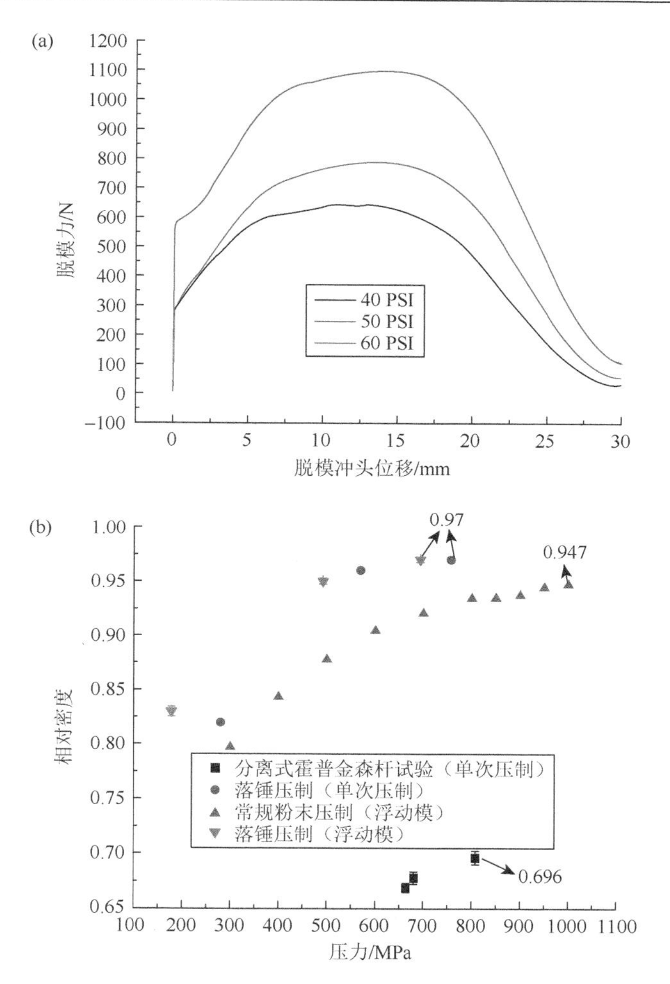

图 4.4　（a）不同冲击力下脱模力变化；（b）不同工艺下样品密度对比

4.2　高速压制冲击锤法成形致密化

所谓冲击锤法就是利用重力加速度原理，使一定重量的冲击锤在一定高度自由落体，产生一定的速度冲击压头，从而使粉末致密化的一种方法，其装置如图 4.5 所示。在模具上粘贴应变片以检测压头和模具应力状况，从而获得冲击压力和压制过程中阴模内壁压力分布规律[2]。模具材料成分如表 4.2 所示，对比分析了不同工艺形式下制品的密度和硬度变化规律，通过硬度变化规律间接分析了制品密度均匀性。

图 4.5 冲击锤法设备

表 4.2 冲击锤法模具材料成分（%，质量分数）

	Si	Mo	Mn	C	Cr	V	Fe
D2 工具钢	0.3	0.80	0.50	1.5	12	0.9	其余

4.2.1 恒定冲击高度下的致密化规律

对于相同材料的粉末，不同质量的初始粉末堆积高度是不同的，相应的在压制过程中摩擦状况也各有不同[3, 4]。粉末堆积高度越大，接触面积越大，摩擦力也越大，因此冲击过程对粉末致密化的作用力也越小，从而导致粉末密度降低[5]。作者研究了在同等冲击高度 0.508 m 下，不同质量铁基合金 Distaloy 4600A 粉末致密化规律。Distaloy 4600A 颗粒成分见表 4.3，粉末颗粒粒度分布见表 4.4。

表 4.3 Distaloy 4600A 成分（%，质量分数）

	Ni	Mo	Cu	C	O	Fe
Distaloy 4600A	1.75	0.50	1.50	<0.01	0.13	其余

表 4.4 Distaloy 4600A 粒度分布

60 μm	–60/ + 100 μm	–100/325 μm	–325 μm
剩余	6%	71%	23%

测定恒定冲击锤高度 0.508 m 时，粉末质量分别为 2 g 和 6 g 时的模具外模壁变形状况，如图 4.6 所示。可看出模冲的冲击力基本相同，不同条件下阴模外壁变形状况，粉末质量为 6 g 时比 2 g 要稍微大些，而且随着粉末质量的增加，模具外壁变形梯度增加，这主要归因于粉末体是松散的颗粒集合，其压制过程中力的传递与粉末压坯的密度有很大关系，粉末质量越大，密度梯度越大，压制力梯度也越大。

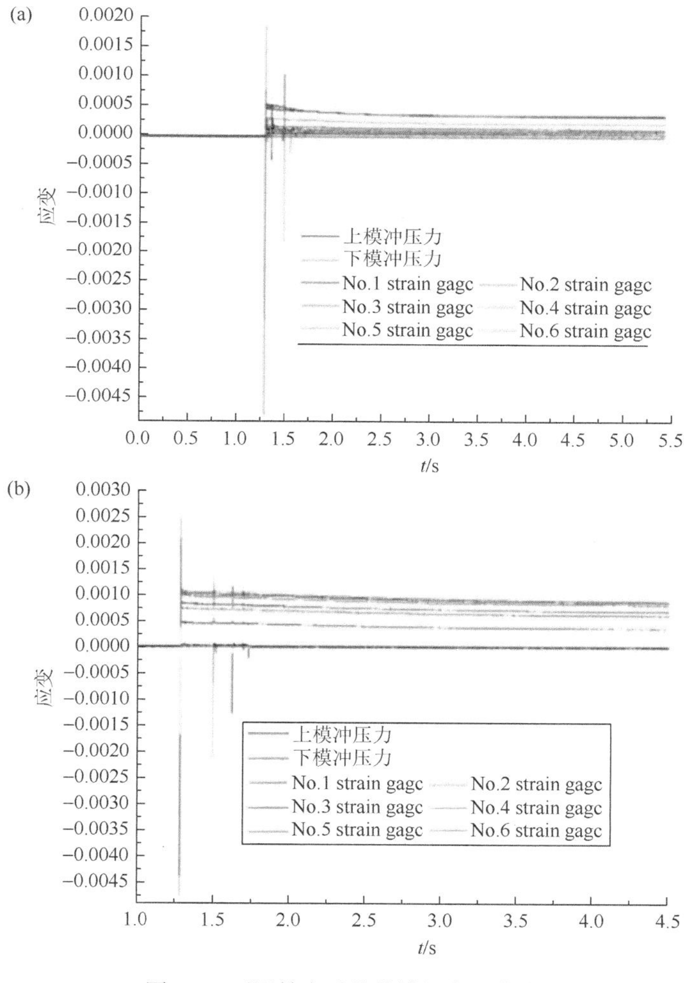

图 4.6　不同粉末质量的模具变形曲线

（a）2 g；（b）6 g

从脱模力曲线（图 4.7）可以看出，随着粉末质量的增加，脱模力逐渐增加，脱模力波动变大，这主要是因为随着粉末质量的增加，压坯的高度也随之增加，粉末压坯与模壁之间的接触面积增大，摩擦力相对增加，同时冲击后压坯残余应力也增大，此外随着压坯高度的增大，密度不均匀性增大，压坯与模壁的直接摩擦状况与粉末压坯的密度有一定关系。

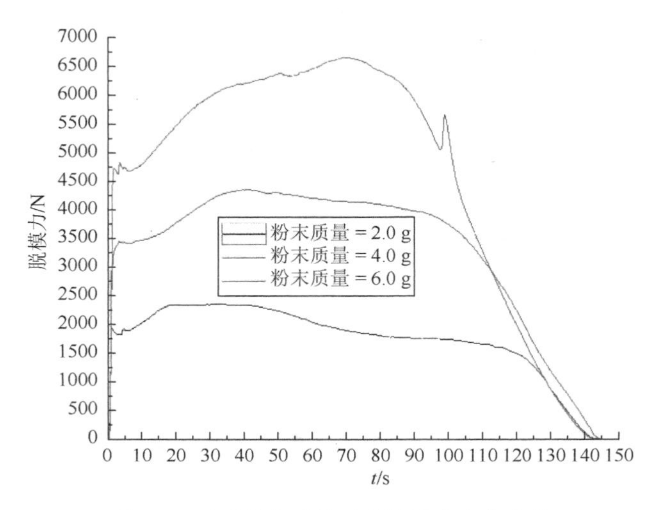

图 4.7　不同粉末质量下的脱模力变化曲线

由表 4.5 可以看出，随着粉末质量的增加，压坯高径比增大，压坯的密度有所降低，但变化不大，与高速成形特点一致。

表 4.5　不同质量粉末在相同冲击高度下制品密度

材料类型	粉末质量/g	相对密度	标准偏差
Distaloy 4600A	2	0.9756	0.001
	4	0.9713	0.002
	6	0.9604	0.0008

从表 4.6 中可以看出，随着粉末质量的增加，压坯表面硬度逐渐降低，这与表 4.5 中密度分布规律有关，制品密度越大且表面硬度越大，粉末质量的增加导致了粉末与模具内壁接触面积增大，摩擦造成的损失增大，在粉末体上的压制力降低，从而导致制品密度的降低。

表 4.6　不同质量粉末在相同冲击高度下制品表面硬度

工艺形式	材料类型	粉末质量/g	测试面	维氏硬度	标准偏差
单向冲击	Distaloy 4600A	2	上表面	125	4.147
			下表面	129.75	5.007

续表

工艺形式	材料类型	粉末质量/g	测试面	维氏硬度	标准偏差
单向冲击	Distaloy 4600A	4	上表面	123.1	1.6
			下表面	121.4	2.1
		6	上表面	113.88	4.055
			下表面	115.875	3.563

4.2.2　恒定冲击重量下的致密化规律

合金钢粉末 1300WB 成分见表 4.7，粒度分布见表 4.8。

表 4.7　压制使用低扩散性合金钢粉末主要成分

成分	C	Si	Mn	P	S	Ni	Mo	Cu	O	Fe
含量	0.004	0.027	0.096	0.012	0.010	1.773	0.441	1.545	0.110	其余

表 4.8　粉末粒度分布

颗粒大小/μm	–180～+150	–150～+106	–106～+75	–75～+45	–45
质量分数/%	4.2	20.4	21.3	29.5	24.6

实验冲击锤头选用 50 kg、100 kg 及 150 kg 三种不同的质量，可设定的最大高度为 3.5 m，因此最大速度可达 8.283 m/s，实验装粉量为 8～10 g，试样结构直径为 16 mm 的圆柱体。冲击能量由公式 $E = mgh$ 得到，冲击锤速度由公式 $v=\sqrt{2gh}$ 得到，其中 m 为冲击锤质量，g 为重力加速度，h 为冲击锤高度。

实验选择冲击锤的质量是 50 kg，粉末装入量为每次 8～9 g，具体结果见表 4.9 所示。图 4.8 为实验过程中采集的具体数据。

表 4.9　冲击锤设定高度及相应参数

冲击锤高度/m	速度/(m/s)	冲击能量/J	作用力/kN	作用力/kg
0.5	3.130	245	40.820	4165.306
1.0	4.427	490	81.659	8332.551
1.5	5.422	735	122.492	12499.184
2.0	6.260	980	163.281	16661.327
2.5	7.000	1225	204.166	20833.265
3.0	7.668	1470	244.992	24999.183
3.5	8.283	1715	285.867	29170.102

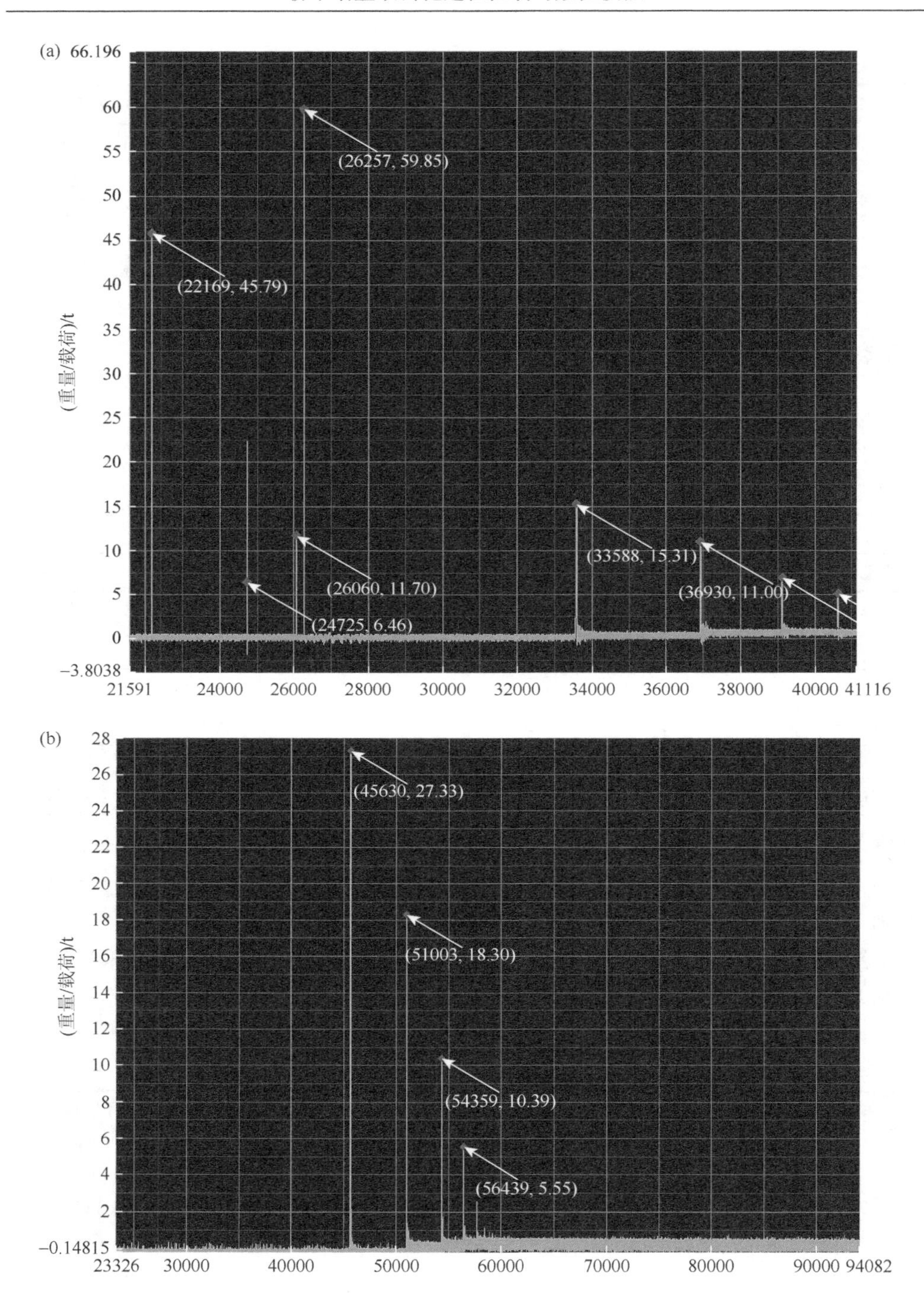

图 4.8　实验过程数据显示界面

选用质量是 50 kg 的冲击锤，对装粉量为 8～10 g 的低扩散性合金钢（1300 WB）粉末在模具中进行高速冲击压制。图 4.9 为实验过程中高速压制的试样实物。

图 4.9　粉末高速压制的试样实物图

（a）圆柱实物；（b）、（c）齿轮实物

实验具体高度及实验结果见表 4.10（相同材料在非高速压制条件下的压坯密度约为 6.8～7.0 g/cm^3）。

表 4.10　试样密度测试数据

序号	冲击高度/m	试样质量/g	试样厚度/mm	试样直径/mm	试样体积/mm^3	试样密度/(g/cm^3)
1	0.5	8.1759	5.80	16	1165.5680	7.014519959
2	1.0	8.0484	5.40	16	1085.1840	7.416622435
3	1.0	8.4534	5.66	16	1137.4336	7.431994272
4	1.5	8.1725	5.50	16	1105.2800	7.394053995
5	1.5	7.9585	5.36	16	1077.1456	7.388509037
6	2.0	8.2665	5.56	16	1117.3376	7.398390603
7	2.0	8.0900	5.40	16	1085.1840	7.454956947

4.2.3　冲击压制力与摩擦系数的关系

粉末高速压制中，起初松散的粉末体会在压冲击能作用下向下移动并逐渐变得致密。压制过程中的摩擦主要包含颗粒之间以及颗粒与模壁之间的摩擦。由于颗粒间的摩擦情况较为复杂，常伴“拱桥”效应产生[6]。

实验中采用两种额定压力值的压力传感器（拉压式承载方式），采集压制力（30 T 压力传感器）和推力（10 T 压力传感器），如图 4.10 所示。此类型压力传感器具有高度低、抗偏抗侧能力强的特点，且测量精度高，操作简单，使用极为广泛。

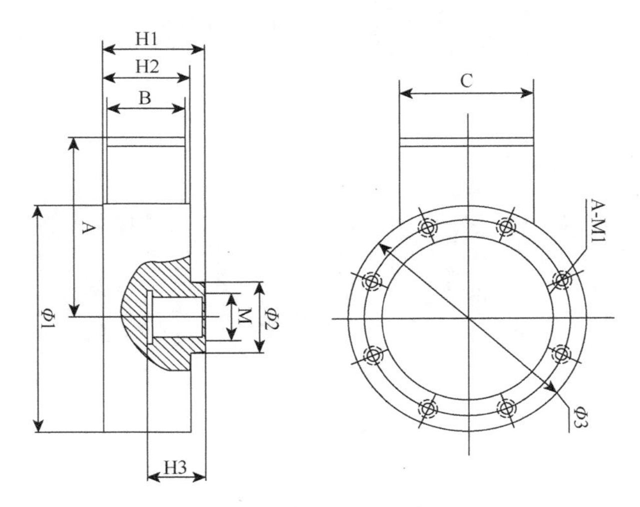

图 4.10　压力传感器简图（单位：mm）

采用自润滑轴承材料制作的板材，研究 9 种不同压制力下（7 T、8.5 T、10 T、12.5 T、15 T、17.5 T、20 T、22.5 T、25 T）不同密度粉末体的摩擦行为。如图 4.11 所示为不同压制力下摩擦测试状态，从图中可以看到，当推板开始移动时，摩擦迅速增大，达到一定峰值后又迅速降低，然后经过一段缓慢的增加过程，逐步出现接近直线状况，这时的摩擦系数即为粉末体推板之间的摩擦系数。同时可看出随着粉末压制压力的提高，摩擦系数先升高然后降低，当压制力达到 25 T 时摩擦系数最小为 0.106。

图 4.12 显示推板与自润滑轴承材料板间摩擦测试结果，即在无粉末压制情况下，不同压力下推板与自润滑轴承材料板间摩擦。从图 4.12 可知，在不同压制力下，摩擦系数变化不大，其范围为 0.025～0.045，在计算摩擦系数补偿值时采用了平均值 0.035。

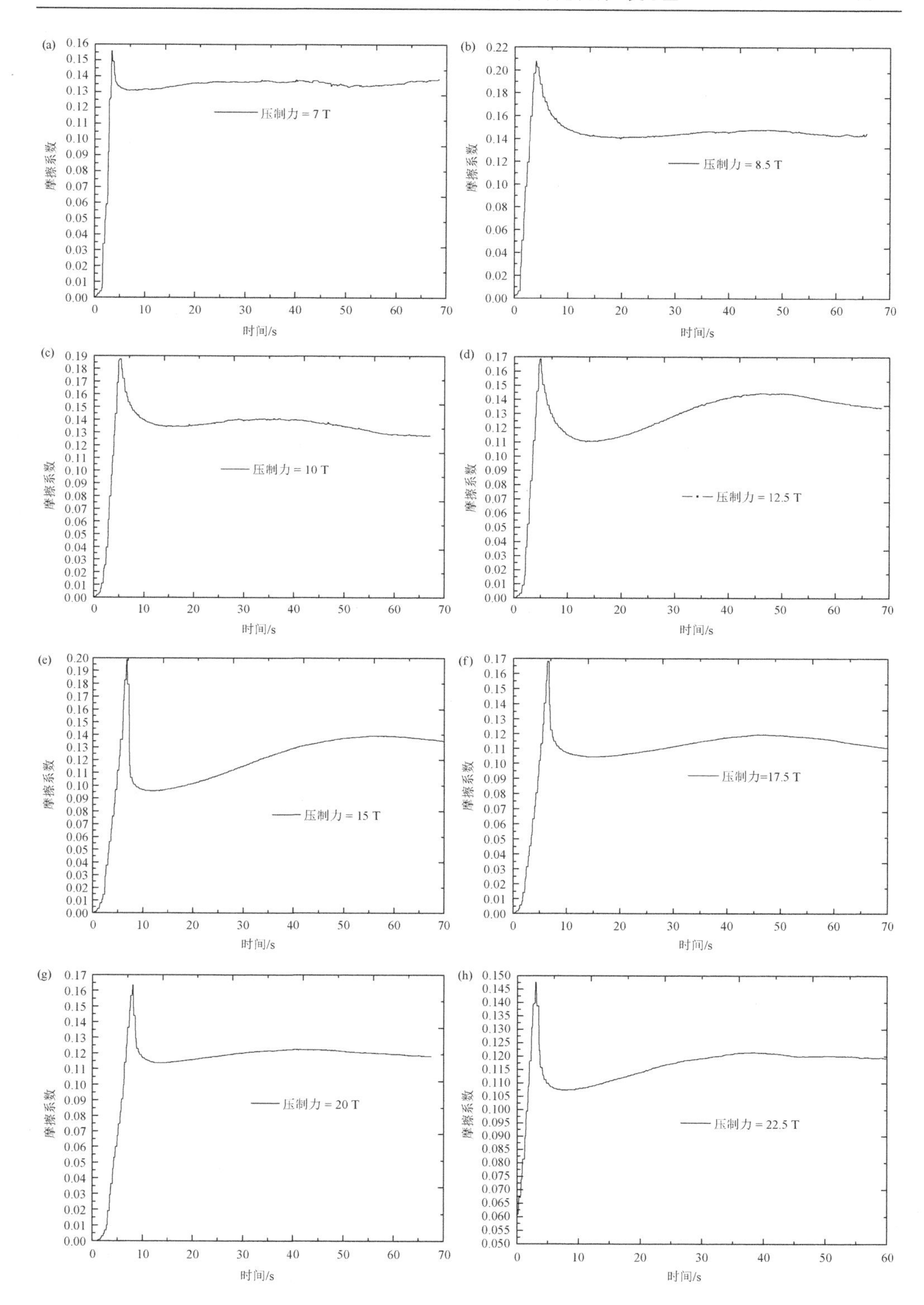
(a)
压制力 = 7 T
摩擦系数
时间/s
(b)
压制力 = 8.5 T
摩擦系数
时间/s
(c)
压制力 = 10 T
摩擦系数
时间/s
(d)
压制力 = 12.5 T
摩擦系数
时间/s
(e)
压制力 = 15 T
摩擦系数
时间/s
(f)
压制力=17.5 T
摩擦系数
时间/s
(g)
压制力 = 20 T
摩擦系数
时间/s
(h)
压制力 = 22.5 T
摩擦系数
时间/s

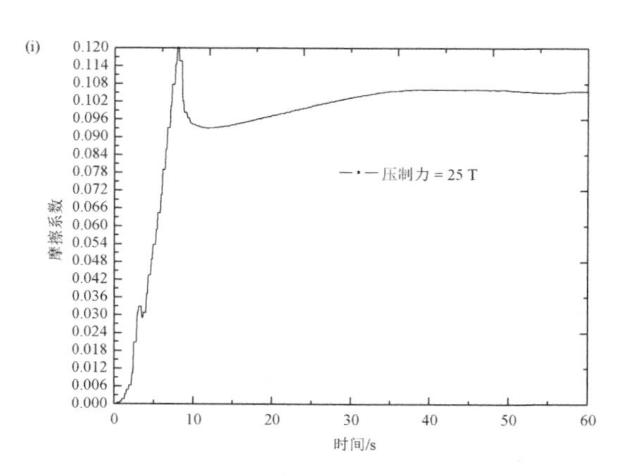

图 4.11　不同条件下摩擦系数变化

将上述实验结果加以分析可得到不同密度下粉末压制过程摩擦行为变化规律，如表 4.11 所示。图 4.13 所示为相对密度与摩擦系数关系的近似曲线，可发现随着密度的增加，摩擦系数先增加后逐步降低，下降阶段近似直线下降。

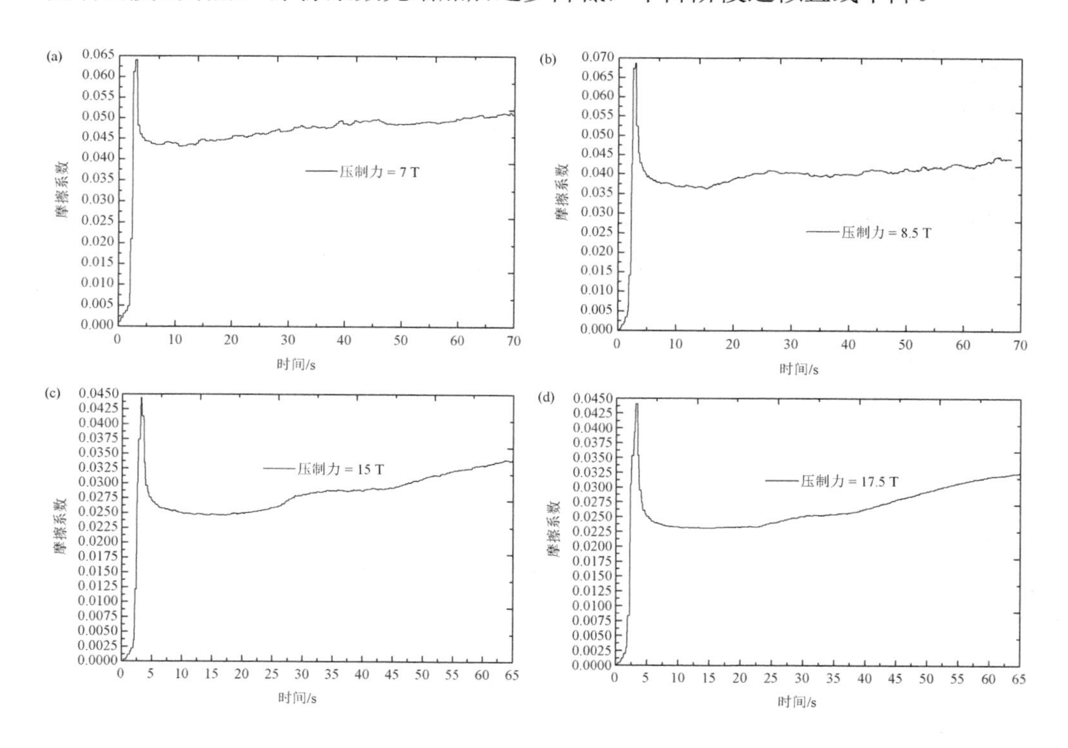

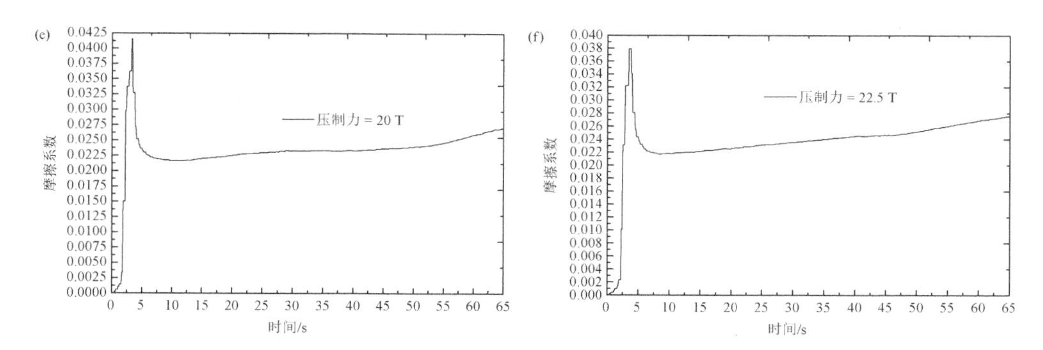

图 4.12　推板与自润滑轴承材料板间摩擦系数变化

表 4.11　粉末压制过程不同密度下摩擦系数变化

压机压力/T	单位压力/MPa	压坯密度/(g/cm^3)	相对密度	摩擦系数
7	218.36	5.873	0.743	0.101
8.5	265.15	5.954	0.754	0.112
10	311.94	6.253	0.792	0.105
12.5	389.93	6.341	0.803	0.108
15	467.92	6.653	0.842	0.102
17.5	545.9	6.845	0.866	0.084
20	623.89	7.018	0.888	0.086
22.5	701.87	7.064	0.894	0.085
25	779.86	7.167	0.907	0.071

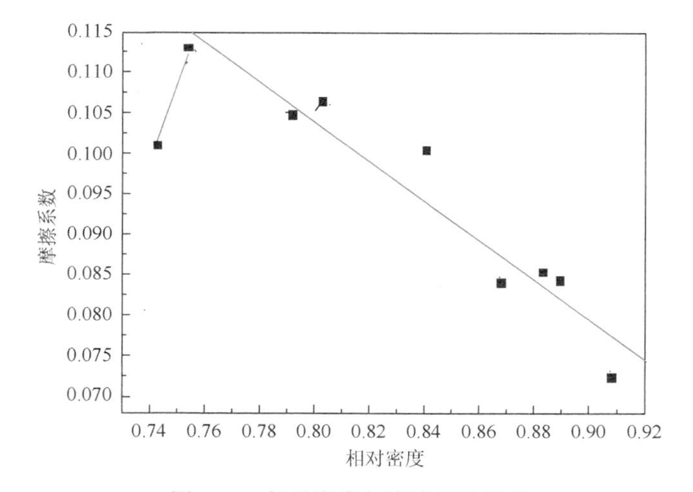

图 4.13　相对密度与摩擦系数关系

通过观察摩擦测试后样品的表面形貌，也可深化对压制过程摩擦行为的理解。当压制力为 7 T 时（图 4.14），样品表面的划痕现象比较严重，犁沟现象也很明显，也有明显剥离现象；当压制力增加到 8.5 T 时（图 4.15），表面依然很粗糙，犁沟现象也很明显，粉末颗粒之间的结合不是很紧密，在间隙中可明显看到金属剥离现象，与摩擦系数变化规律基本一致；当压制力进一步增加到 10 T（图 4.16）时，划痕稍微有所减少。通过对摩擦测试后样品的表面形貌进行研究，发现随着样品密度的提高，样品表面的划痕明显减少，犁沟现象也有所减少。进一步增加压制力到 12.5 T（图 4.17）时，样品表面形貌与 10 T 时基本上一致，变化不是很明显；当压制力增加到 15 T（图 4.18）时，样品表面划痕明显减少。在 SEM 放大 400 倍时可以看到，样品致密度明显提高。随着压制力的进一步增加（图 4.19 至图 4.22），可以看到样品表面形貌变化不大，这与摩擦测试结果相吻合，该条件下摩擦系数变化也不大。由此可看出，摩擦后的表面形貌可验证摩擦系数变化规律，能较好说明材料的摩擦情况[7]。

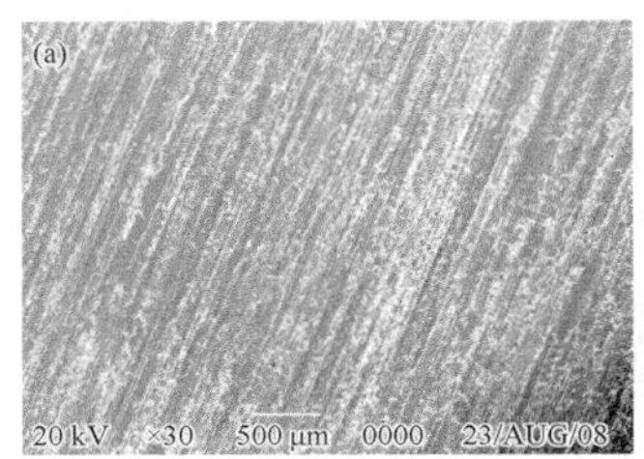

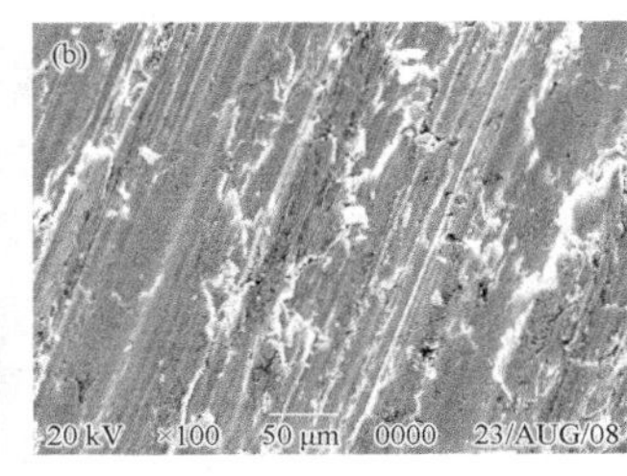

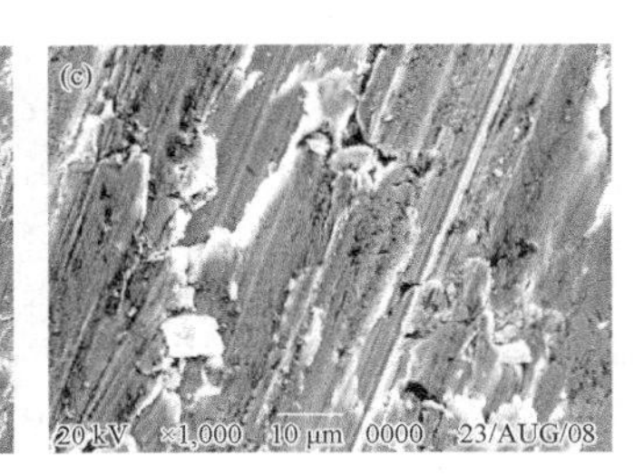

图 4.14　压制力摩擦测试下的样品形貌（$P = 7$ T）

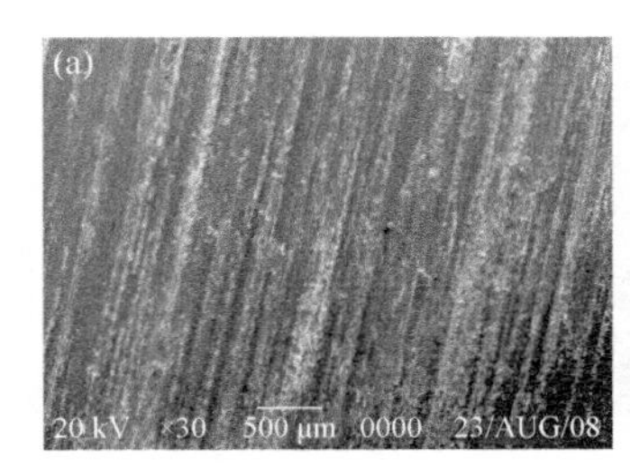

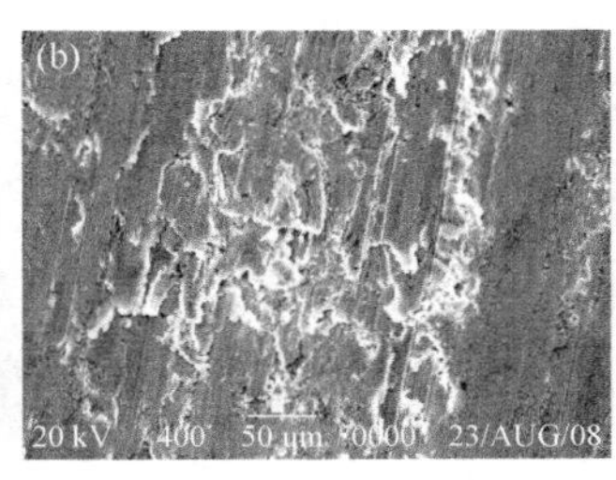

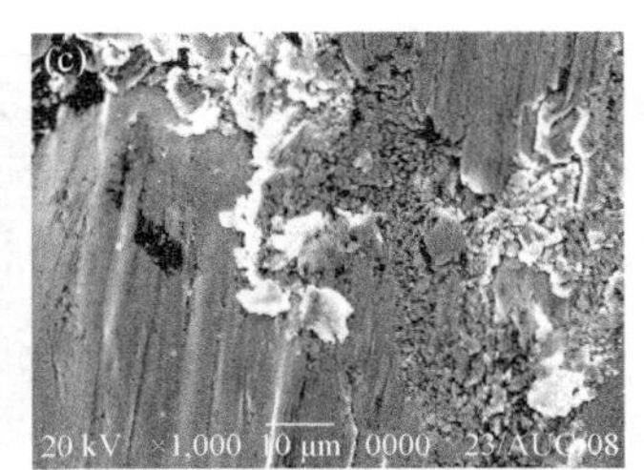

图 4.15　压制力摩擦测试下的样品形貌（$P = 8.5$ T）

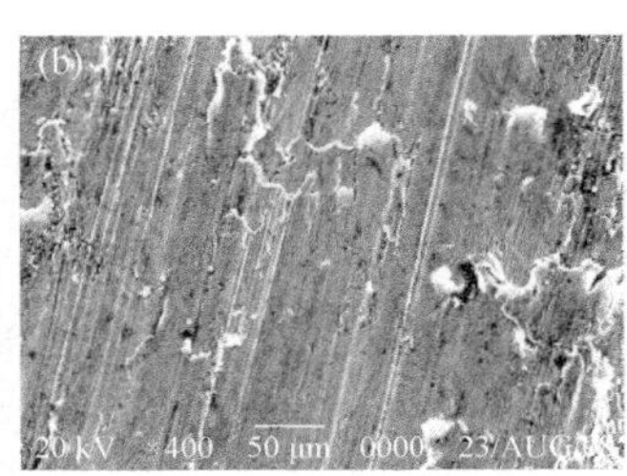

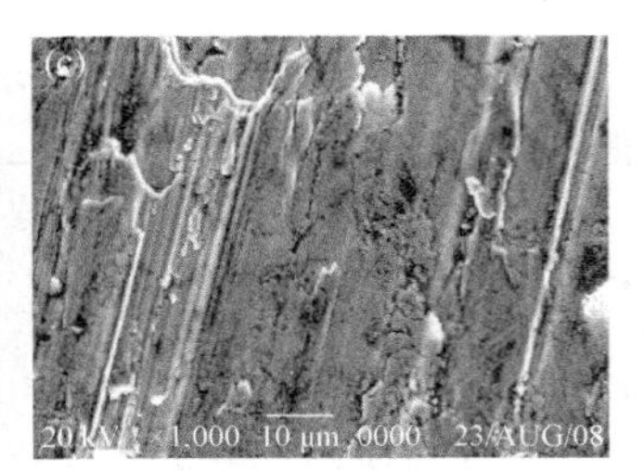

图 4.16　压制力摩擦测试下的样品形貌（$P = 10$ T）

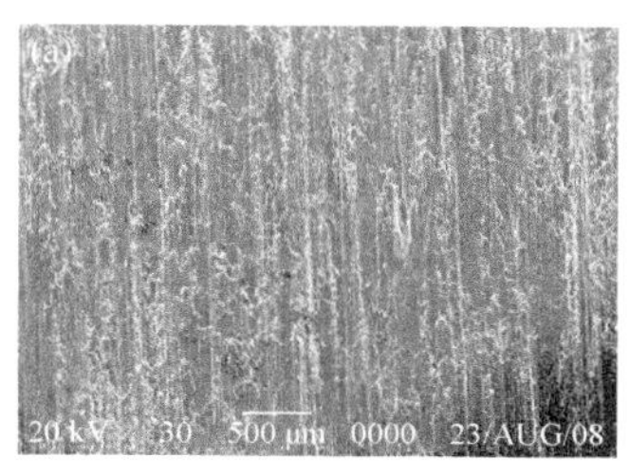

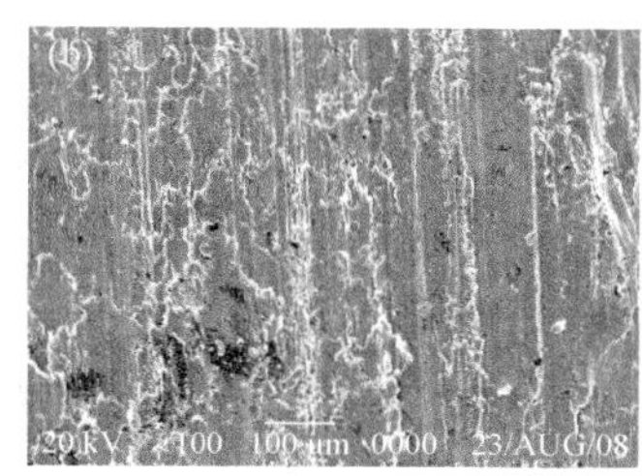

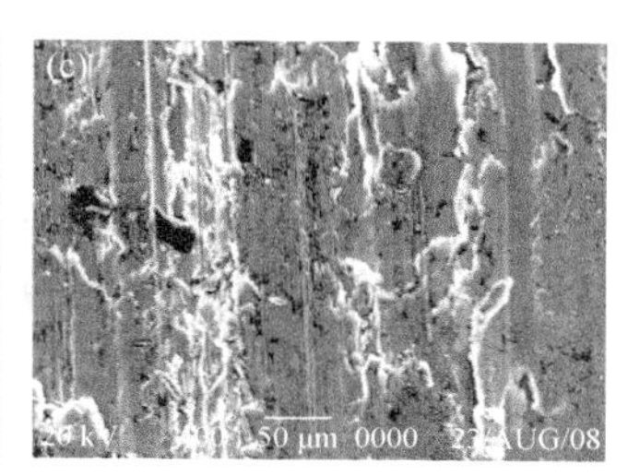

图 4.17　压制力摩擦测试下的样品形貌（$P = 12.5$ T）

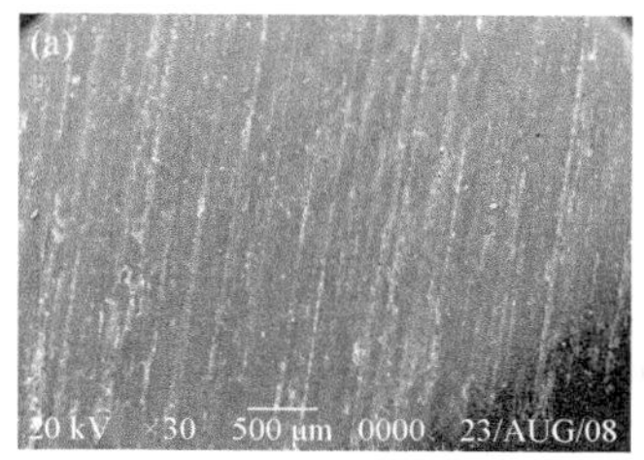

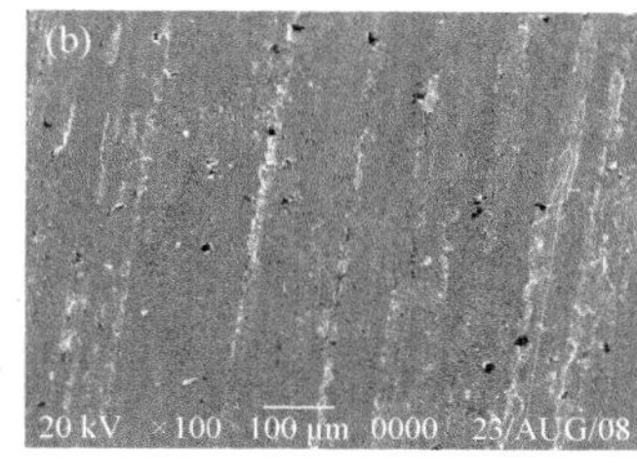

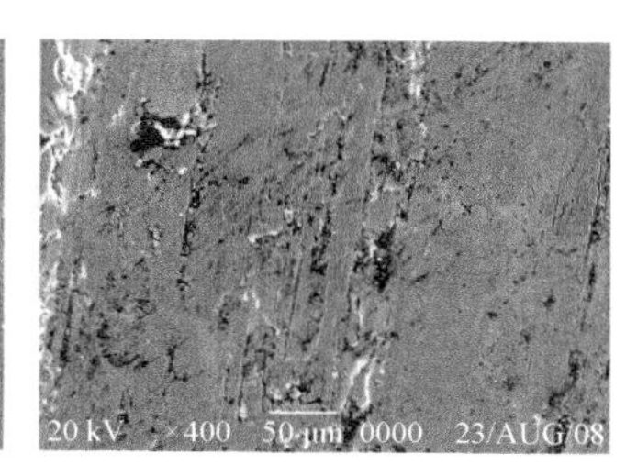

图 4.18　压制力摩擦测试下的样品形貌（$P = 15$ T）

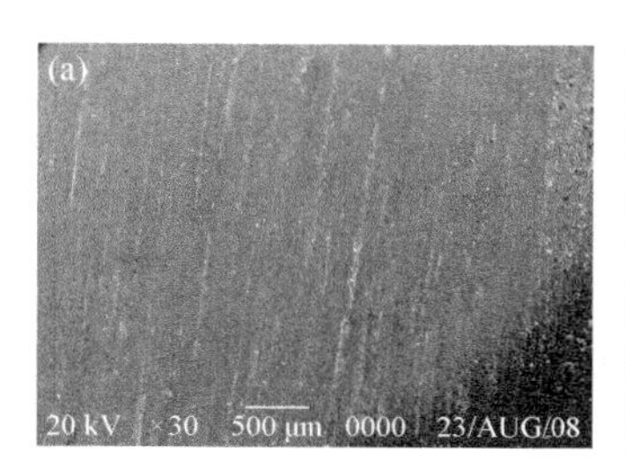

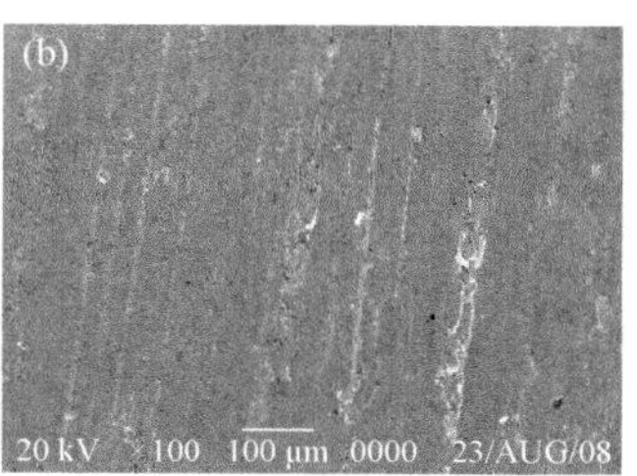

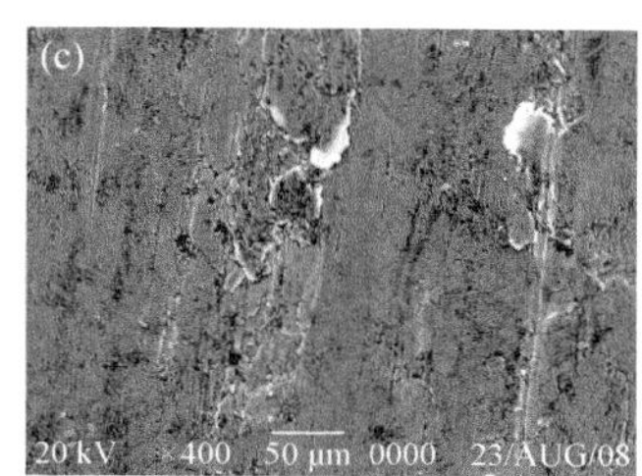

图 4.19　压制力摩擦测试下的样品形貌（$P = 17.5$ T）

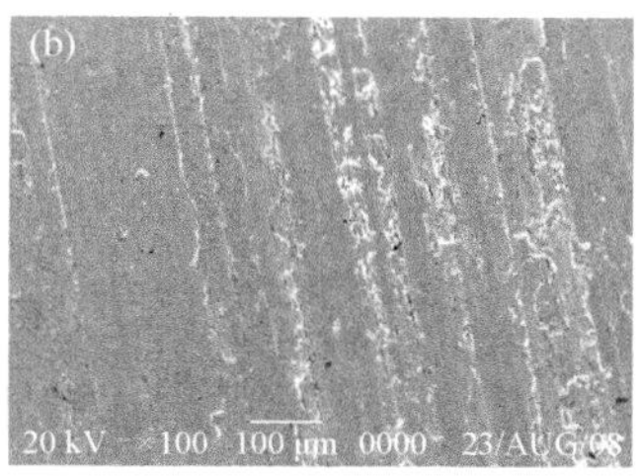

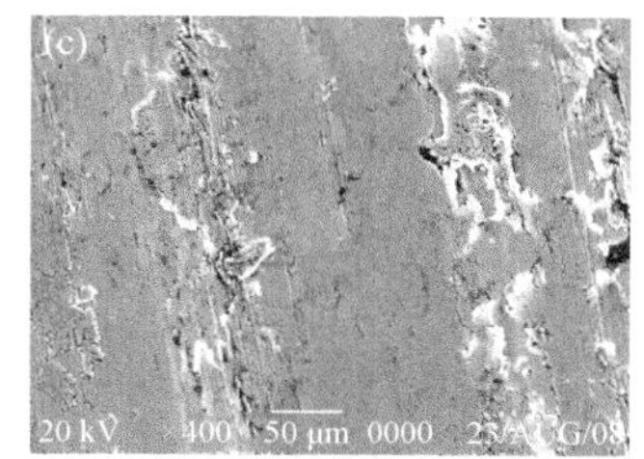

图 4.20　压制力摩擦测试下的样品形貌（$P = 20$ T）

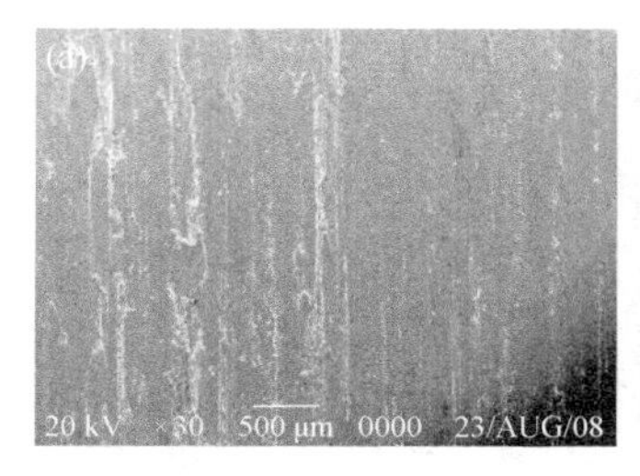

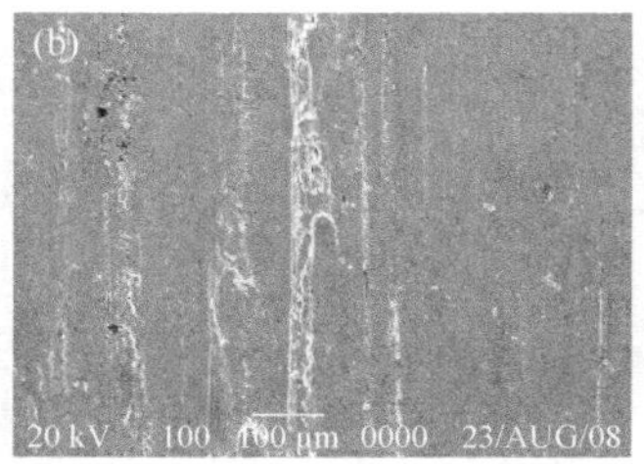

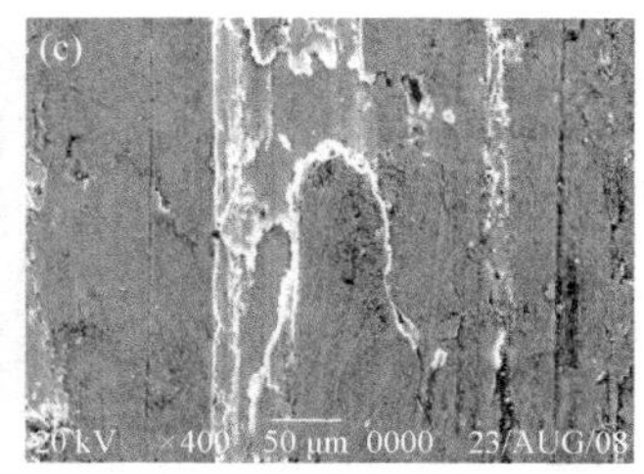

图 4.21　压制力摩擦测试下的样品形貌（$P = 22.5$ T）

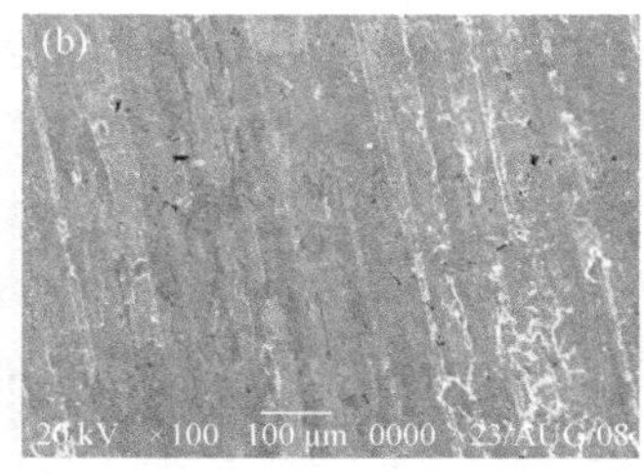

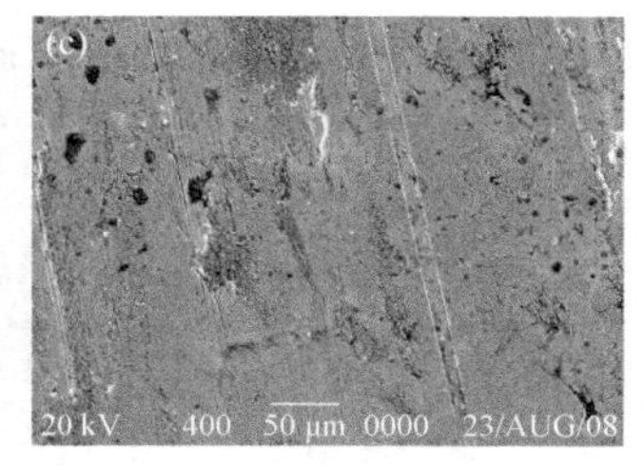

图 4.22　压制力摩擦测试下的样品形貌（$P = 25$ T）

单向压制粉末时，持续提高压制力，粉末体的致密度逐渐增加，从而粉末颗粒与模具表面的接触面积也逐渐增大，所以在相同压力的条件下有效压力越小，摩擦力也就越小。此外，从粉末形变角度来说，增大压制力可增加粉末颗粒的塑变能力，表面粗糙度降低，故而使得摩擦系数随压制增大而降低并趋于稳定。

参 考 文 献

[1]　王德广. 金属高致密化成形及其数值模拟研究[D]. 合肥：合肥工业大学，2010.

[2]　谷曼. 高速压制过程中粉体摩擦行为及致密化机理[D]. 合肥：合肥工业大学，2015.

[3]　黄培云. 粉末冶金原理[M]. 北京：冶金工业出版社，2000.

[4]　果世驹，林涛. 侧压系数及压坯高径比对温压有效性的影响[J]. 粉末冶金工业，1998，8（4）：7-10.

[5]　常春，郭正华，熊洪淼，等. 板料成形过程模具圆角摩擦测试实验装置的研究[J]. 锻压技术，2007，32（3）：22-25.

[6]　王德广，吴玉程，焦明华，等. 粉末成形过程中摩擦行为研究进展[J]. 机械工程学报，2009，45（5）：12-18.

[7]　谷曼，孙龙，焦明华，吴玉程. 粉末压制过程中德摩擦学行为研究[J]. 热加工工艺，2014，43（9）：109-112.

第5章　高速压制成形离散体有限元数值模拟

粉末冶金零件制品成形的密度越高，获得的物理和力学性能也随之提高，密度及密度分布是影响粉末冶金零件性能和尺寸的关键因素，也是致密化过程控制的目标。然而，实际压制过程中，零件各部位因形状、尺寸差异，粉末的压缩、移动不同，加上模具表面与粉末摩擦的影响，会导致零件压坯密度分布不均匀，从而降低零件尺寸精度，达不到近净成形的目的，增加了加工难度和工作量，甚至引起零件烧结和热处理变形，产生开裂。对粉末高致密化成形制品质量影响最大的是工艺和模具设计，不均匀的密度分布导致零件在最低密度处发生破坏，影响整个零件的性能和使用寿命，故在设计零件压制模具和工艺时应尽量减小压坯各部位的密度差。

目前工艺和模具设计一般仍经历“经验设计”的“试错”过程，即以图表、近似公式和设计人员的经验为依据。这种设计方法与试制过程耗费大量时间和人力、物力，且不断设计修正才能提供符合要求的工艺及模具，造成产品设计和生产周期一般很长。采用塑性成形有限元数值模拟可有效地模拟和分析粉末材料的致密化过程，指导粉末冶金零件的模具设计和压制工艺，缩短分析设计周期，降低生产制造成本[1, 2]。

5.1　成形过程有限元模型建立

在金属粉末成形过程中，材料发生了很大的塑性变形，在位移与应变的关系上存在几何非线性，在材料的本构关系（应力-应变关系）上存在材料非线性。成形模具的接触型面的几何形状比较复杂，制品与模具的接触状态不断变化，摩擦规律也难以准确地描述，因而接触问题引起的非线性可以称为状态非线性。有限元法是目前进行非线性分析的最强有力的工具，成为金属塑性成形过程模拟的常用方法。

采用非线性动力学，分别研究了不同摩擦压速和重锤质量等压制状况下的粉末压制过程，并对其进行有限元建模。考虑到变形体与刚体，以及变形体与变形体之间的接触[3]，定义接触状态方面，碰撞中产生的瞬时速度变化 $\Delta\mu$ 可表示为[4]

$$M \cdot \Delta\mu = 0 \tag{5.1}$$

碰撞前两个节点的速度：　$\mu^i + \Delta\mu^i = u^j + \Delta u^j$　（5.2）

碰撞后等式仍成立。

材料方面，由于高速压制过程引发的剧烈塑性变形[5]，颗粒不但特征频率降低，材料刚度也会急剧变化导致高频扰动，计算不易收敛，极大降低了模拟结果精度。采用人工阻尼或根据实际服役条件选择具有合适刚度及阻尼值的材料，从而对高频扰动进行衰减，提高求解精度。高速压制过程带来的几何非线性相较于材料非线性而言更难描述，因而采用积分求解方法，计算过程中要求刚度矩阵保持正定[6]。

由于实际生产过程中粉末颗粒形状的多样性（图 5.1），使得建模过程难度加大，不但要考虑颗粒与颗粒之间的咬合作用以及“拱桥”现象，还要考虑到压制后对粉末颗粒的变形和运动规律的影响，即须基于一定的理论假设基础建模。假设粉末颗粒为球状，分别建立了二维粉末颗粒和随机排布颗粒两种模型，在下文中具体呈现。

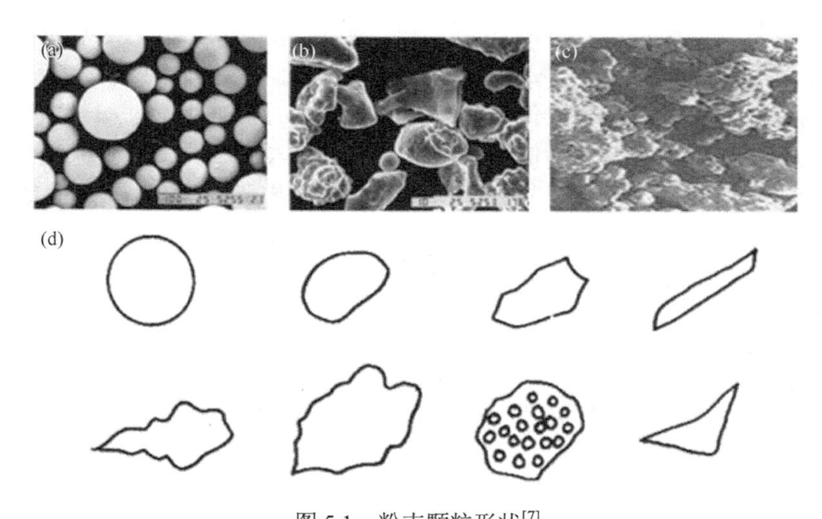

图 5.1 粉末颗粒形状[7]

（a）球形；（b）近似球形；（c）多角形；（d）其他形状

针对高速压速实际过程中颗粒同时发生弹性和塑性形变，对材料采用弹塑性建模，实验所得应力-应变曲线及软件设置界面如图 5.2 所示。设置泊松比 0.28，弹性模量 20 GPa，初始屈服应力 210 MPa，参数设置界面如图 5.3 所示。

采用真实应力-应变关系分析大压制力下颗粒的变形状况，则有[8]

$$e = \ln(1+\varepsilon) \tag{5.3}$$

$$\sigma_{\text{true}} = F / A \tag{5.4}$$

压制过程假设粉末颗粒体积不变，则可得

$$A_0L_0 = AL \tag{5.5}$$

故得到

$$\sigma_{\text{true}} = \sigma_{\text{eng}}(1+\varepsilon) \tag{5.6}$$

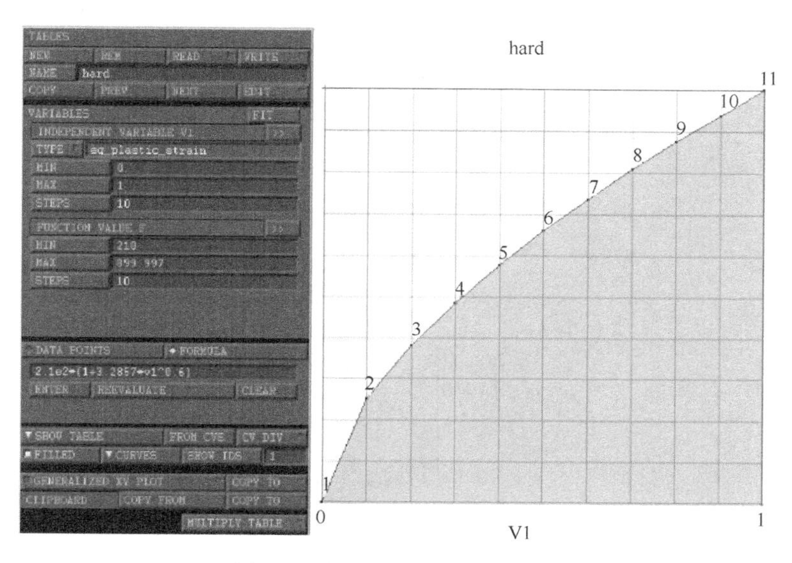

图 5.2　应力与应变的流动关系

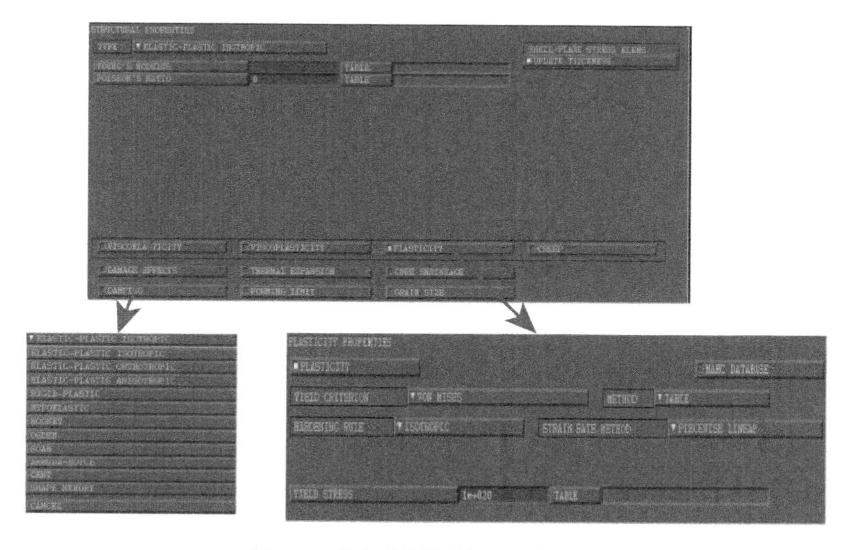

图 5.3　输入材料属性后软件界面

为防止颗粒相对运动中的贯穿现象，定义各物体可能的相对运动和接触模型

同时设置一定的距离容差，由此判断节点间的接触与分离，模型如图 5.4 所示，数学描述为[9]

$$\Delta\mu_{\mathrm{A}} \times \boldsymbol{n} \leqslant D \tag{5.7}$$

式中，$\Delta\mu_{\mathrm{A}}$ 为节点处的位移增量；$\boldsymbol{n}$ 为法向的单位向量；D 为距离容差。

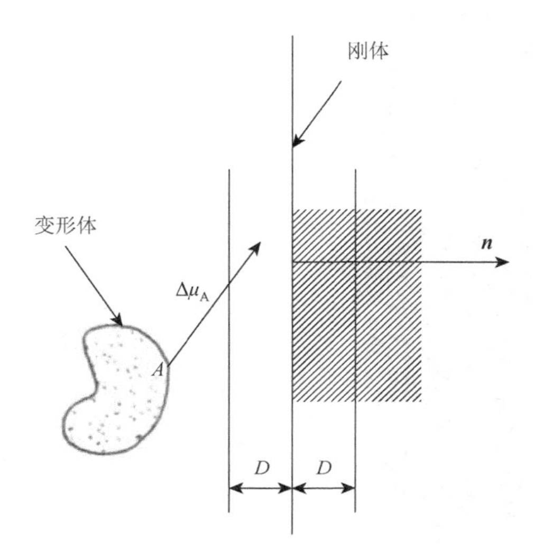

图 5.4　无穿透的接触模型[9]

合理设置距离容限要基于对各物体进行位置探测，并计算每个增量步后各节点位置情况，判断是否发生穿透现象，如图 5.5 所示，t 时节点 A 在 $A(t)$处，Δt 时间后节点位于 $A(t+\Delta t)$，超出距离容限范围出现贯穿，此时软件自动减小增量步直至贯穿现象消失，细分时间增量步按以下公式进行[9]：

$$\Delta t_{\mathrm{new}} = \frac{d-D}{d}\Delta t_{\mathrm{old}} \tag{5.8}$$

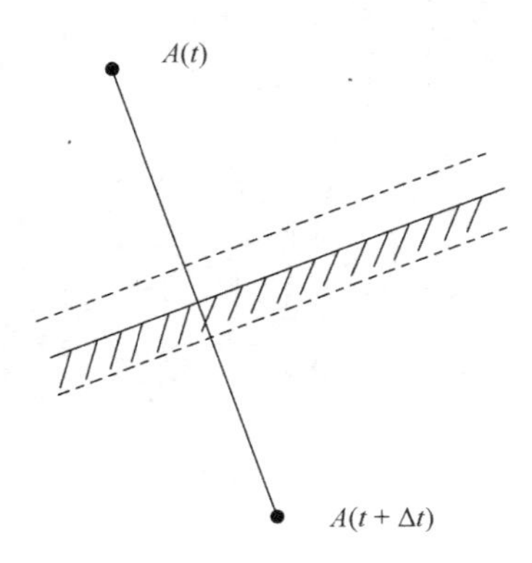

图 5.5　接触发生穿透现象[7]

选用二维对称密排模型[10]对不同压制条件下的致密化特性进行深入研究，选择边界条件单位：长度（mm）、质量（g）、时间（s）、应力（Pa）、力（N）、密度（g/cm³）。采用直接约束法定义颗粒接触问题，将颗粒定义为变形体，模具简化为刚体，得到较为精确的解，具体求解流程如图 5.6 所示。

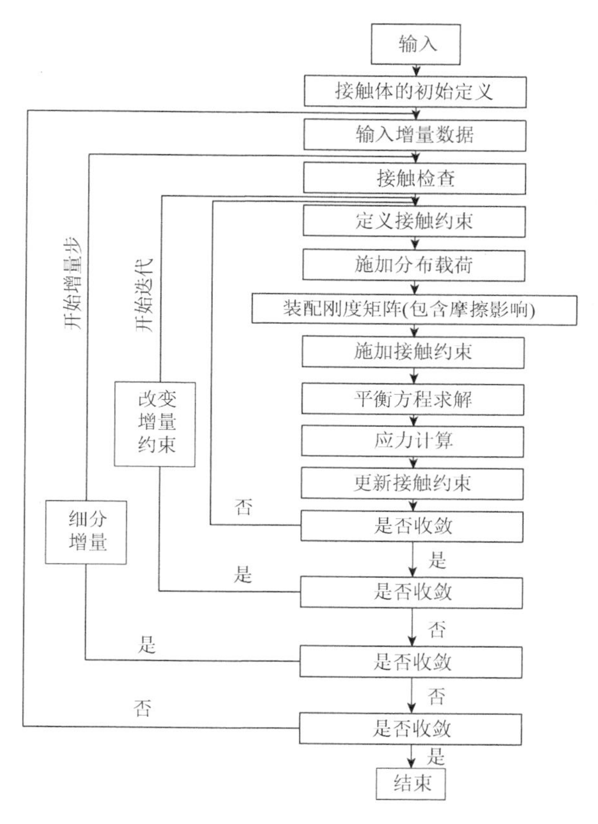

图 5.6　软件求解接触问题的流程图

5.2　高速压制有限元数值模拟结果分析

5.2.1　压制成形中摩擦影响的有限元模拟

5.2.1.1　摩擦条件对压坯密度的影响

当成形条件为压制速度 6 m/s，重锤质量 2 kg，模壁摩擦系数分别为 0.05、0.1、0.15 和 0.2 时，压坯密度变化情况如图 5.7 所示。

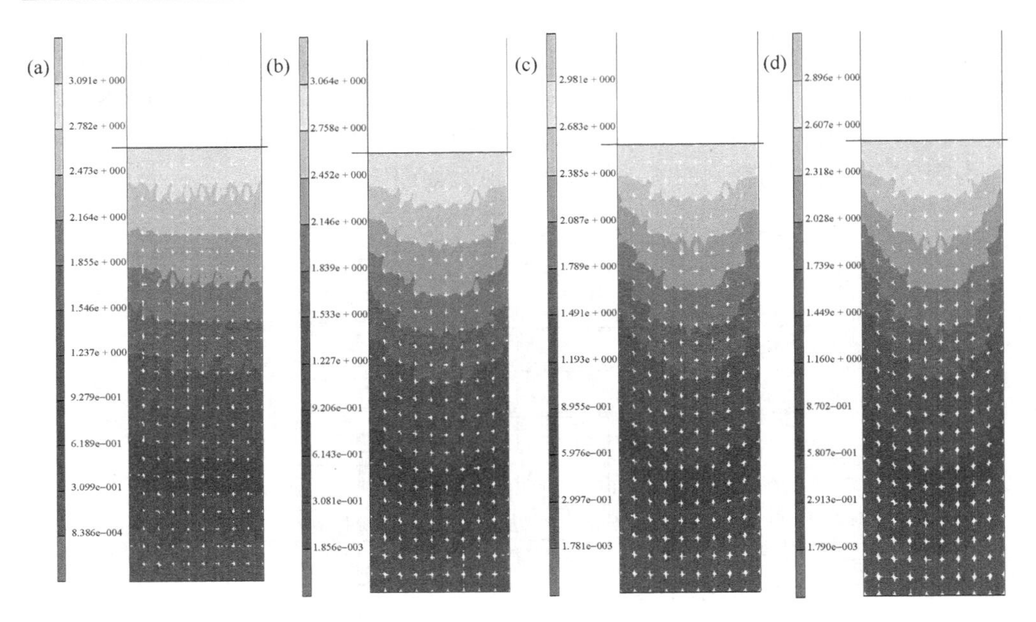

图 5.7　不同模壁摩擦系数时压坯的位移云图

（a）$f_1 = 0.05$；（b）$f_2 = 0.1$；（c）$f_3 = 0.15$；（d）$f_4 = 0.2$

可看出，相同的压制条件下，不同的模壁摩擦条件并不会对粉末的致密性造成明显影响，如设置模壁摩擦系数为 0.01 和 0.25 时计算所得压坯密度仅相差 0.16 g/cm^3。通过计算可得出不同模壁摩擦条件下压坯的相对密度变化，如图 5.8 所示，可看出摩擦系数越小，相对密度越大。

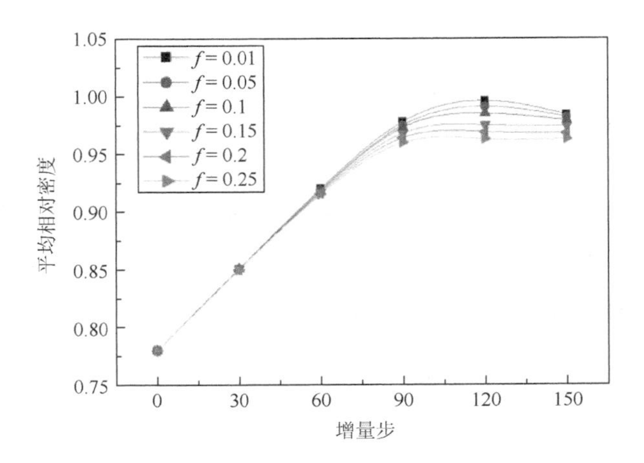

图 5.8　不同模壁摩擦系数下压坯的相对密度变化

压制初期，颗粒填充空隙加大粉末密度，压坯之间的平均相对密度相差很小，60 增量步时，不同摩擦系数下密度相差最大仅 $8e^{-3}\ g/cm^3$。增量步加大时，随着能量的传递，颗粒与模壁之间的摩擦力增大，进而阻止粉末颗粒的向下运动，从而使压坯的相对密度差值逐渐增大，直至 120 步时，差值达到了最大，随着重锤能量的耗尽，压坯开始发生弹性恢复，相对密度又有减小的趋势。由此推断，模壁摩擦系数会对压坯密度产生一定影响，对比模拟结果与实验结果时发现，模拟结果与实验中的压坯密度分布情况相吻合。因此，在实际生产中，常采取模壁润滑等措施来提高粉末冶金产品质量。

5.2.1.2　模壁摩擦与压坯弹性后效的关系

不同模壁摩擦情况下压坯的弹性后效如图 5.9 所示。可看出，模壁摩擦条件直接影响压制后粉末的弹性后效，往往随着模壁摩擦系数的增大，模壁阻止压坯回弹的作用力也增大，在实际生产中可有效提高粉末的成形性。

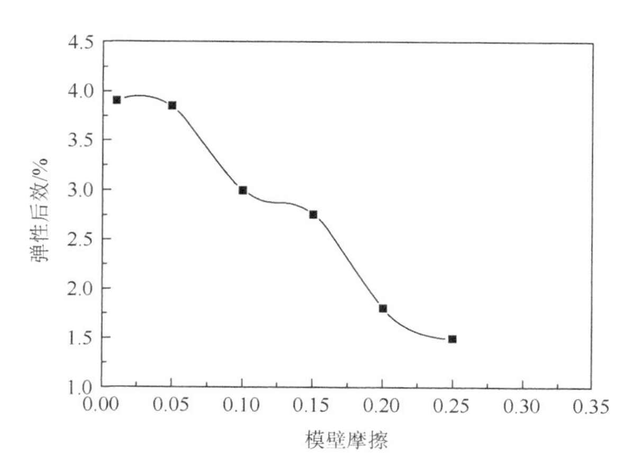

图 5.9　不同模壁摩擦情况下压坯的弹性后效

5.2.1.3　摩擦条件对冲击载荷的影响

图 5.10 是不同模壁摩擦条件下，粉末单次压制冲击载荷的变化情况。可看出，小的模壁摩擦系数下，上模冲和下模冲的应力差值不大，而随着模壁摩擦系数的增大，上下模冲应力差值明显增加，这主要因为压制力为了克服模壁摩擦而产生了更多的压力损失，进而导致压坯密度分布不均匀性。此外随着模壁摩擦系数的增大，冲击力的峰值也在逐渐降低，结合实验验证了较大模壁摩擦系数会导致压制密度的降低。

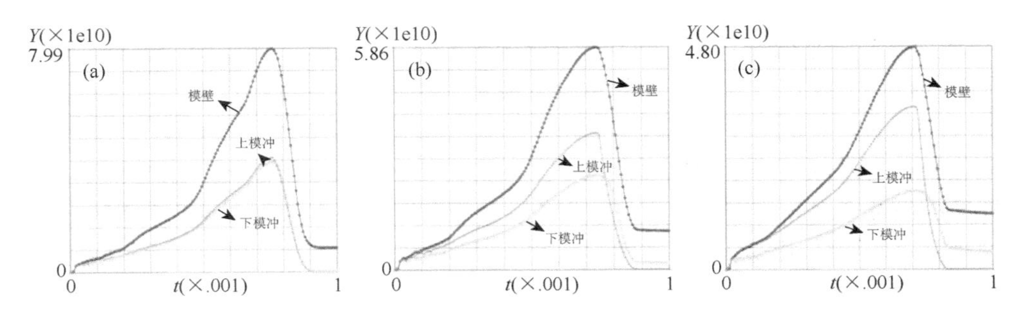

图 5.10　不同模壁摩擦系数下单次压制冲击载荷的变化曲线

（a）$f_1 = 0.01$；（b）$f_2 = 0.1$；（c）$f_3 = 0.2$

5.2.2　压制成形中压速相关的有限元模拟

5.2.2.1　压制速度与压坯密度的关系分析

图 5.11 是不同压制速度下粉末的位置云图，其中黄色为最大颗粒位移量。重锤质量 1.5 kg，颗粒间摩擦系数 $f_1 = 0.2$，颗粒与上下模壁间摩擦系数 $f_2 = 0.2$，自动步长。

可看出重锤质量一定时，随着压制速度的增大，空隙减小，压坯更密实，进一步表明压制速度对粉末的成形有很大的影响。通过计算图 5.11 中不同压制速度下压坯的平均相对密度变化，可得其变化规律，如图 5.12 所示。

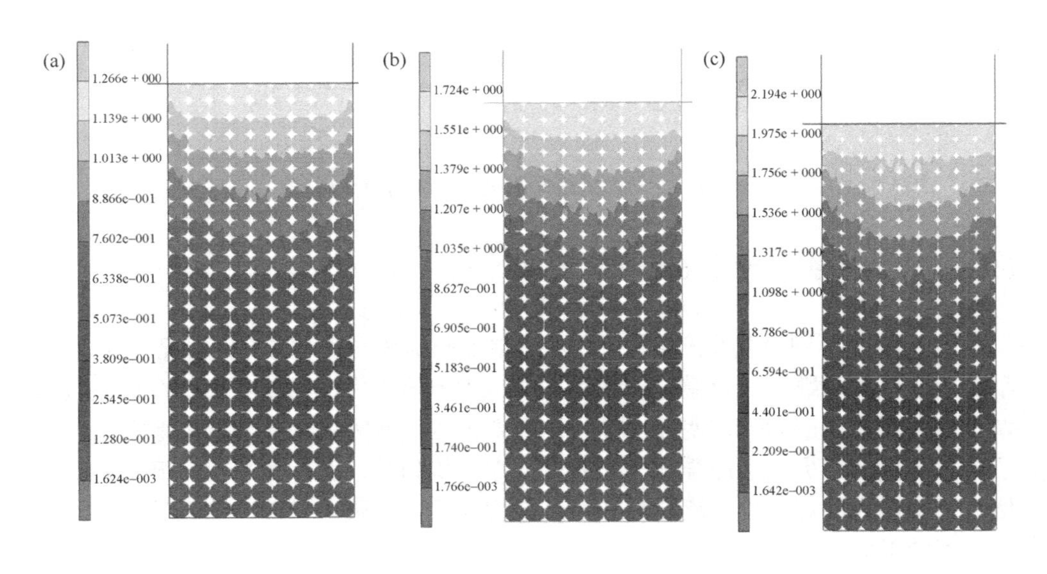

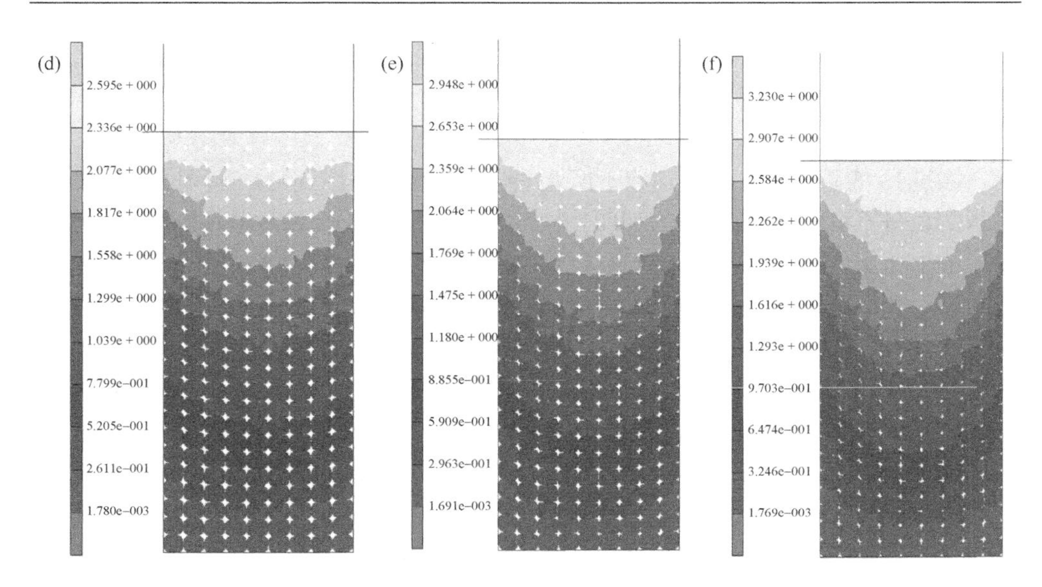

图 5.11 不同速度下粉末的位移云图

（a）$V = 3$ m/s；（b）$V = 4$ m/s；（c）$V = 5$ m/s；（d）$V = 6$ m/s；（e）$V = 7$ m/s；（f）$V = 8$ m/s

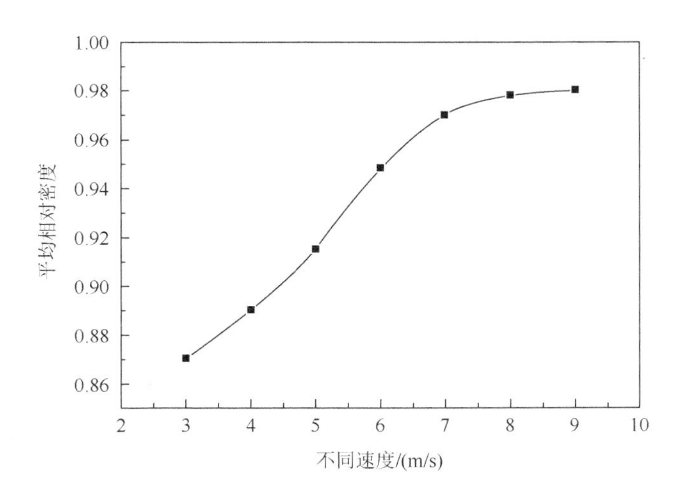

图 5.12 不同速度下压坯的平均相对密度变化

由图 5.12 可以看出，压制速度很小时相对密度也低，之后压坯相对密度随压速增大近线性增长，当压制速度继续增大时，压坯的密度变化趋于平缓，此时粉末从以颗粒重排为主转变为以塑性变形为主导阶段。对比模拟与实验结果，实验中的压坯的密度分布与模拟结果基本一致。

5.2.2.2 压制速度对与压坯弹性后效的影响

图 5.13 表现出不同压制速度下压坯的弹性后效。由图 5.13 可以看出，当重锤的压制质量不变时，随着压制速度的增加，卸载后压坯的弹性后效逐渐增加。可取粉末的上三层、下三层颗粒，考察其压制前后的回弹情况，结果如表 5.1 所示，可以看出，在压制的过程中，当粉末形变越大时，卸载的过程中弹性后效就越明显。

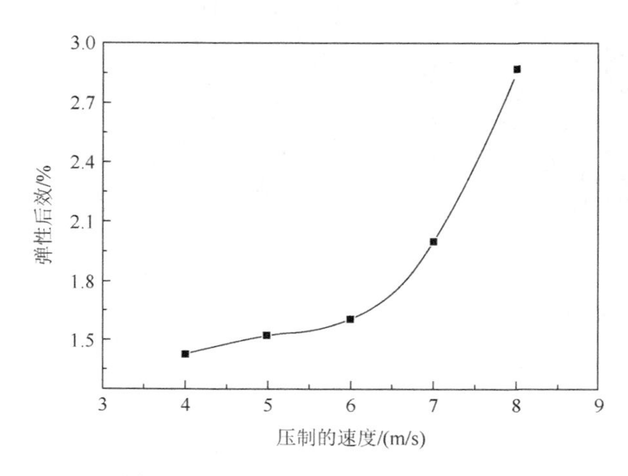

图 5.13　不同速度下压坯的弹性后效

表 5.1　不同压制速度下不同位置的弹性后效

速度/(m/s)	4	6	8
上三层粉末弹性后效	1.687%	2.163%	4.100%
下三层粉末弹性后效	0.572%	0.968%	2.296%
平均弹性后效	1.432%	1.600%	2.870%

5.2.2.3 冲击速度与冲击载荷的关系

据以往研究经验，作者了解到高速压制过程中上模冲的平均作用力与速度的平方几乎成正比，即当速度越大，上模冲作用在粉末体上的平均作用力就越大。而压坯的致密性不仅和平均作用力有关，也与压制过程的最大压制力有着直接的关系。为了考察在压制过程中最大冲击力的变化，可计算不同速度下上模冲和下模冲所受到的冲击力，部分结果如图 5.14 所示。

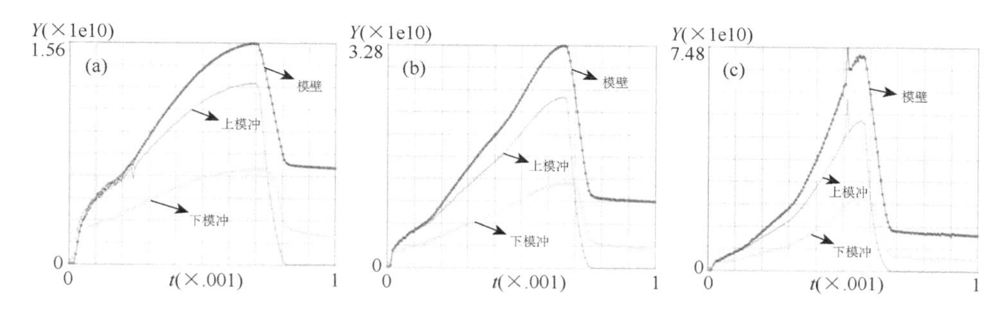

图 5.14　不同速度下单次压制冲击波形图

（a）V = 4 m/s；（b）V = 6 m/s；（c）V = 8 m/s

由图 5.14 可以看到冲击波呈三角脉冲形式，加载阶段的应力波走势基本一致，是弹性波和塑性波的共同作用结果。初始阶段，粉末颗粒间空隙较多，极易搭接形成“拱桥”现象，在高速压制时颗粒并没有足够时间发生重排而使得拱桥很容易发生坍塌，同时由于短时间内粉末颗粒间积聚的大量热能造成局部颗粒表面的热失稳，从而会导致压坯的抗变形能力下降，使得应力下降。在卸载阶段，随着应力的近线性下降，粉末密实体弹性回复因受上模冲的限制而逐渐减弱，此阶段应力波形较为陡峭，卸载波主要由弹性波组成。此外，卸载所用的时间要比加载时间短，压坯在弹性回复过程中，加载阶段的塑性应变对卸载阶段颗粒的进一步变形产生阻力，从而导致卸载阶段主要以弹性变形为主，而塑性变形为辅。当压制速度为 8 m/s 时，可由计算得出压制过程中最大应力达 3.13 GPa，且压制平均应力为 956 MPa，最大的应力要比平均应力要大 3.28 倍，故而高速压制更能得到致密性好的压坯。

5.2.3　压制成形中重锤质量相关的有限元模拟

5.2.3.1　重锤质量对压坯致密性的影响

选用单向压制速度 6 m/s，颗粒之间摩擦系数 f_1 以及颗粒与模壁之间摩擦系数 f_2 均为 0.2，研究不同重锤质量条件下粉末压坯的位移情况，如图 5.15 所示。

压坯的致密性随重锤质量增加而逐渐提高，通过计算压制后各压坯相对密度的变化规律（图 5.16），发现重锤质量较小（＜2 kg）时，两者成近正比关系，重锤质量较大（＞2 kg）时，压坯相对密度增速减小，粉末变形阻力变大，最终趋于稳定。对比模拟结果与实验结果，实验中的压坯的密度分布与模拟结果基本一致。

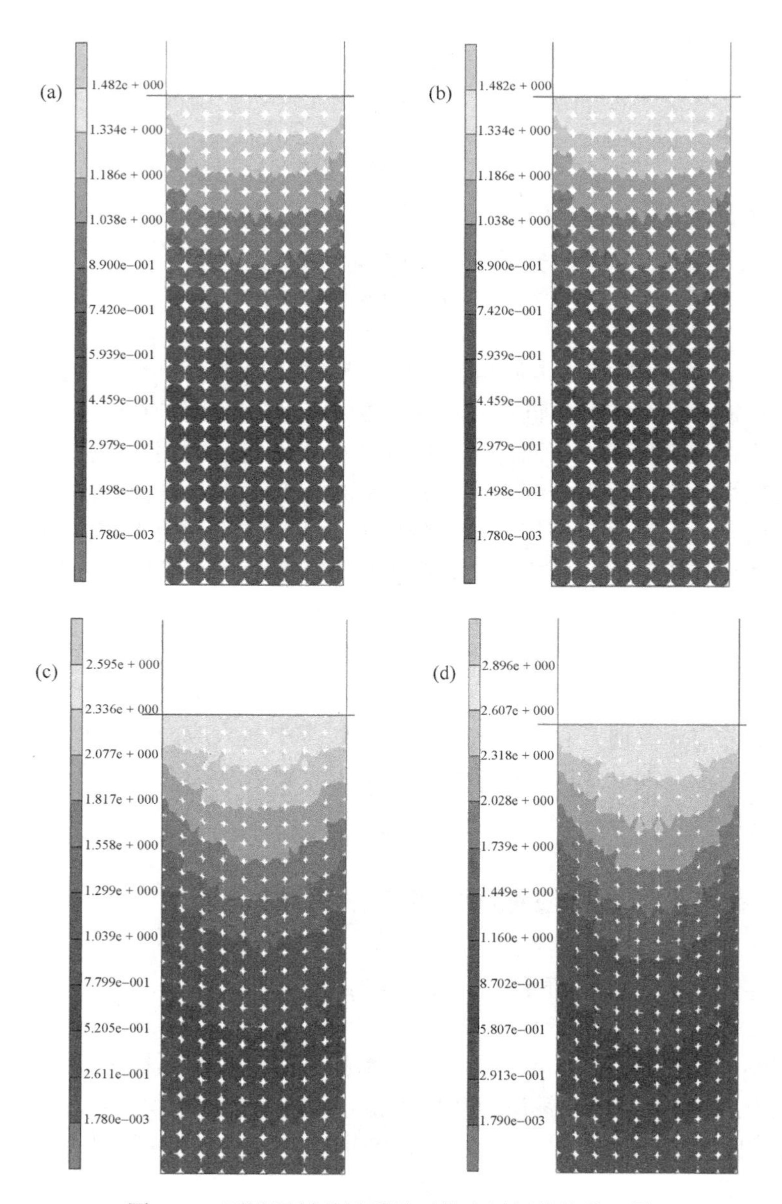

图 5.15　不同压制重锤质量下粉末压坯的位移云图

（a）$m_1 = 0.5$ kg；（b）$m_2 = 1$ kg；（c）$m_3 = 1.5$ kg；（d）$m_4 = 2$ kg

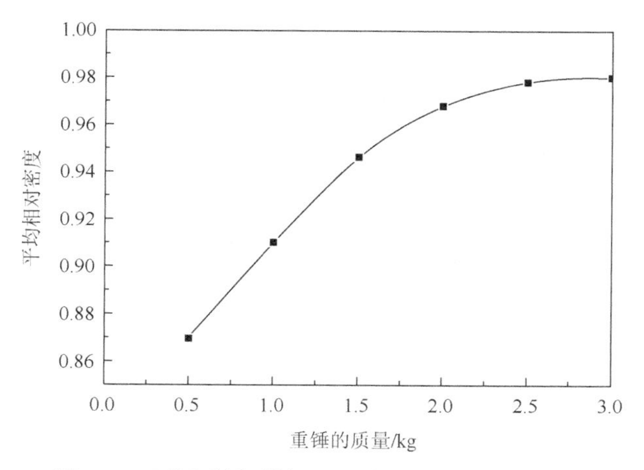

图 5.16　不同重锤质量下压坯的平均相对密度变化

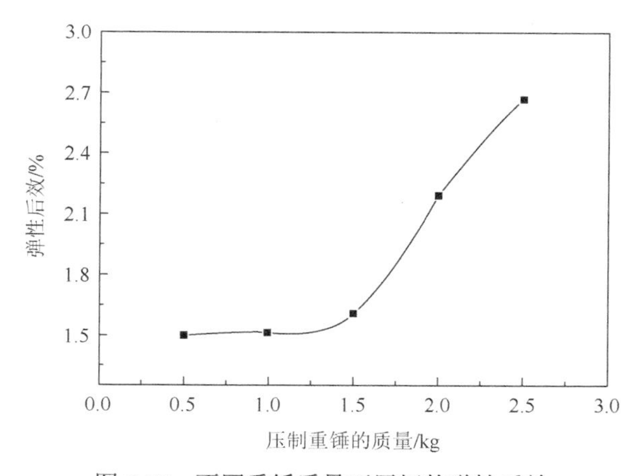

图 5.17　不同重锤质量下压坯的弹性后效

5.2.3.2　重锤质量对压坯弹性后效的影响

设置恒定压制速度为 6 m/s，分别使用不同质量的重锤对粉末体进行压制，获得不同重锤质量下压坯的弹性后效，如图 5.17 所示。

对比压速对弹性后效的影响（图 5.13），发现压速影响更大，这主要由于压制能量与速度平方成正比，而仅与质量自身成正比。

5.2.4　高速压制与静态压制的密度对比

图 5.18 给出了高速与静态两种不同压制方式下，压坯相对密度的变化情况，可看出在相同应力条件下，高速压制时的相对密度要比传统条件平均提高约 3%，

这主要归因于高速压制时压力状态的变化，由于高速压制的作用时间很短，碰撞过程中其应力会比静态压制时的应力大得多。

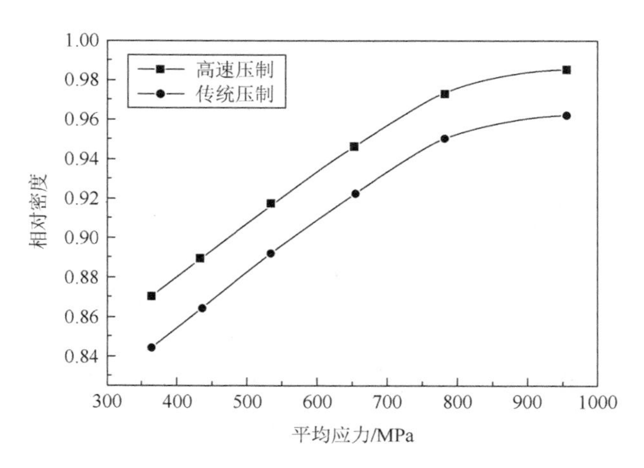

图 5.18　相同平均应力下高速压制和传统压制的相对密度变化

图 5.19 是两种压制方式下，不同高径比（0.5～7）下压坯的平均相对密度变化曲线，可看出高径比较小时，两者差别很小，随高径比增加两者差值加大。

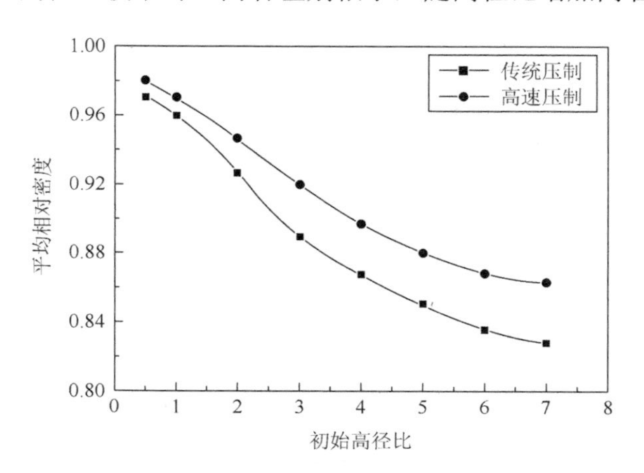

图 5.19　高速压制与传统压制在不同高径比下的平均相对密度

图 5.20 是确定高径比为 5 时，相同应力下两种压坯的位移云图，可发现在该高径比下，传统压制方式下的局部密度仅为 6.08 g/cm^3，未达到结构零件的密度要求。而高速压制的最小密度也达到了 6.5 g/cm^3，说明该压制方式可得到更高的压坯致密性和更均匀的密度分布，有效改善了制品性能。

对比相同压制力下，高速压制和传统压制后压坯的弹性后效，结果如图 5.21

所示。由图可以看出，高速压制的结果要低于传统压制方式。小的压制力作用下，传统压力方式产生弹性应变相较高速压制的塑性应变，弹性后效更加明显，大的压制力作用下两者均产生塑性应变，故差值减小。

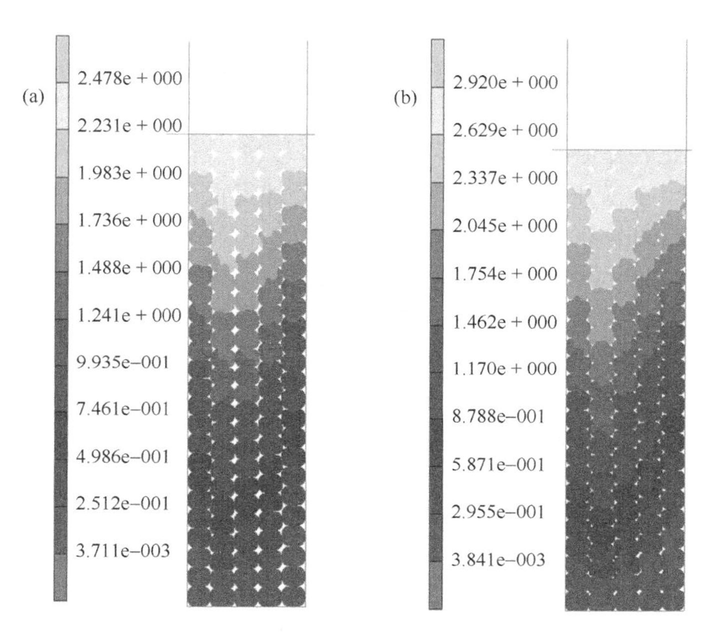

图 5.20　高径比为 5 时传统压制与高速压制的压坯位移云图

（a）传统压制；（b）高速压制

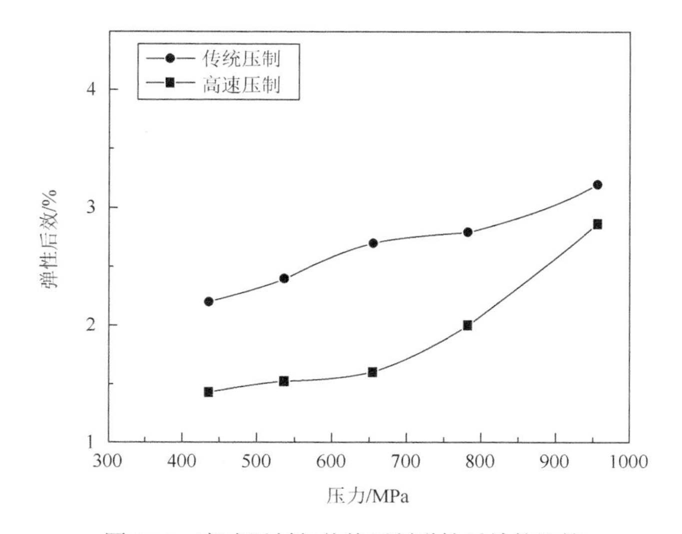

图 5.21　高速压制与传统压制弹性后效的比较

5.2.5　高速压制时的颗粒流动及应变分析

设定颗粒与模壁的摩擦系数 f_2 为 0.2，压制速度为 7 m/s，重锤质量为 1.5 kg，研究不同增量步（$n=0$，31，62，93）时粉末的密度变化及致密性机理，如图 5.22 所示，黄色代表颗粒的位移量最大。

由图可看出在压制初期，压坯的密度提升较快，在增量步为 62 时几乎已经达到了致密状态，随着压制的进行，整体密度增加得很小，但内部变得更为均匀。结果发现，在压坯内部，密度从上到下逐渐降低，同时发现，在上模冲中密度出现其两侧高于中间部分的现象，下模冲的密度分布则正好与上模冲完全相反。作者认为，出现这样结果是由模壁摩擦造成的，模壁摩擦的存在，使得压力会沿着轴向逐渐降低，颗粒流动量也会出现由上到下逐渐降低的现象。而且，近壁颗粒向下移动也会受到模壁摩擦的阻碍，在横向颗粒之间也同样会存在阻碍，所以颗粒的运动只能朝斜中方向进行。

5.2.5.1　颗粒位置与流动性的关系

进一步考察在压制过程中不同位置节点的运动情况，选取位于 R1、R13、R25 上的节点进行研究，结果如图 5.23 所示。

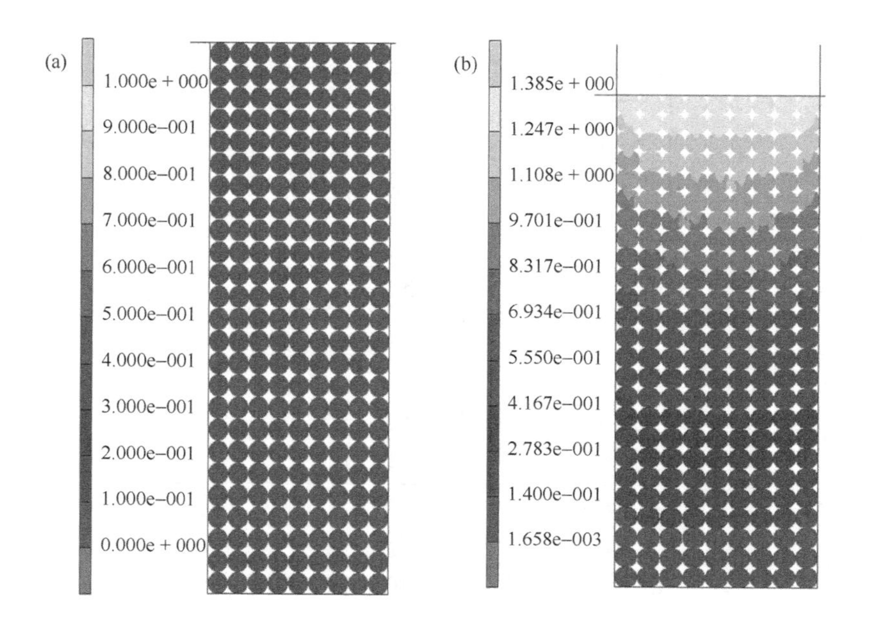

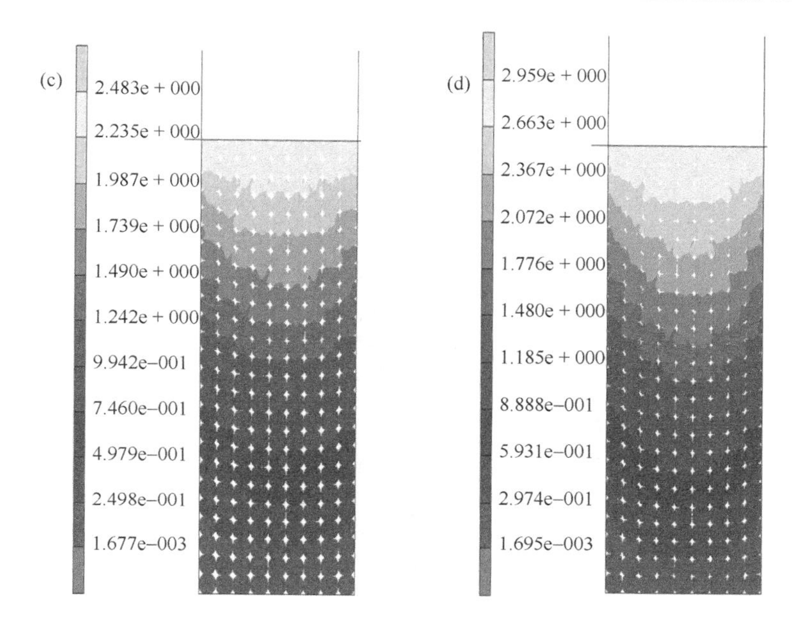

图 5.22　压坯的位移云图随压制增量步的变化

（a）$n=0$；（b）$n=31$；（c）$n=62$；（d）$n=93$

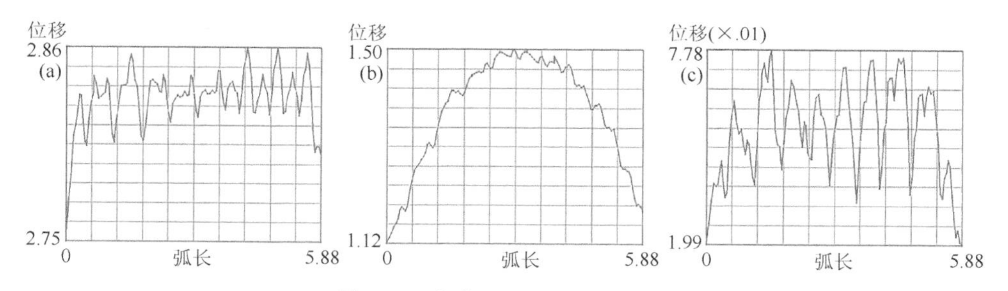

图 5.23　各位置节点运动情况图

（a）R1；（b）R13；（c）R25

对比图 5.23（b）可以明显看出，位于中间层颗粒的运动特点基本上会呈现一种特有的“V”形流动规律，与之前的分析基本相符，同时对比（a）、（c）可以发现，上、下层颗粒流动与中间层相比，出现了较为一致的现象，同时还发现下层颗粒运动的数量级仅为上层颗粒的一半。

图 5.24 与图 5.25 分别是颗粒圆周节点选取方向以及各节点的运动曲线，显示出颗粒在压制过程中的旋转和位移情况。

对图 5.25 对比分析发现，在圆周上时，三层颗粒节点位移的变化规律基本相同，只是峰值点和峰值大小不同。同时发现，圆周各节点变化对同一颗粒而言有差异，说明单个颗粒并非一直向下移动。其原因是，压制后期各颗粒之间的相互挤压加剧，因而颗粒发生塑性变形，而颗粒同时又受非静水压力作用，此时颗粒会因应变呈现不规则形状，故而出现不同的节点位移变化现象。

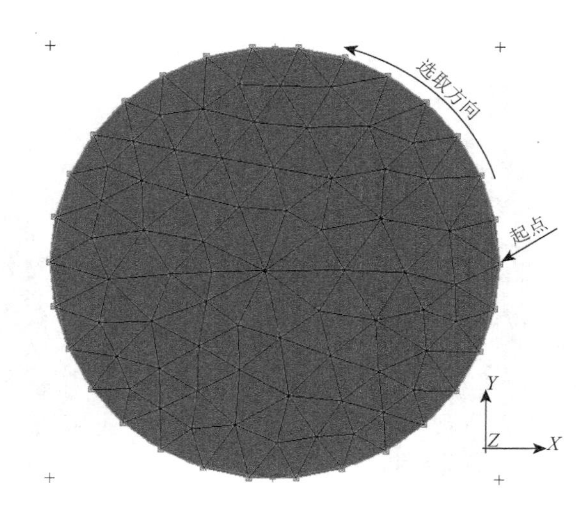

图 5.24　节点选取方向

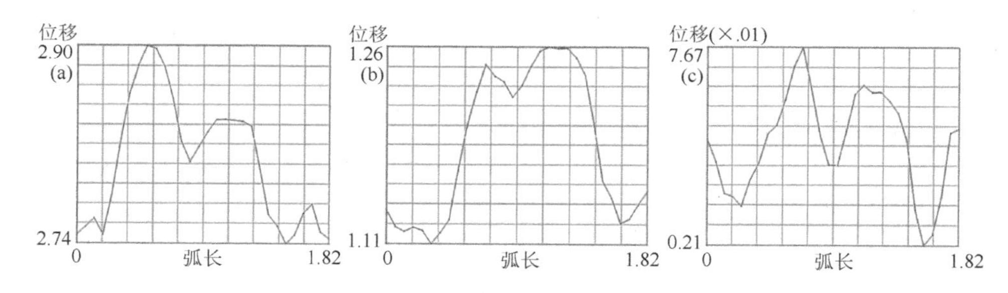

图 5.25　颗粒圆周节点运动曲线

5.2.5.2　高速压制过程中粉末颗粒的应变特点

设定压制速度 7 m/s，获得颗粒 A[1、1]的应变云图如图 5.26 所示。可将整个压制过程分成三个阶段：第一阶段为从 stp 1 至 stp 50，粉末的相对密度增加得很快，此时颗粒的应变程度会较大；第二阶段为 stp 50 至 stp 100，随着压制的进行，颗粒的应变速率较前期有所减缓；第三阶段则是从 stp 100 至 stp 150，应变趋于稳定，其运动和密度大部分处于小变化状态。

5.2.5.3　粉末颗粒位置与应变及密度分布规律

为研究在压制的过程中，颗粒位置不同时的应变情况，可设定速度为 7 m/s、质量大小为 1.5 kg，获得 A[1、1]、A[13、1]、A[25、1]、A[1、5]、A[13、5]、A[25、5]等位置颗粒的应变图，如图 5.27 所示。

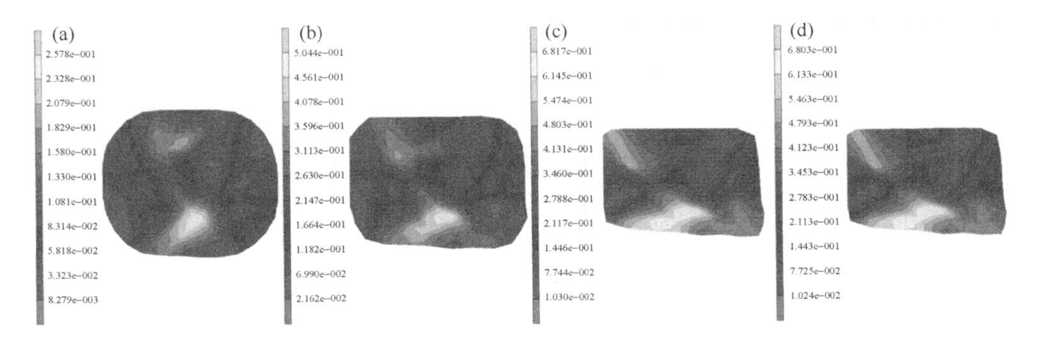

图 5.26　颗粒 A[1、1]应变云图

（a）$n=25$；（b）$n=50$；（c）$n=100$；（d）$n=150$

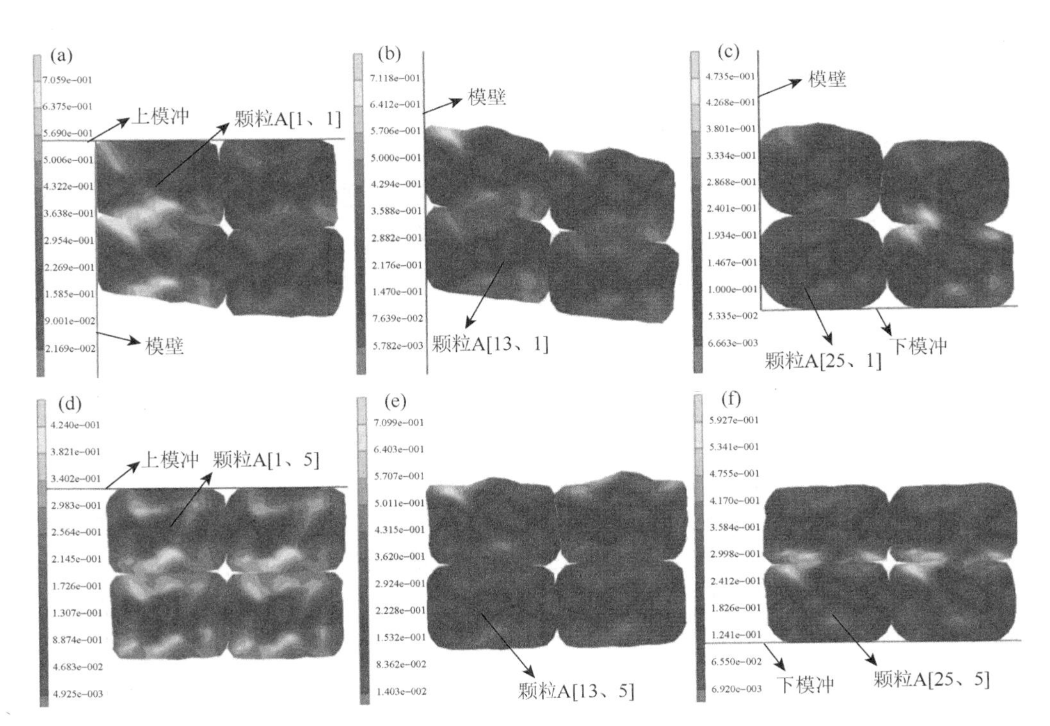

图 5.27　颗粒的应变云图

（a）颗粒 A[1、1]；（b）颗粒 A[13、1]；（c）颗粒 A[25、1]；（d）颗粒 A[1、5]；（e）颗粒 A[13、5]；（f）颗粒 A[25、5]

由图 5.27 可以看出，颗粒越靠近模壁附近，应变则越小，间隙则越大，可体

现出粉末的致密性越差。另外，处于中间的颗粒 A[1、5]、A[13、5]、A[25、5] 应变差异相对较小，密度均匀性也更好，因此实际应用中可以采取有效润滑措施以降低模壁摩擦系数，提高粉末密度的均匀性，进而改善密度分布。

由上所述，通过计算不同位置颗粒之间的空隙变化情况，来考察粉末颗粒压制后的密度均匀性的问题（图 5.27）。对于建立的二维颗粒模型，通过计算可得压制前每四个颗粒组成的空隙面积为

$$(0.6^2-0.3^2\pi)\ \mathrm{mm}^2 = 0.0774\ \mathrm{mm}^2 \tag{5.9}$$

可利用细分网格的方法计算压制后颗粒附近的空隙面积，具体如表 5.2 所示。发现在轴向位置上，压制面从上到下出现在颗粒附近的空隙面积明显逐渐增大，而在靠近模壁附近，压坯上方的颗粒空隙要比中间的小，但在压坯的下方，中间区域的空隙面积要比两边的小，这说明界面模壁摩擦对压制密度的均匀性有很大影响。

表 5.2　各颗粒附近区域孔隙面积

区域	A[1、1]	A[13、1]	A[25、1]	A[1、5]	A[13、5]	A[25、5]
孔隙/mm^2	$1.5e^{-3}$	$3.25e^{-3}$	$4.5e^{-3}$	$2.25e^{-3}$	$2.5e^{-3}$	$3.875e^{-3}$

实验证明，通过空隙变化来考察压坯密度的均匀性是有很大参考价值的，因为可从微观角度去具体分析各区域密度的变化情况，这种计算的精度要比使用连续体高得多。因而，在实际生产中，可以利用较细的粉末颗粒去填充空隙，从而增大压坯的密度。

5.2.6　高速压制粉末颗粒的运动特性

图 5.28 是高速压制过程中，不同位置节点处，颗粒的速度和位移变化规律，选取重锤质量为 1.5 kg，自由下降高度为 2.45 m，模壁摩擦系数 0.2，并选择颗粒 A[1、5]、A[13、5]、A[25、5]上端一个节点，考察其在高速压制过程中单次冲击的速度和位移变化情况，有助于进一步探求高速成形技术的致密化机理。

可看出高速压制初期，颗粒节点间的速度迅速增大，与增量步几乎呈现正比的关系，高速压制中期时，粉末颗粒的速度则有一定波动，而在压制后期，由于向下阻力和摩擦力的增大，颗粒向下运动的速度在逐渐减小，且其减小的速度会比增加时慢。最后在重锤卸载的过程中，颗粒的速度出现先增后减的现象，最后达到静止状态。著者认为，这是由于压制初期颗粒的向下运动阻力很小，主要是以颗粒填充空隙为主的运动，当继续向下运动时，颗粒运动阻力变大，可能会发生旋转和平移，导致向下运动速度的波动。由图 5.28（b）可以看出各节点位移的增加趋势非常相似，靠近压制面的粉末颗粒位移最大。

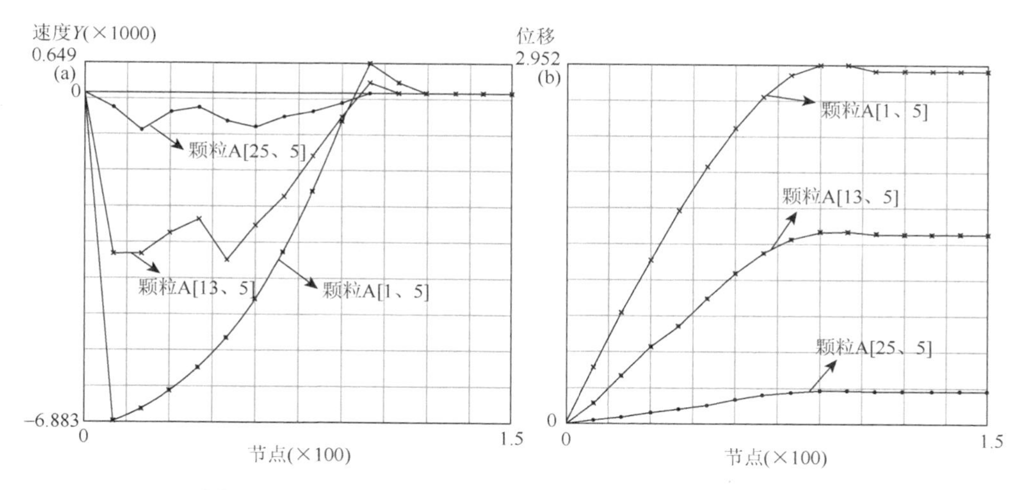

图 5.28　不同位置节点速度变化图（a）和位移变化图（b）

5.2.7　随机排布模型的高速压制模拟

在实际生产中，通过不同的加工工艺制成的铁粉在大小、形状和分布上均是随机状态，并没有一定规律可言。为了使得模拟结果更接近于实际压制过程，作者尝试建立了粉末随机排布模型。如图 5.29 所示，选取初始相对密度 0.58，重锤的质量设为 1.5 kg，压制速度分别为 2 m/s、4 m/s、6 m/s。

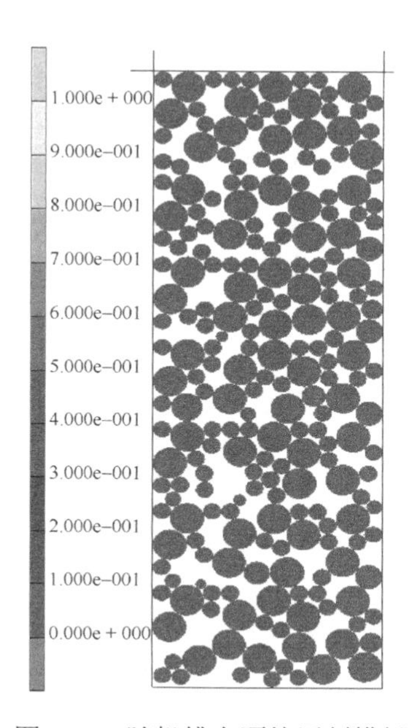

图 5.29　随机排布颗粒压制模拟

压制后的位移云图如图 5.30 所示。从图中可看出，当压制速度很低时，由于颗粒间会形成“拱桥”效应，导致压坯底部的密度较低。随着压制速度的增大，压坯底部致密性有所改善。对比图 5.7 可以看出，此时粉末颗粒的“V”形流动不是很明显，这主要是因为随机排布的粉末颗粒间空隙较大，颗粒在向下运动的过程中可以发生旋转和横向流动，从而降低了模壁摩擦对粉末流动性的影响。

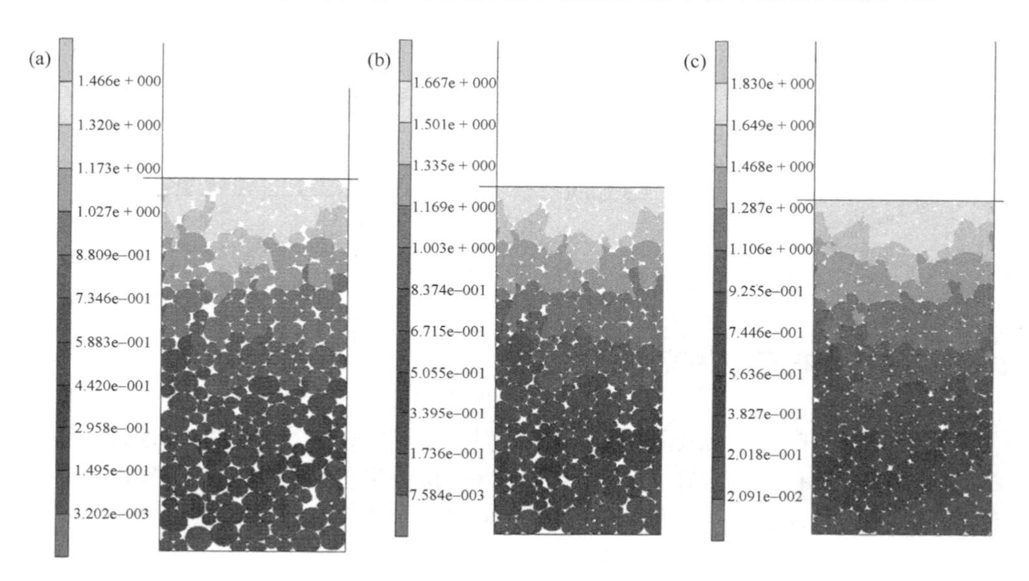

图 5.30 随机颗粒模型的位移云图

（a）V = 2 m/s；（b）V = 4 m/s；（c）V = 6 m/s

图 5.31 是粉末随机排布与对称密排排布在不同应力下的相对密度变化，表明

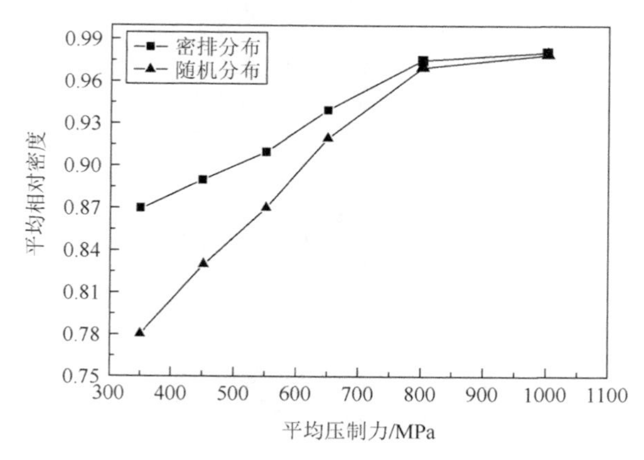

图 5.31 高速压制下密排和随机模型在不同压力下相对密度变化

当高速压制的平均应力达到一定值时，随机模型与对称密排模型的压坯密度非常接近，对比模拟结果与实验结果，实验中的压坯的密度分布与模拟结果基本一致。故而利用对称密排模型来代替粉末随机排布模型，对粉末冶金成形致密化的机理进行研究是完全可行的。

参考文献

[1] 王德广，吴玉程，焦明华，等. 压制方式对粉末冶金制品性能影响的有限元模拟[J]. 粉末冶金技术，2008，26（2）：88-93.

[2] 王德广，焦明华，俞建卫，等. 压坯高径比对粉末冶金制品性能影响的有限元模拟[J]. 中国机械工程，2007，18（20）：2493-2497.

[3] 韩青，张毅刚，赵凯红. 结构工程中接触问题的数值计算方法[J]. 北京工业大学学报，2006，32（4）：321-326.

[4] 沈元勋，肖志瑜，温利平，等. 粉末冶金高速压制技术的原理、特点及其研究进展[J]. 粉末冶金工业，2006，16（3）：19-23.

[5] 陈火红. Marc 有限元实例分析教程[M]. 北京：机械工业出版社，2002：20-381.

[6] 冯超，孙丹丹. 全新 Marc 实例教程与常见问题解析[M]. 北京：中国水利水电出版社，2012：1-25.

[7] 韩凤麟. 粉末冶金技术手册[M]. 北京：化学工业出版社，2009.

[8] 韩凤麟. 粉末冶金基础教程：基本原理与应用[M]. 广州：华南理工大学出版社，2005.

[9] 张华诚. 粉末冶金实用工艺学[M]. 北京：冶金工业出版社，2004：110-230.

[10] 陈普庆. 金属粉末压制过程的力学建模和数值模拟[D]. 广州：华南理工大学，2004：71-85.

第 6 章　粉末温压成形致密化及有限元模拟

在成形过程中，粉体材料通常经受外力与温度的综合作用，粉末在正应力、剪应力及表面张力等作用下发生塑性变形，从而引起粉末内部孤立孔洞坍塌及体积收缩，颗粒间相互接触增大，压坯相对密度快速增加；同时，变形抗力也将随着相对密度的增加而快速增大。针对粉末颗粒的特性，可以通过宏观和微观的方程建立相应的数学模型，利用有限元分析获得粉末成形模具粉料填充、粉末流动、成形压力、温度分布、应力应变及能量等信息，指导成形模具和工艺参数优化设计，这有助于对材料的机械性能的评估，缩短产品的开发研究周期。

6.1　温压成形致密化过程

温压工艺优点在于一定压力下能够有效提高压坯的密度，改善粉末冶金制品性能[1]。温压成形工艺实现致密化关键在于：预混合金粉（含特殊有机聚合物黏结剂、润滑剂和金属粉末）和温压设备，需要解决以下问题：预烧过程中聚合物的挥发等，由于温压粉末冶金零件的高密度，封闭孔中的聚合物裂解后难以挥发出来，可能导致在预烧过程中产生缺陷，影响产品质量；聚合物的润滑机理和其加入方式对粉末冶金零件密度、性能的影响；需要开发出不同的聚合物润滑剂系列，以满足温压粉末冶金零件的需要；温度、压力、聚合物对生坯及烧结件变形的影响；开发适用于温压工艺的温压系统，以适应批量生产的需要。

因此，这些因素对致密化过程有很大影响，需要对其致密化机理进行研究，以便在更深层次上利用温压工艺提高制品密度，获得更高密度性能的粉末冶金制品。

6.1.1　电阻式加热致密化过程

6.1.1.1　温度对成形致密性的影响

使用含 0.3%石墨和 0.58%润滑剂和黏结剂等聚合物的铁基预合金化粉末（表 6.1），理论密度是 7.9 g/cm^3，初始松装密度是 3.3 g/cm^3，粒度分布如表 6.2 所示。

表 6.1　铁基预合金化粉末成分（%，质量分数）

成分	C	Mn	Cu	O	Mo	S	Ni	Fe
含量	0.002	0.132	1.48	0.08	0.508	0.0079	1.75	其余

表 6.2　粉末粒度分布

粒度/μm	+60	−60～+100	−100～+325	−325
质量分数/%	剩余	11.5	63.9	24.6

使用 50 g 粉末流经规定孔径标准漏斗所需时间来评价粉末流动性高低[1]。将粉末和流动性测试仪加热至一定温度，随后测量不同温度条件下的流动性。使用电热恒温鼓风干燥箱（牌号 DHG-9101-2SA、误差为±0.5℃）进行加热，获得不同温度下粉末流动性的变化曲线（图 6.1）。由结果可知，85℃粉末流动性最好，因为在此温度下，润滑剂处于黏流状态，润滑性能最佳；而温度低于 85℃时，黏结剂黏度较高，导致润滑剂流动性能变差，无法发挥润滑效果；而当温度高于过 85℃时，黏结剂黏度降低至使润滑剂油膜破坏从而形成混合摩擦，与此同时，过高温度破坏了润滑剂的结构，使其逐渐失去润滑作用，进而导致粉末流动性变差。因此，在压制过程中将粉末温度暂定为 85℃，并以此温度为基础，向高低温扩展，探寻最佳温压成形温度，并根据过往研究，判断温度与装粉高度和压制力等的关系。因此，在模具温度稳定后才进行装粉并压制，以便防止加热过程中温度过冲而使得润滑效果减弱。

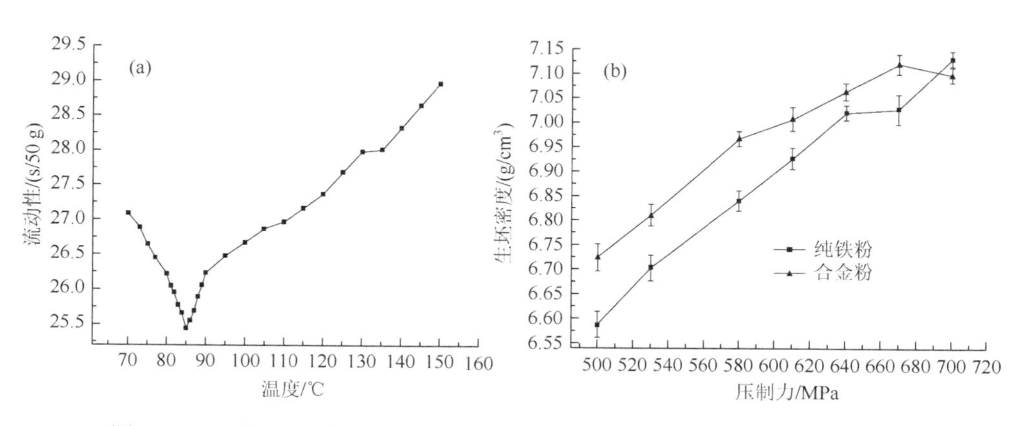

图 6.1　温压粉末流动性测试（a）和冷压状态下压坯密度与压制力关系（b）

6.1.1.2　加热方式对成形致密性的影响

使用阿基米德排水法分别对不同压制条件下的密度变化进行测量[2]。

（1）加热方式：冷压。作者首先对两种粉末，即含 0.6%和 0.7%硬脂酸锌的普通合金粉（成分见表 6.3），以及纯铁粉进行了冷压测试，实验结果如图 6.1 所示。由图可看出，随着压制力的增大，压坯密度不断增加，当压制力达到 700 MPa 时，生坯密度仍低于 7.15 g/cm^3，随着压制力的增加密度变化不大。

表 6.3　普通合金粉末主要成分（%，质量分数）

成分	C	Mn	Cu	O	Mo	S	Si	Ni	P	Fe
含量	0.05	0.069	1.59	0.08	0.47	0.007	0.033	1.84	0.012	其余

随后，作者也对温压实验所用合金粉末进行了冷压试验，结果如图 6.2（a）所示，发现在冷压状况下，随着压制力增加，生坯和烧坯的密度均呈增加趋势，但到 800 MPa 时生坯密度也只有 7.174 g/cm^3，仅比 700 MPa 时增加了 0.121 g/cm^3，由此可见，仅增加压制力是无法有效提高压坯密度的。粉末中含有铜元素，在烧结时处于融化状态，流入制品孔隙中阻碍孔隙收缩，引起烧坯密度变化。

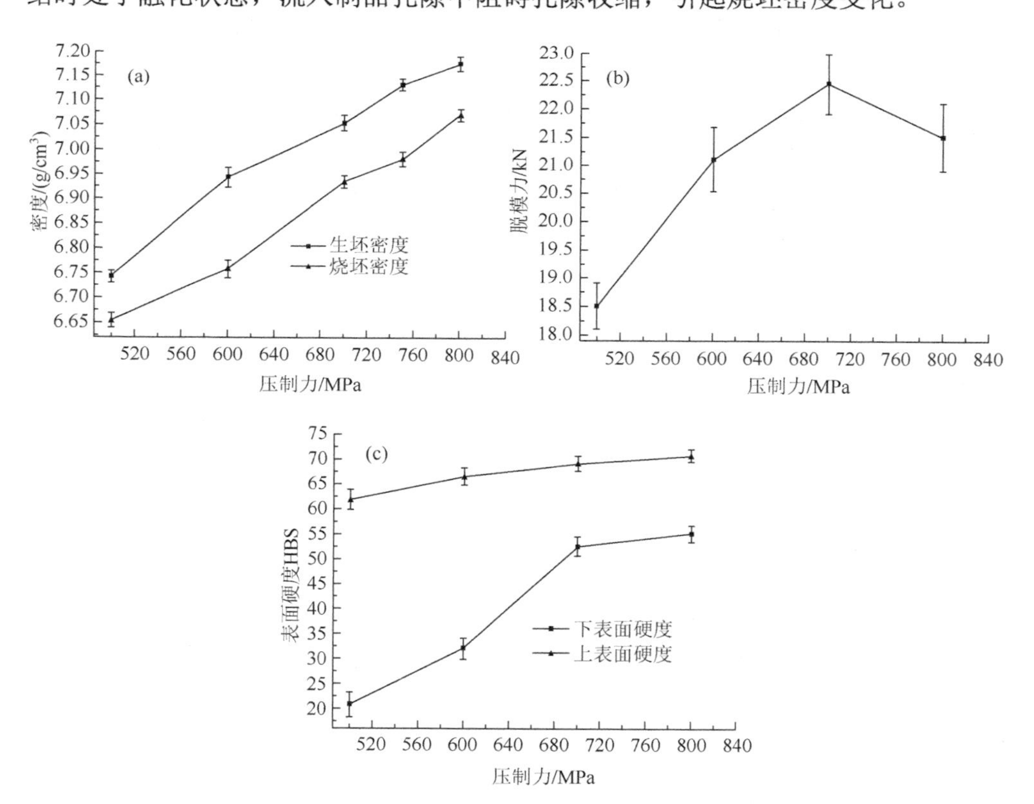

图 6.2　温压粉末冷压密度与压制力关系（a）、压制力与脱模力关系（b）、压制力对压坯硬度的影响（c）

另外，压制力的增加会引起脱模力增加［图 6.2（b）］，进而导致压坯表面粗糙，减小模具使用寿命。同时，压制力的增会使压坯（烧结）上下表面硬度也随之增加［图 6.2（c）］，与密度变化趋势一致，即密度越大时压坯的硬度越大。此外上表面硬度变化不是特别明显，而下表面硬度变化较大，这主要归因于压制过程中压制力沿压坯高度呈梯度变化，从而造成压坯密度也呈梯度变化。随着压制力的增加，压坯密度增加，能更为有效地传递压制力并使得下表面有效压力增大，从而有效提高了下表面硬度，同时，上表面与压头接触，不存在压力梯度变化的问题，所以压坯密度会随着压制力的提高而增大，而上表面硬度也随之提高。

（2）加热方式：粉末和模具共同加热。作者根据以往公布的结果[3-12]，首先探求了粉末和模具共同加热方式对粉末冶金制品密度的影响规律。如图 6.3（a）所示，在压制力为 600 MPa 时，模具温度升到 150℃时，制品密度虽比室温有所提升，但是压坯密度变化不大，显然这种加热方式并不能显著提高密度效果。模具温度为 135℃时，压坯密度最大。通过粉末在不同温度流动性测试结果可分析出，当粉末温度达到 135℃时，粉末流动性很差，在压制过程中润滑剂无法从粉末孔隙中挤压到压坯和模具内壁之间的间隙中，从而导致润滑剂被封闭在压坯中，造成粉末压坯密度降低。

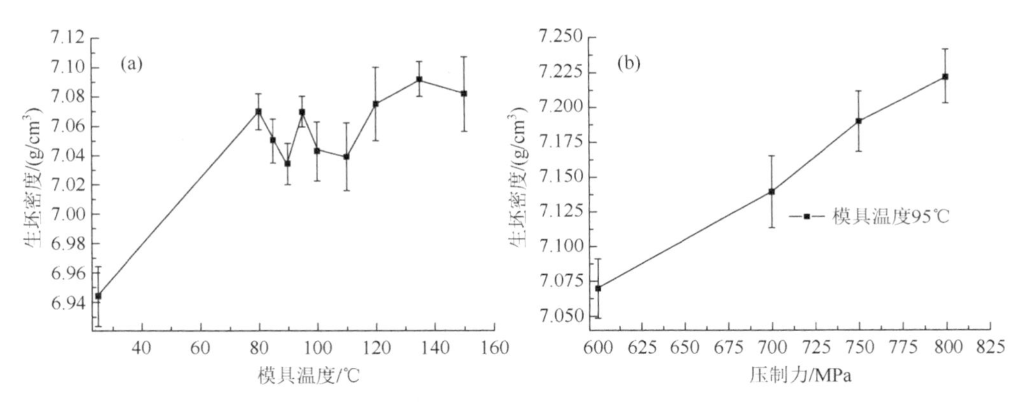

图 6.3　共同加热不同压制条件下压坯密度变化曲线

（a）模具温度条件；（b）压制力条件

当粉末与模具共同加热到 95℃时，随着压制力的增加生坯密度增加［图 6.3（b）］，当压制力增加到 750 MPa 后，密度增加趋势变缓。800 MPa 时生坯密度和 750 MPa 时相比只增加了 0.024 g/cm^3，同时过高的压制力会加快模具磨损，降低模具使用寿命。因此单纯的增加压制力对提高生坯密度的作用并不明显。

由此可得出，粉末和模具共同加热方式对于提高粉末压坯密度的作用很有限，故作者尝试将粉末和模具温度分开进行加热，即第三种加热方案，分析粉末和模具最佳匹配关系。

（3）加热方式：粉末和模具分开加热。作者将该种加热方式分成两种测试过程，首先是确定粉末温度，通过改变模具温度和压制力来研究压坯密度的变化规律；然后通过调节模具温度，分析粉末温度变化对制品密度的影响规律。

先来看粉末温度确定时，模具温度和压制力变化对压坯密度的影响规律。由粉末流动性的测试结果可看出，85℃时粉末的流动性最好，故将粉末温度设定在85℃，750 MPa 压制力下压制，随着模具温度的升高，生坯密度先降后升，当模具温度为 115℃时，生坯密度最小为 7.186 g/cm^3，当模具温度达到 135℃时，生坯密度最大为 7.308 g/cm^3，当温度进一步升高达到 150℃时，生坯密度有所降低，如图 6.4（a）所示。

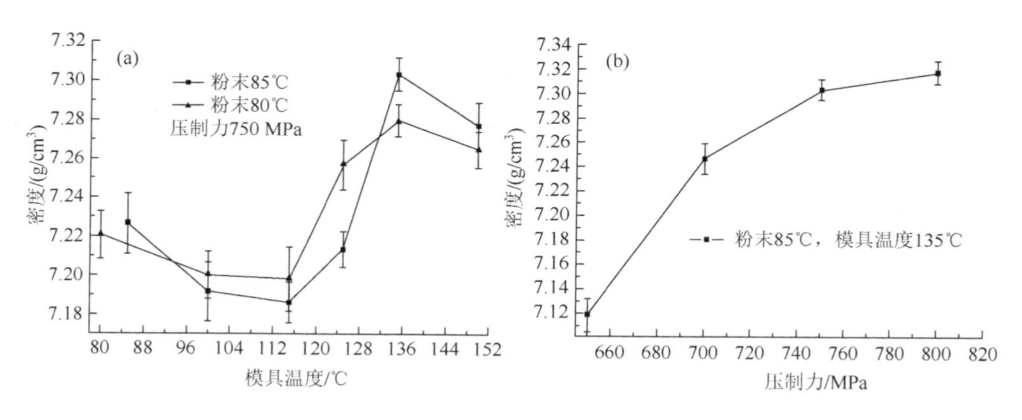

图 6.4 分开加热不同压制条件下压坯密度变化曲线

（a）模具温度条件；（b）压制力条件

当粉末温度为 80℃，压制力为 750 MPa 时，随着模具的温度升高，生坯密度也出现了与上述相同的规律。由此，作者取粉末温度 85℃，模具温度 135℃，进一步研究了压制力与生坯密度的关系［图 6.4（b）］。从图 6.4（b）中可以看出，生坯密度随压制力升高而快速增加。压制力为 700 MPa 时，密度达到 7.247 g/cm^3；此后，随着压制力的进一步增加，密度的增速缓慢，例如压制力为 800 MPa 时，密度仅比 750 MPa 时增加了 0.01 g/cm^3。这就进一步说明只增加压制力并不能有效提高压坯密度。

同时，发现相同压制力（700 MPa）下，温压制品密度（7.247 g/cm^3）明显高于冷压状况下获得的制品密度（7.052 g/cm^3）。由此可推断最佳压制力为 700～750 MPa。

再来分析确定模具温度情况下，粉末的温度变化。粉末温度直接影响润滑剂性能，然而试验和实际生产中对粉末进行加热时将不可避免产生温度波动，如果温度波动过大则会破坏润滑剂的润滑性能。因此需要研究温度波动带来的影响，结合控制仪器把粉末温度控制在合理范围，以获得最佳温压效果。

由图 6.4（a）可以看出，温压下粉末温度在−5℃范围波动对成形影响不大，但尚无明确信息表明 + 5℃范围内波动是否会影响温压效果。研究发现，模具温度 135℃时，压坯密度最大，并且当模具温度 135℃、粉末温度 90℃、压制力 750 MPa 时可得最大生坯密度 7.308 g/cm^3，有很好的温压效果。

（4）加热方式：粉末和模具非同步加热。作者还研究了恒定压制力（700 MPa）下四种非同步加热，即冷粉冷模、冷粉热模、热粉冷模、热粉热模四种情况下的压坯密度变化规律（见表 6.4）。可看出模具加热方式对压坯密度的影响较大，而粉末加热状况则无较大影响，这可能与实验中所设较低的粉末加热温度（100℃）有关，此时流动性较差，也影响了密度的提高。

表 6.4 非同步加热状况下的制品密度

	冷粉冷模	热粉冷模	冷粉热模	热粉热模
生坯密度/(g/cm^3)	6.870	6.267	7.077	7.038

6.1.1.3 加热方式对脱模力的影响

在实际温压过程中，压坯在脱离模具的过程中具有一定的脱模力，而脱模力大小也从侧面反映了温压效果的好坏，因此作者也研究了不同加热方式对脱模力的影响。

压制力为 700 MPa，同时加热粉末和模具，脱模力会随温度升高而降低，如图 6.5（a）所示，发现温度较低脱模力不高。135℃时脱模力最低为 18.233 kN，随后当温度达到 150℃时脱模力急剧上升，这与粉末润滑剂润滑效果有关。80℃、90℃时，粉末与模具接触处润滑剂降低了脱模力，但是粉末内部的润滑剂没有起到润滑模具的作用；温度为 135℃时，润滑剂处于黏流状态，润滑效果好，使得粉末流动性好，并且随着压制过程的进行，粉末孔洞中润滑剂被挤到模具与压坯接触面上，进而形成一层油膜，降低了压坯与模具的摩擦而大大降低了脱模力。因此，当粉末和模具共同加热至 135℃时的温压成形效果最好，但此时生坯密度还低于将粉末和模具分开加热的效果。这主要是因为粉末温度过高则流动性被破坏，在压制过程中润滑剂无法流到模具上，被困于粉末孔洞中致使孔洞无法闭合并且密度降低；而在粉末和模壁之间的润滑剂，在上升压力作用下，黏度增大，并且温度升高有助于降低黏度和提高流动性，故而此时的脱模力和密度较小。

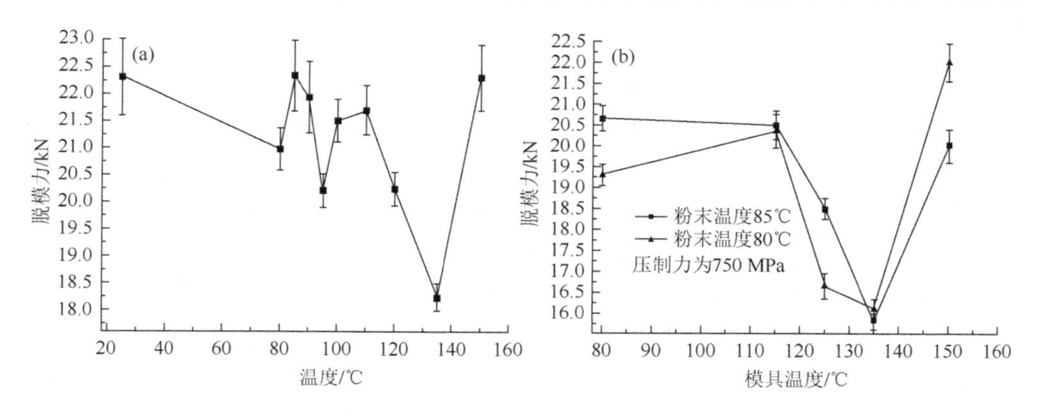

图 6.5　加热方式对脱模力影响

（a）共同加热；（b）分开加热

图 6.5（b）是分开加热时粉末和模具的脱模力变化曲线，首先将粉末加热到 85℃，压制力为 750 MPa 时，当模具温度为 135℃脱模力最小为 15.8 kN，再增加温度，脱模力又开始增加，由此可知，适当提高模具温度有助于降低脱模力，反而粉末温度提高对脱模力的影响不大。

例如模具温度恒定在 135℃，粉末温度分别为 85℃和 90℃且压制力为 750 MPa 时，脱模力分别为 15.8 kN 和 15 kN。研究发现粉末温度为 85℃、模具温度为 135℃时压坯密度最高，故而研究了该范围的脱模力与压制力的关系，如图 6.6 所示。随着压制力的升高，脱模力先降后升，在 750 MPa 压制力下变化不大。但是过高的压制力不能有效提高制品密度，反而对模具造成了一定的危害，降低了使用寿命。因此将压制力控制在 750 MPa 既能获得较高的压坯密度，又能保证模具的使用寿命。

6.1.1.4　模具温度对试样硬度的影响

以往研究发现，压坯密度越大则材料表面硬度越大[3-12]。由图 6.7 可知，当粉末温度为 85℃、压制力为 750 MPa 时，随着模具温度的增加，压坯上表面的硬度逐渐增加；当模具温度为 135℃时润滑效果最好，生坯密度最高，表面硬度也最大，再增加模具温度则硬度快速下降，这一变化规律与压坯密度的变化规律一致。

综合粉末流动性测试与不同工艺条件下粉末温压行为的研究结果可以得到，粉末温度在（85±5）℃温度范围，模具外壁温度在 135℃、内壁温度为 115℃、压制力为 700～750 MPa 时，即得最佳温压温度参数。

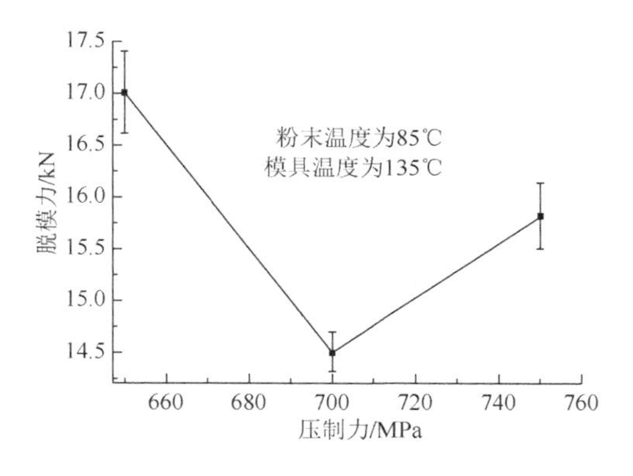

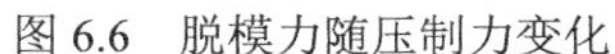
图 6.6　脱模力随压制力变化

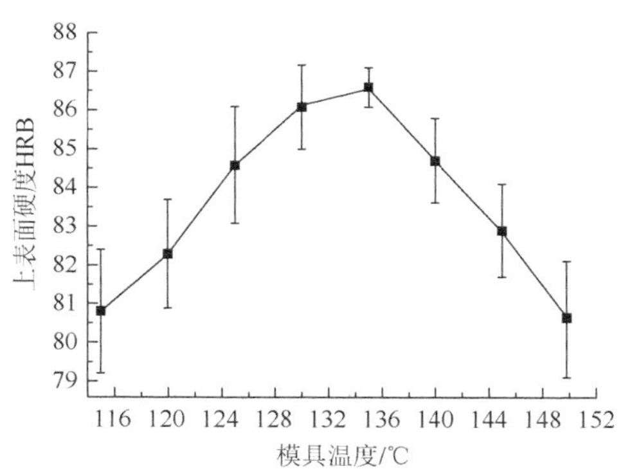

图 6.7　模具温度对压坯表面硬度的影响

6.1.2　电磁感应加热对粉末压坯密度的影响

通过电阻式加热方法进行的温压研究获得了模具外壁温度为 135℃（内壁温度为 115℃），粉末温度为（85±5）℃，压制力为 700～750 MPa 时，温压效果最好，因此，将以此为基础，研究该工艺路线是否适用电磁感应加热，同时检验模具和粉末磁化是否对粉末压坯密度的影响。从图 6.8（a）中可以看出，温压技术明显提高了压坯密度，并且感应加热方法所测结果明显优于电阻加热，相对密度可达到 92.7%，温压效果明显。

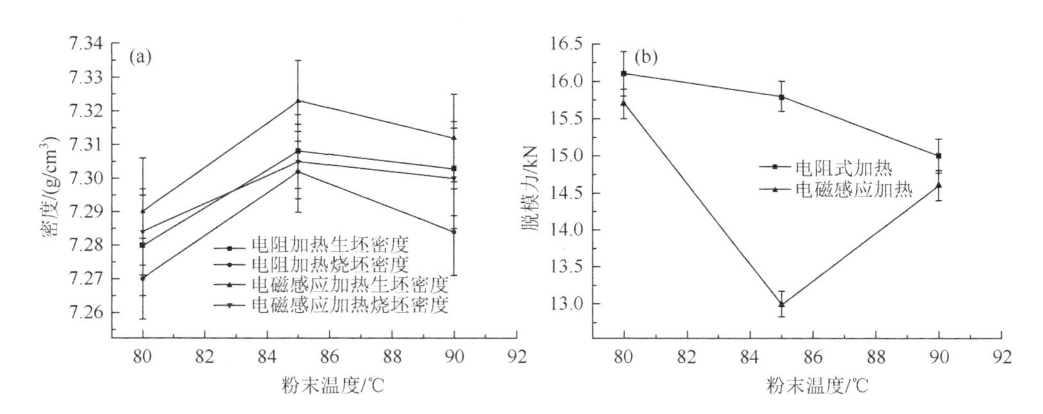

图 6.8　不同加热方式的参数变化曲线

（a）密度变化；（b）脱模力变化

脱模力可以从另一方面说明温压效果。从图 6.8（b）可以看到，感应加热时的脱模力比电阻加热和常温压制时的脱模力有了明显的降低。同时，从试验结果可以看到，电磁场对粉末和模具的磁化作用对温压获得的产品性能没有影响。

6.2　铁基粉末温压成形的关键参数和实验测试

6.2.1　铁基粉末温压材料杨氏模量的测试

实验测定杨氏模量的方法很多，如拉伸法、弯曲法和振动法（前两种方法可称为静态法，后一种可称为动态法）[13, 14]等，还出现了利用光纤位移传感器、莫尔条纹、电涡流传感器和波动传递技术等实验技术和方法测量杨氏模量。

静态法测量杨氏模量不能真实地反映材料内部结构的变化，对于脆性材料不能用拉伸法测量，且不能测量材料在不同温度下的杨氏模量，现存的静态法测量一般针对丝状材料。相比来说，动态法具有更大的优点，能准确反映材料在微小形变时的物理性能，测得结果精确稳定，对软脆性材料也都能测定，而且测试温度范围极广（−196℃～＋2600℃）。适用于各种棒状、管状与矩形材料。中华人民共和国国家标准《金属材料　弹性模量和泊松比试验方法》（GB/T 22315—2008）[14]中推荐的金属材料的杨氏模量、切变模量及泊松比的测量方法就是动态法。

该实验采用的设备主要有：AG-10 TA 电子万能试验机；YI-X2 静态电阻应变仪；光电编码器；载荷传感器。实验中由试验机夹持样品，自动控制应力的增加，由载荷传感器传递载荷，光电编码器传递位移，并能够通过计算机自动输出实验结果。试样采用温压制备的铁基材料，机械加工成 100 mm×10 mm 的棒状样品。

杨氏模量的动态法测定一般采用悬挂式(或支撑式)，将金属材料试样悬挂(或支撑）起来，激发材料使其做弯曲振动，如果我们能通过实验测出试样在某一个温度下的固有频率，就可以通过计算得出该材料在此温度下的杨氏模量，如图 6.9 所示。用数字频率计来完成引致试样共振的振荡器输出频率的精准测量，按功能的不同，换能器可分为激励器与拾振器两种，以选频放大器内附的交流电压表检测共振信号。

变温条件下，振源振动频率会直接影响振动形式，当振源频率在一定范围内时，其振动形式为基频振动形式，随着振动频率的增加，将逐渐过渡到 1 次谐频振动形式或 2 次谐频振动形式。而材料固有频率并不是一个，而是有多个，分别为基频振动（通常所说的固有频率）、一次谐频振动、二次谐频振动形式，如图 6.10 所示。实验采用基频振动形式。

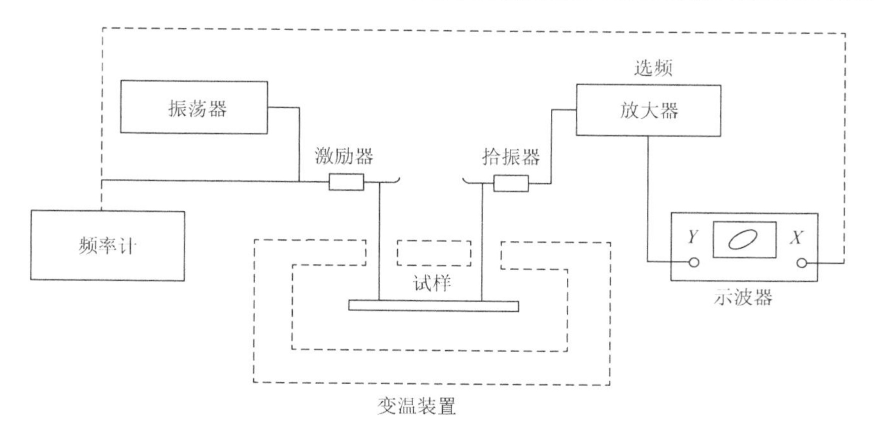

图 6.9　变温条件下材料杨氏模量检测装置示意图

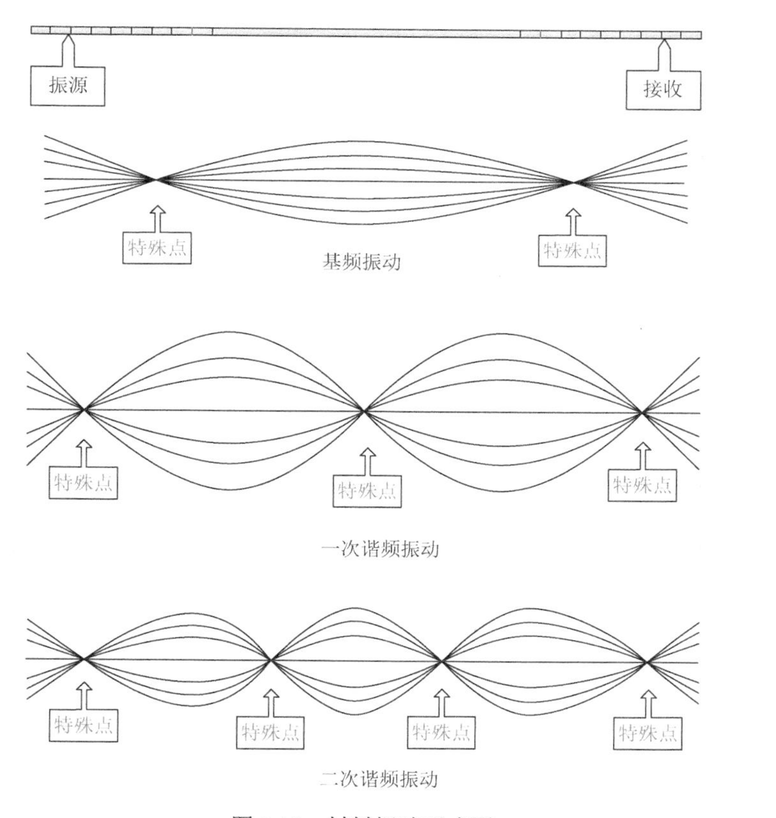

图 6.10　材料振动形式图

动态法测量杨氏模量的原理：在一定条件下（$l \gg d$），试样振动的固有频率取决于其几何形状、尺寸大小、质量分布及杨氏模量。

$$E = 7.887 \times 10^{-2} \frac{l^3 m}{J} f^2 \qquad (6.1)$$

如果实验中测出一定温度下（如室温）试样的固有频率、尺寸、质量，并知道其几何形状，就可以计算测试棒在此温度时的杨氏模量。

公式中 J 表示测试棒的惯量距，其主要与金属杆的几何形状有关，惯量距公式为

$$J = \int_s y^2 ds \qquad (6.2)$$

圆形棒的杨氏模量：
$$E = 1.6067 \frac{l^3 m}{d^4} f^2 \qquad (6.3)$$

圆管棒的杨氏模量：
$$E = 1.6067 \frac{l^3 m}{d_1^{\ 4} - d_2^{\ 4}} f^2 \qquad (6.4)$$

矩形棒的杨氏模量：
$$E = 0.9464 \left(\frac{l}{h} \right)^3 \frac{m}{b} f^2 \qquad (6.5)$$

实验测试棒都是圆形金属棒，所以原理公式（6.1）改写为

$$E = 1.6067 \frac{l^3 m}{d^4} f^2 \qquad (6.6)$$

式中，l 为金属杆的长度；m 为金属杆的质量；d 为金属棒的直径，这几个参数都比较容易测量，唯一不好测量的参数是金属杆的固有频率 f。

试验中只须测出金属棒振动时的固有频率 $f_{固}$，就可以通过公式求出材料的杨氏模量。然而金属棒的固有频率却不能直接测量，通常情况下，利用激发换能器使试样做定常受迫振动，然后测量受迫振动时试样的共振频率 $f_{共}$。实验发现，$f_{共}$ 随试样悬挂点位置的变化而有明显的变化。其变化规律如图 6.11 所示[15-19]，试样悬挂点外推至节点处，其共振频率最小，节点处的 $f_{共}$ 常被认为就是金属试样的固有频率。

然而，发现当悬挂点与节点距离增大时，$f_{共}$ 会增大，人们很难理解该结果。理论上认为试样的振动也是能量的一种损耗，是一种阻尼作用，而 $f_{共}$ 与悬挂点离节点的距离有关就是因为阻尼的存在，悬挂点离节点越远，阻尼也就越大，$f_{共}$ 与 $f_{固}$ 的差别也就越大。然而，由小阻尼线性系统作定常受迫振动的幅频特性可知，共振发生在频率比 $\gamma = \frac{f_{共}}{f_{固}} = \sqrt{1-2\xi^2}$ 处，其中 ξ 为阻尼率，由此可知，$f_{共} = f_{固} = \sqrt{1-2\xi^2}$，即 $f_{共}$ 随 ξ 的增大而变小。

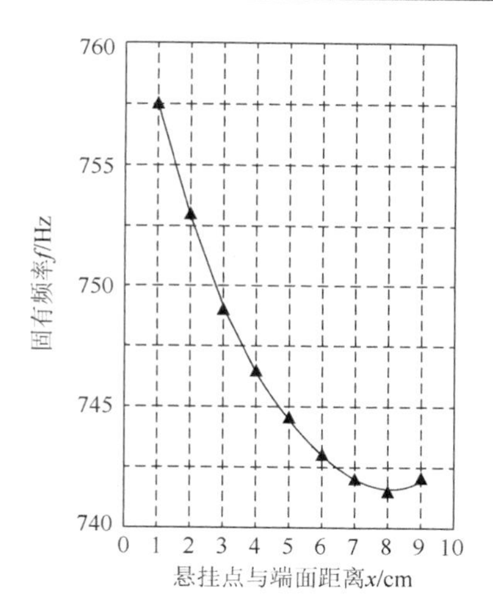

图 6.11　频率与悬点位置关系

由公式得知，阻尼越小，共振频率与固有频率将越接近。当阻尼为零时，共振频率刚好和固有频率相等。当支撑点在节点位置时，测量得到的共振频率就是要找的固有频率值。因为节点处的阻尼为零，无阻尼自由振动的共振频率就是测试棒的固有频率。但是现实情况是，当支撑点真的指到节点处时，试验无法继续激发测试棒振动，即使能振动亦无法接收到振动信号（即观察不到共振现象），最终也无法得到节点处共振频率。

但是原理公式的成立是在 $l \gg d$ 的条件下。在这个条件下，试样振动的固有频率取决于它的几何形状、尺寸、质量以及它的杨氏模量。现实情况不太可能达到 $l \gg d$ 的条件，故对原理公式需要作些适当的修正，即在原理公式基础上再乘以一个修正量 T。

$$E = 1.6067\frac{l^3 m}{d^4} f^2 T \tag{6.7}$$

表 6.5 列出了材料的径长比与修正系数的关系，本实验采用的试样尺寸为 φ10 mm×100 mm 的圆柱形试样，径长比 d/l 为 0.1，对照关系表，修正系数 T 取 1.203。

表 6.5　径长比与修正系数的关系

径长比 d/l	0.01	0.02	0.03	0.04	0.05	0.06	0.08	0.10
修正系数 T	1.002	1.008	1.019	1.033	1.051	1.073	1.123	1.203

实验通过游标卡尺测出材料的长度与直径，用电子天平测出材料的质量，通

过动态法测得铁基粉末温压材料的共振频率 f，然后通过杨氏模量的计算公式计算出材料的杨氏模量，其测试数据与最终的计算结果如表 6.6 所示。

表 6.6　铁基粉末温压材料的杨氏模量

序号	长度/mm	直径/mm	质量/g	共振频率/MHz	杨氏模量/GPa
1	101.24	9.96	56.68	1.32	20.13
2	100.64	9.84	55.60	1.33	20.67
3	100.18	10.26	58.86	1.42	20.81
4	99.86	10.42	61.19	1.39	19.30
5	99.74	10.12	56.38	1.41	20.50
6	100.30	9.96	56.15	1.36	20.58
7	100.82	9.88	54.93	1.35	20.81
8	99.78	10.16	58.76	1.37	19.87
9	100.68	9.92	55.91	1.33	20.15
10	99.14	10.28	58.48	1.44	20.45

6.2.2　铁基粉末温压材料热膨胀系数的测试

材料热膨胀系数的选定在材料的实际应用中占据一个非常重要的地位，因为像电真空工业、仪器制造业等工业中，广泛地将陶瓷、玻璃等非金属材料与各种金属材料焊接，这就要求非金属材料与需要焊接的金属材料有相适应的热膨胀系数，或者玻璃仪器、陶瓷制品等两种不同的材料在焊接或者熔接时，均要求所选的两种材料具有非常接近的热膨胀系数。如果热膨胀系数相差太大，在焊接时产生高温后致使材料发生的热膨胀程度也不同，那么当材料温度冷却下来后，材料因为热膨胀程度的不同，在材料焊接处会产生残余应力，那么材料焊接处的机械强度就会降低，更有甚者会致使材料在焊接处发生脱落、炸裂或者漏气等严重问题。如果制品零件是由两种材料焊接而成，而这两种材料的热膨胀系数又相差很大，那么在该材料体系中就需要采用一中间热膨胀系数的材料起到过渡的作用，从而使其中一种材料中产生压应力，而另一种材料中产生大小相等的张应力。充分的利用材料的特性，就可以增加制品的强度和可靠性。因此，材料热膨胀系数的测定有着非常重要的意义。

实验采用示差法测试材料的热膨胀系数（图 6.12），仪器为 ZRPY-1000 热膨胀系数测定仪，试样尺寸为 $\varphi 5\ \mathrm{mm} \times 60\ \mathrm{mm}$，棒状。通常情况下，对于普通材料的热膨胀系数指的仅是材料的线膨胀系数，表示温度升高 1℃时材料单位长度的变化量，单位为 $\mathrm{cm \cdot cm^{-1} \cdot ℃^{-1}}$。

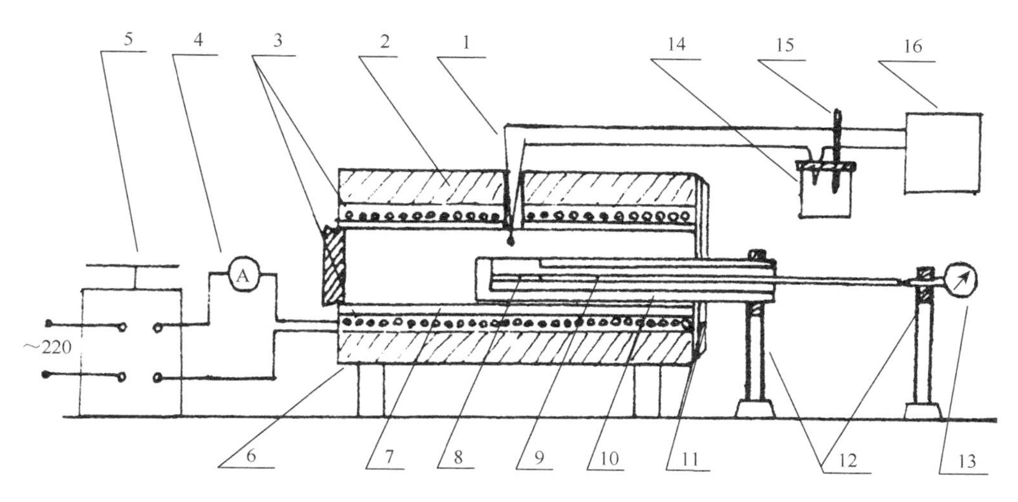

图 6.12　示差法测定材料膨胀系数的装置

1-测温热电偶；2-膨胀仪电炉；3-电热丝；4-电流表；5-调压器；6-电炉铁壳；7-钢柱电炉芯；8-待测试棒；9-石英玻璃棒；10-石英玻璃管；11-遮热板；12-铁制支承架；13-千分表；14-水瓶；15-水银温度计；16-电位差计

假设材料初始长度为 L_0，温度升高 Δt 后材料的长度为 L_1，其增加量为 $\Delta L = L_0 – L_1$，它们之间存在如下关系：

$$\Delta L / L_0 = \alpha_1 \Delta t \tag{6.8}$$

式中，α_1 为材料线膨胀系数。

同样，当温度从 T_1 升高到 T_2 时，材料的体积从 V_1 增加到 V_2，则该材料在 T_1 至 T_2 的温度范围 Δt 内，温度每上升一度，单位体积材料的平均增长量为

$$\beta = \frac{V_1 - V_2}{V_1(T_1 - T_2)} \tag{6.9}$$

式中，β 为平均体膨胀系数。

从材料热膨胀系数的测试技术方面来看，其体膨胀系数的测试比线膨胀系数要复杂得多。所以，通常采用材料的线膨胀系数来替代材料的热膨胀系数：

$$\alpha = \frac{L_1 - L_2}{L_1(T_1 - T_2)} \tag{6.10}$$

式中，α 为材料的平均线膨胀系数；L_1 为温度为 T_1 时材料的长度；L_2 为温度为 T_2 时材料的长度。

公式中 β 与 α 存在以下关系：

$$\beta = 3\alpha + 3\alpha \cdot \Delta T + 3\alpha^2 \cdot \Delta T^2 + \alpha^3 \cdot \Delta T^3 \tag{6.11}$$

在实际中忽略高阶无穷小，取一级近似，即 $\beta = 3\alpha$。

实际情况中，材料的热膨胀系数并非一个恒定的值。其大小随着温度的变化而变化，所以通常所说的材料的热膨胀系数指的是材料在一定的温度范围内的平均值，因此在使用时必须注意其适用的温度范围。待测试样从测试温度升温到测试温度后，记录下测试前后的温度，按式（6.10）、式（6.11）可以计算出试样的线膨胀百分比与平均线膨胀系数：

线膨胀百分率计算公式：　$\delta = (\Delta L_t - K_t)/L \times 100\%$　（6.12）

平均线膨胀系数计算公式：　$\alpha = (\Delta L_t - K_t)/L(t - t_0)$　（6.13）

式中，L 为试样室温时的长度（mm）；ΔL_t 为试样加热至 t（℃）时测得的线变量值（mm）（仪器示值），其数值正负表示试样的膨胀与负膨胀（收缩）；K_t 为测试系统 t（℃）时补偿值（mm）；t 为试样加热温度（℃）；t_0 为试样加热前的室温（℃）。

关于仪器补偿值 K_t，需要在测试前线进行测定。在 1000℃以下选用石英作为标样，而 1000℃以上采用高纯刚玉作为标样进行升温测试，已知 $\alpha_{标}$、$L_{t_{标}}$、$L_{标}$、t、t_0，则

$$K_t = \Delta L_{t_{标}} - \alpha_{标} \times L_{标} \times (t - t_0) \tag{6.14}$$

石英标样的膨胀系数取平均值 0.55×10^{-6}/℃。

石英膨胀仪测定材料的热膨胀系数的工作原理如图 6.13 所示，由图可见，石英膨胀仪上的千分表读数为

$$\Delta L = \Delta L_1 - \Delta L_2$$

由此得到试样的净伸长：$\Delta L_1 = \Delta L + \Delta L_2$

根据定义，待测试样的线膨胀系数：

$$\alpha = \left(\frac{\Delta L + \Delta L_2}{L\Delta t}\right) = \left(\frac{\Delta L}{L\Delta t}\right) + \left(\frac{\Delta L_2}{L\Delta t}\right) \tag{6.15}$$

其中，$\dfrac{\Delta L_2}{L\Delta t} = \alpha_{标}$

所以
$$\alpha = \alpha_{标} + \left(\frac{\Delta L}{L\Delta t}\right) \tag{6.16}$$

若温度差 $\Delta t = t_2 - t_1$，那么待测试样平均线膨胀系数 α 计算公式为

$$\alpha = \alpha_{标} + \left(\frac{\Delta L}{L(t_2 - t_1)}\right) \tag{6.17}$$

式中，α 石为石英玻璃的平均线膨胀系数，5.7×10^{-7}/℃（0～300℃），5.9×10^{-7}/℃（0～400℃），5.8×10^{-7}/℃（0～1000℃），5.97×10^{-7}/℃（200～700℃）；t_1 为测定

的初始温度；t_2 为测试温度，一般选择 300℃，也可根据测试需求选择测试温度；ΔL 为测试中试样伸长值，即在温度为 t_2 和 t_1 时千分表读数的差值，mm；L 为试样初始长度，mm。

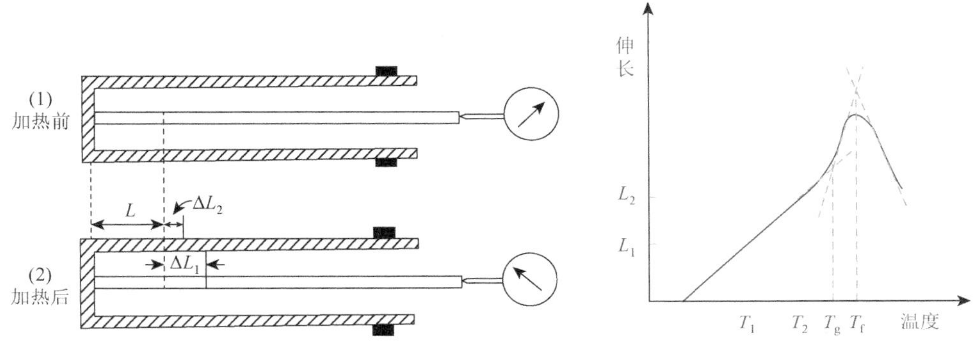

图 6.13　石英膨胀仪内部结构热膨胀分析图　　图 6.14　玻璃材料的膨胀曲线

实验所得数据在直角坐标系中可以做出材料的热膨胀系数图，见图 6.14，即确定试样的线膨胀系数。实验通过游标卡尺测出材料的长度，用示差法测出材料升温前及升温后的长度变化，实验开始测试时的温度为 25℃，结束时的温度为 300℃，在此温度范围内选定石英的平均线膨胀系数为 5.7×10^{-7}/℃，最后通过公式（6.15）计算出材料的线膨胀系数，其测试数据与最终的计算结果见表 6.7。

表 6.7　铁基粉末温压材料的线膨胀系数

序号	L/mm	ΔL_1 /mm	ΔL_2 /mm	ΔL /mm	（t_2−t_1）/℃	α/℃$^{-1}$
1	60.12	0.584	0.009	0.575	275	3.53E−05
2	60.26	0.591	0.01	0.581	275	3.56E−05
3	59.88	0.58	0.008	0.572	275	3.53E−05
4	59.76	0.562	0.009	0.553	275	3.42E−05
5	60.48	0.61	0.009	0.601	275	3.67E−05
6	60.36	0.597	0.01	0.587	275	3.59E−05
7	60.46	0.579	0.008	0.571	275	3.49E−05
8	59.78	0.595	0.009	0.586	275	3.62E−05
9	59.64	0.558	0.009	0.549	275	3.40E−05
10	60.12	0.568	0.009	0.559	275	3.44E−05

6.3 温压成形有限元数值模拟

粉体材料成形问题可以抽象为一个微分方程（组）的边值问题，若方程的性质比较简单，问题的求解域的几何形状十分规则，或是对问题进行充分简化的情况下，才能求得解析解。而实际的材料成形问题的求解域往往非常复杂，且场方程往往相互耦合，无法求得解析解，而对问题进行过多简化所得到的近似解可能误差很大，甚至是错误的。因此，复杂工程问题的求解必须采用数值方法，基本特点是将微分方程边值问题的求解域进行离散化，将原来欲求得在求解域内处处满足方程、在边界上处处满足边界条件的解析解的要求，降低为求得在给定的离散点（节点）上满足由场方程和边界条件所导出的一组代数方程的数值解。这样，就使一个连续的无限自由度问题变成离散的、有限自由度问题。

6.3.1 温压成形温度因素分析

6.3.1.1 有限元模型建立

作者分别研究了不同压制状况下的粉末压制过程，并对其进行有限元建模。在金属粉末压制过程开始时就分别取粉末和模具的温度 T 为冷粉冷模、冷粉温模、温粉冷模和温粉温模等四种温度条件，冷态 T 为 20℃，温态 T 为 150℃。

定义压坯几何模型为，压坯直径 d 12 mm，初始松装高度 h_0 40 mm，最终压坯高度 h 25 mm。基于压制载荷和几何形状的对称性，将温压成形过程简化为一个典型的轴对称问题，即沿直径方向取一截面，如图 6.15 所示。

定义模拟材料参数分别为，弹性模量 E 20 GPa，初始泊松比 ν 0.3，泊松比随相对密度 ρ 的变化曲线如图 6.16（a）所示。初始粉末体的相对密度 ρ_0 为 0.5，即粉末体初始密度为 3900 kg/m^3，线膨胀系数为 3.55×10^{-5}/℃，初始屈服点 $\sigma_{s0}(20℃) = 210$ MPa、$\sigma_{s0}(150℃) = 180$ MPa，计算得流动应力应变关系曲线如图 6.16（b）所示。

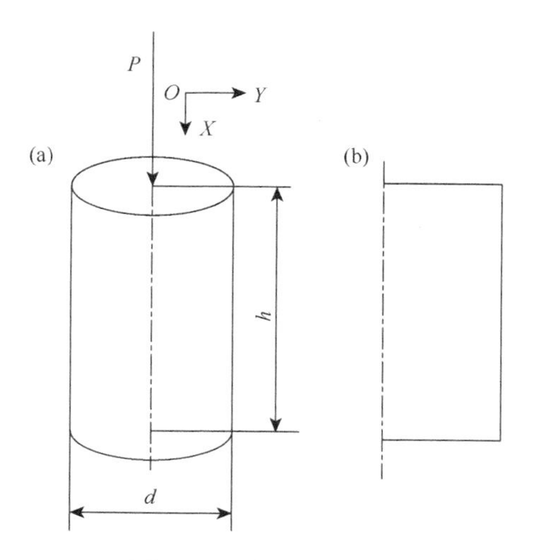

图 6.15　压坯几何模型

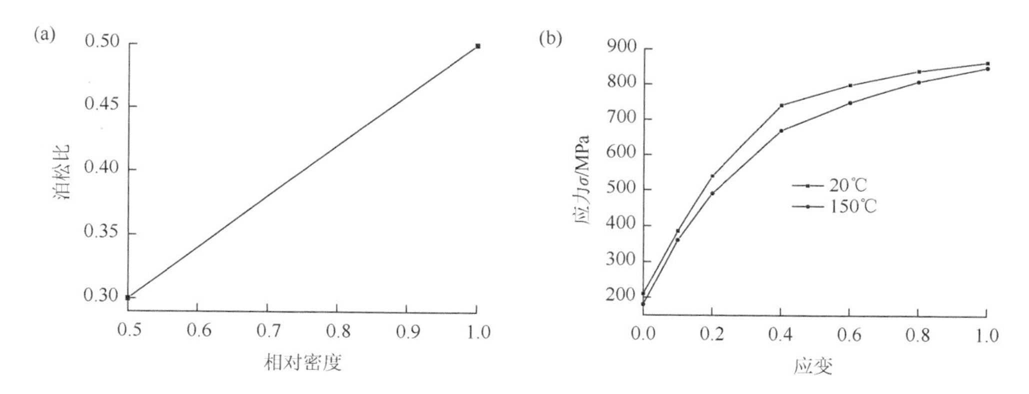

图 6.16　（a）泊松比随相对密度变化；（b）流动应力-应变关系曲线

采用 Shima 模型[20, 21]对材料进行模拟：

$$F = \frac{1}{\gamma}\left(\frac{3}{2}\boldsymbol{\sigma}^{d}\boldsymbol{\sigma}^{d} + \frac{p^{2}}{\beta^{2}}\right)^{\frac{1}{2}} - \sigma_{y} \tag{6.18}$$

式中，σ_y 为单轴屈服应力，是与温度和粉末相对密度相关的参量；$\boldsymbol{\sigma}^{d}$ 为偏应力张量；p 为静水压力；γ、β 为材料参数，是关于相对密度的函数。

如图 6.17 所示，模拟过程中采用 10 号单元（即四边形四结点单元）对网格进行划分，半径方向分 12 层单元，高度方向为 80 层单元，可得 960 个单元和 1053 个节点。采用双向定位移压制压坯，对 $x = 0$ mm 与 $x = 40$ mm 的节点，分别施加沿 x 正方向和负方向的位移，位移量均为 7.5 mm，位移量完成时间为 2 s。总步数为 110 步，其中压制过程为 100 步，脱模过程为 10 步。将位移载荷加在上

下模冲上进行等步长位移加载，采用位移收敛准则，收敛精度为$|\delta u/\Delta u|<0.01$。其中 Δu 为节点每一增量步中的实际的位移增量，δu 为反复迭代过程中节点两次迭代的位移增量。同时，还对单向压制过程进行了模拟，并将所得结果与双向压制过程进行比较。

采用修正的库仑摩擦模型[21]定义摩擦条件为

$$\sigma_{\mathrm{fr}} \leqslant -\mu\sigma_{\mathrm{n}} \frac{2}{\pi}\arctan\left(\frac{\boldsymbol{v}_{\mathrm{r}}}{v_{\mathrm{c}}}\right)\boldsymbol{t} \tag{6.19}$$

其中，σ_n 是接触节点的法向应力，σ_{fr} 是切向摩擦应力，μ 是摩擦系数，$\boldsymbol{t}$ 是相对滑动速度方向上的切向单位向量，$\boldsymbol{v}_r$ 是相对滑动速度速向量。

当采用常规润滑剂时，摩擦因数 μ_1 为 0.1，当采用特种润滑剂时，摩擦因数 μ_2 为 0.05。

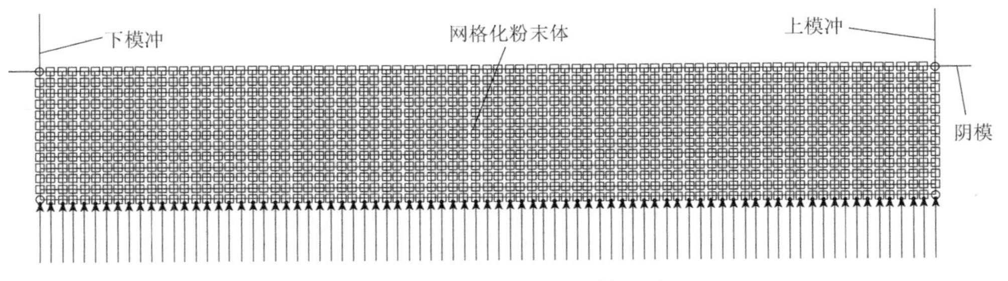

图 6.17　模拟过程单元网格划分

6.3.1.2　有限元模拟结果分析

1）密度分析

为了研究压坯在不同半径处各层沿高度方向相对密度的变化状况，分别在 $r = 0.5$ mm、3.0 mm、5.5 mm 处沿高度方向做三个切面，相对密度变化如图 6.18 所示。由图可知，对于圆柱形压坯，在不同半径处沿高度方向相对密度变化规律大体相同，这也验证了对于柱形坯料在压制时粉末主要产生柱向流动，横向流动较小。故此，在后面的模拟结果中均取半径为 $r = 3.0$ mm 处切片进行研究分析。

对四种不同温度（即冷粉冷模、冷粉温模、温粉冷模和温粉温模）和不同摩擦状态（$\mu_1 = 0.1$ 和 $\mu_2 = 0.05$）下双向压制压坯相对密度变化进行研究［图 6.18（b）］。结果显示，双向压制时，相对密度基本上呈对称分布状况，中心区域相对密度较低，靠近模冲附近相对密度较高。在同等摩擦条件下，当粉末和模具不同温度时，压坯相对密度变化规律基本一致，但是当温度一定、摩擦因数不同时，摩擦因数小（$\mu_2 = 0.05$），压坯相对密度分布比较均匀，最大差值为 0.04，而摩擦因数大（$\mu_1 = 0.1$），相对密度最大差值为 0.06，而且分布很不均匀，由此可见，当摩擦条件相同时，温度对压坯相对密度影响较小，这主要是因为变形温度不高，对金属粉末塑性变形抗力的影响不大。

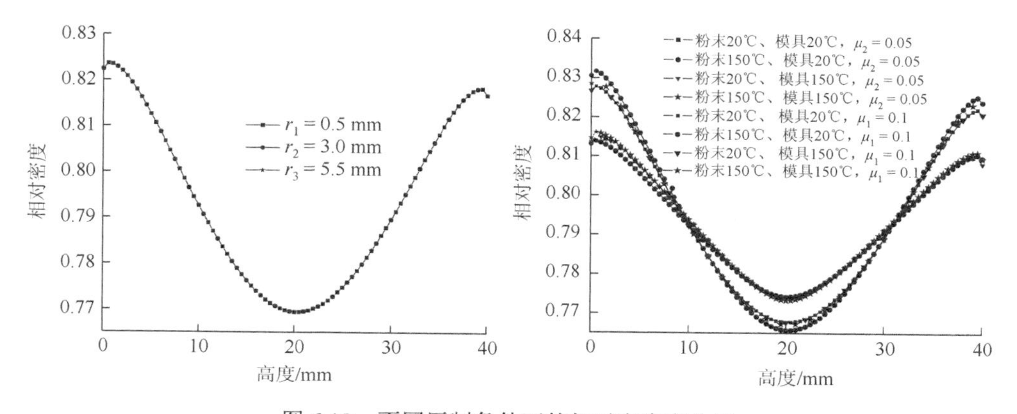

图 6.18　不同压制条件下的相对密度变化图

（a）不同半径处沿高度变化曲线；（b）不同温度和摩擦状态下的变化曲线

对于不同的加压方式（即单向或双向压制）对压坯密度影响是不同的。取粉末和模具温度相同（$T = 150℃$）、摩擦条件不同（$\mu_1 = 0.1$、$\mu_2 = 0.05$），单向压制和双向压制进行分析，结果如图 6.19 所示。图 6.19 表明，当采用单向压制时，靠近上模冲区域相对密度分布状况与双向压制时基本上相同，且数值大小呈由上模冲到下模冲逐渐下降的趋势，相对密度相差很大，这不利于粉末冶金制品性能尤其是力学性能的提高。双向压制时，上下模冲附近密度较大，中间较小，且差值较小，有利于提高压坯性能。

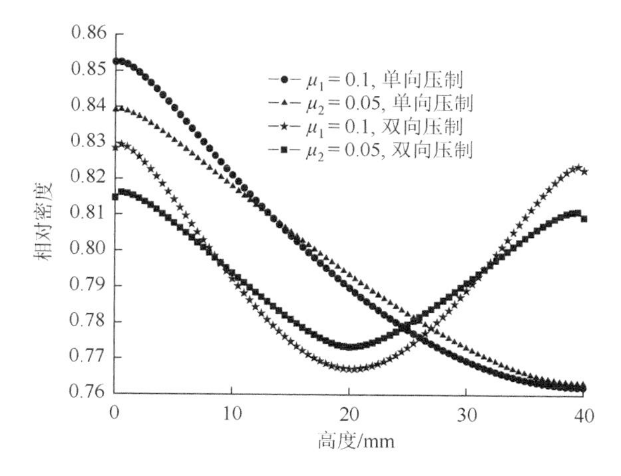

图 6.19　相同温度不同摩擦条件时压坯相对密度变化

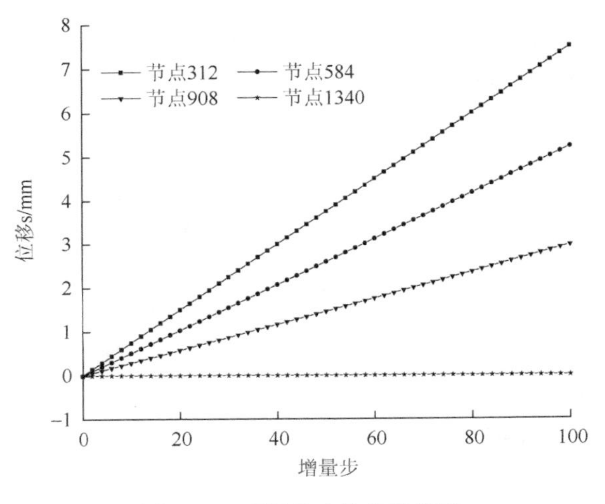

图 6.20　不同节点的位移状况

粉末位置不同，位移状况是不同的。取粉末和模具温度相同（$T = 150$℃），摩擦条件 $\mu_2 = 0.05$ 双向压制过程进行分析。图 6.20、图 6.21（a）为跟踪不同高度节点 312（距上模冲 0 mm）、584（距上模冲 6 mm）、908（距上模冲 12 mm）、1340（距上模冲 20 mm）过程中位移 s 和相对密度变化状况。从图 6.20、图 6.21（a）中可以看到，距模冲越远，粉末位移越小，节点 1340 位移接近 0。这反映了距离模冲越远的区域，粉末位移填充空隙增大密度的作用越小，主要以塑性变形为主提高压坯密度，同时由于存在高度方向上的压力降，造成靠近模冲区域的塑性变形也较小，因而相对密度也较小。而靠近模冲区域粉末位移大且塑性变形也较大，故相对密度较大。这也符合图 6.18（b）和图 6.19 相对密度双向压制呈对称分布、单向压制逐渐降低的现象。

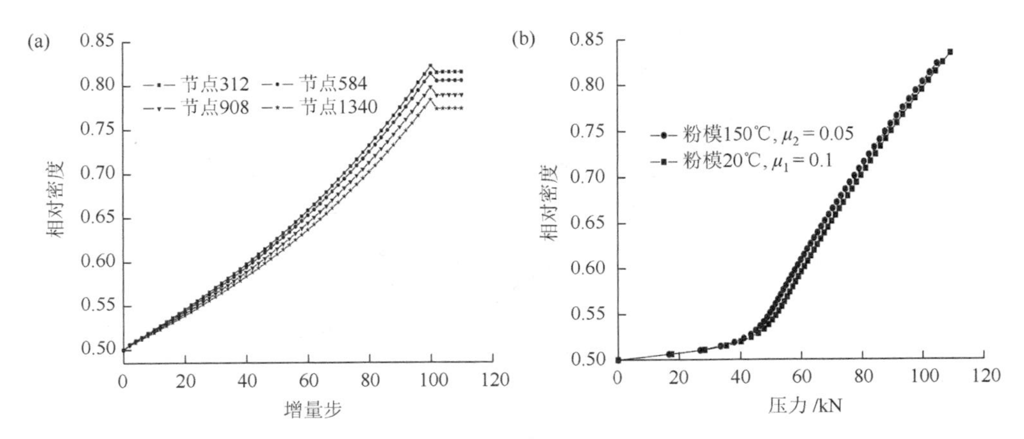

图 6.21　不同节点（a）和不同压制条件（b）下相对密度的变化曲线

通过对冷压（即粉模 20℃，$\mu_1 = 0.1$）和温压（即粉模 150℃，$\mu_2 = 0.05$）进行比较分析［图 6.21（b）］，可以看到，在同等压力下，温压压坯的相对密度值较大，这是因为温度的提高有利于改善金属塑性变形能力，摩擦因数小也有利于压坯密度的提高。同时还可以看到，压制初期相对密度增加不大，当压制力 P_c 达到一定数值（约 50 kN），相对密度迅速增加。这是因为在压制初期压制力还未达到粉末的屈服应力，大部分粉末还处于弹性变形状态，位移起主导作用，粉末颗粒位移填充空隙，因而密度增加缓慢，而当压力增加到一定程度达到粉末的屈服应力并继续增加时，塑性变形起主导作用，同时位移也使压坯相对密度增加，在两者的共同作用下，密度迅速增加。

2）力学分析

压制力的大小影响制品密度大小和分布状况、制品和模具性能等。压制力大，可以获得较高密度的压坯，但是压制力过高，对模具强度要求也较高，模具容易变形损坏，最终影响制品尺寸与性能，同时压制力过高，粉末弹塑性变形较大，残余应力较大，弹性后效较大，脱模时会加剧模具磨损，不容易脱模，而且脱模后由于存在较大的残余应力使弹性后效较大从而导致压坯易产生裂纹甚至开裂，影响产品的最终性能。从图 6.22（a）、（b）可以看到，随着摩擦条件的恶化，粉末压制力增大，脱模力 P_e 也相应增大，加大了压制设备和模具的负荷，对产品和生产是不利的。对侧压力 P_i［图 6.22（c）］进行分析可以看到，冷压（即粉模 20℃，$\mu_1 = 0.1$）和温压（即粉模 150℃，$\mu_2 = 0.05$）两种不同的压制工艺形式的侧压力变化规律基本相同，即随着压制的进行侧压力逐渐增大，大小基本相同，这是由于采用柱形压坯，粉末侧向流动较小，主要是柱向流动，故工艺形式不同对侧压力的影响不大。利用粉末压制过程中存在侧压力的现象，可以通过改善润滑条件促进粉末的流动性来生产复杂零件，提高零件边角部位密度大小及均匀性。

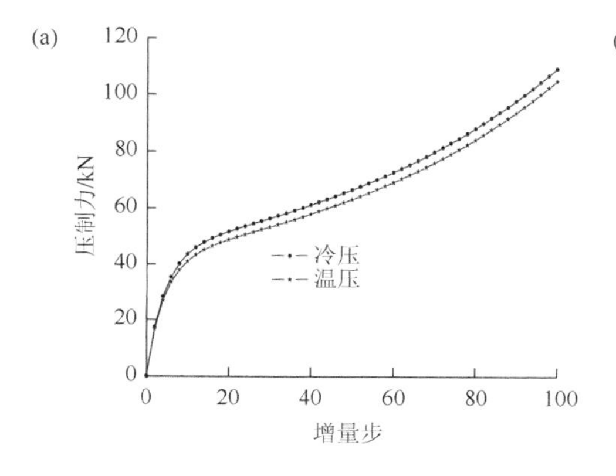

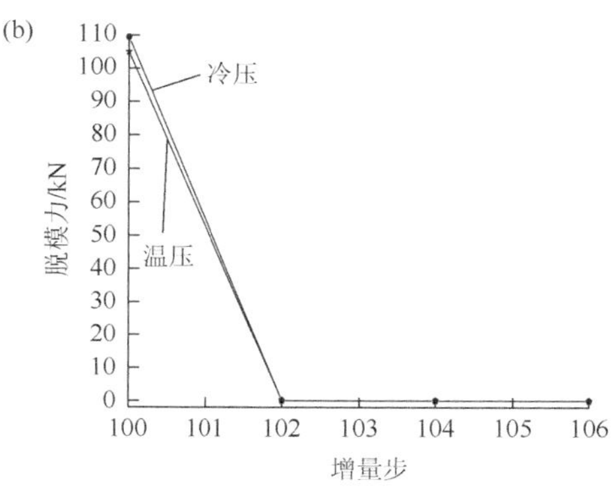

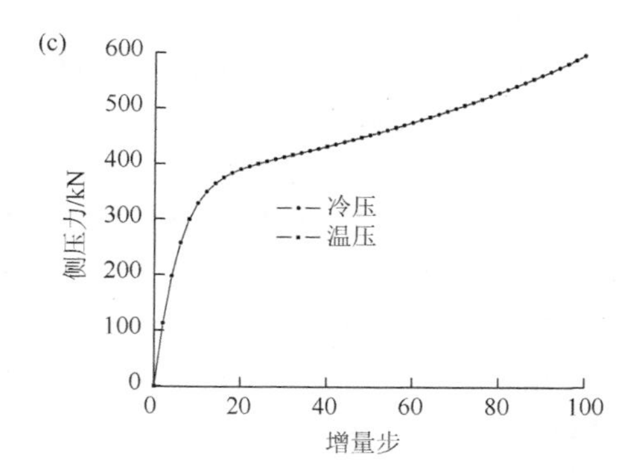

图 6.22　冷压和温压状态下的变化曲线

（a）压制力变化；（b）脱模力变化；（c）侧压力变化

通过跟踪节点压制过程中节点等效应力变化状况（图 6.23）可以看到，等效应力随增量步增加而增大，且变形初期由于粉末密度小而压力降明显，而随着压制过程进行，压坯密度增大进而导致压力降减小。

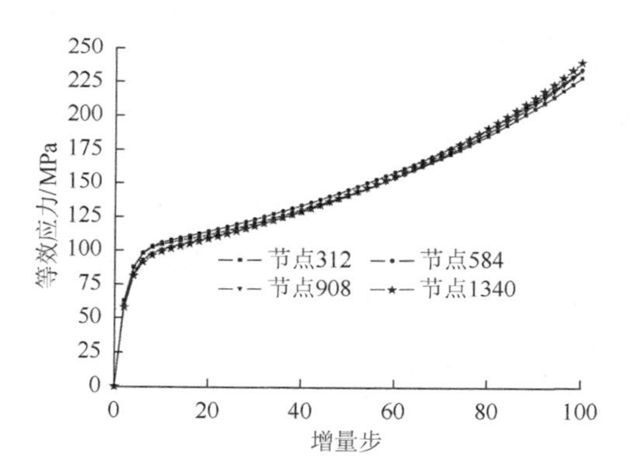

图 6.23　温压过程中节点等效应力变化

通过对变形区等效应力 σ_{eq} 分布状况（图 6.24）进行分析，可以看到，随着变形温度的提高和摩擦因数的降低，温压压坯［图 6.24（b）］等效应力分布

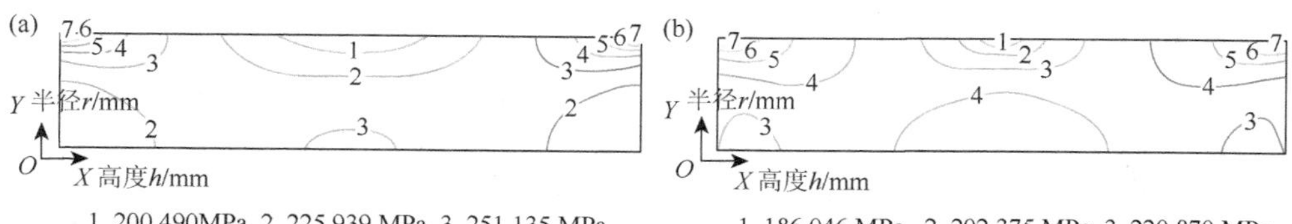

图 6.24　增量步 100 时，（a）冷压和（b）温压压坯等效应力分布状况

比冷压［图 6.24（a）］相对均匀，而且数值也有所减小，同时在上下模冲边角部位，应力集中现象温压比冷压有所缓解，这有利于提高压坯性能，降低裂纹缺陷的产生。

6.3.2　压制方式对粉末压坯性能的影响

对于粉末温压成形，不同压制方式对粉末压坯的性能有着较大的影响。利用 MSC/Marc 有限元仿真软件，采用基于更新拉格朗日方法的热机耦合分析方法，模拟了粉末冷压和温压工艺过程，分析单向压制、双向同步压制、双向非同步压制对粉末冶金制品性能的影响规律。

6.3.2.1　有限元模型的建立

取圆柱形压坯，直径 d 为 12 mm，初始松装高度 h_0 为 40 mm，最终压坯高度 h 为 25 mm。基于载荷和几何形状的对称性，将整个温压过程设定为典型轴对称问题，即沿直径方向取一截面，参见图 6.15。

初始粉末体的相对密度 ρ 为 0.5，弹性模量 E 随相对密度变化［图 6.25（a）］关系[22]：

$$E = 200\rho^{3.2} \tag{6.20}$$

泊松比随相对密度变化［图 6.25（b）］关系[23]：

$$v = 0.03/[(1-\rho)^2 + 0.06] \tag{6.21}$$

线膨胀系数为 3.55×10^{-5}，初始屈服应力 σ_0（150℃）= 180 MPa、σ_0（20℃）= 291 MPa，流动应力应变关系曲线如图 6.26 所示。

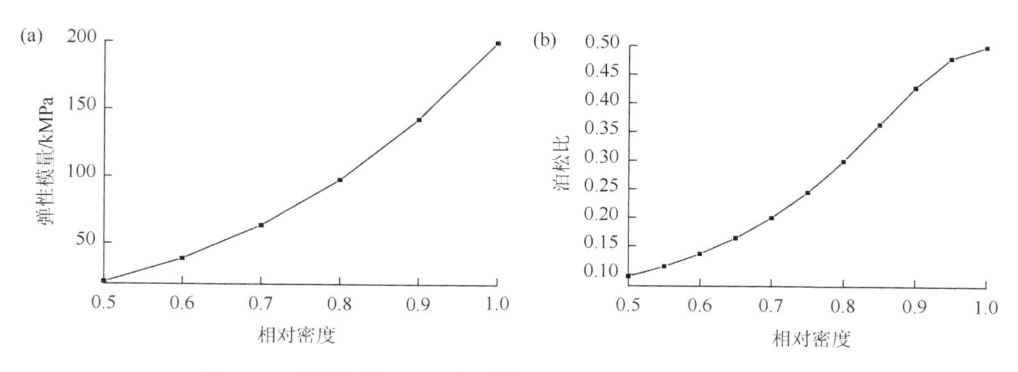

图 6.25　弹性模量（a）和泊松比（b）随相对密度变化关系

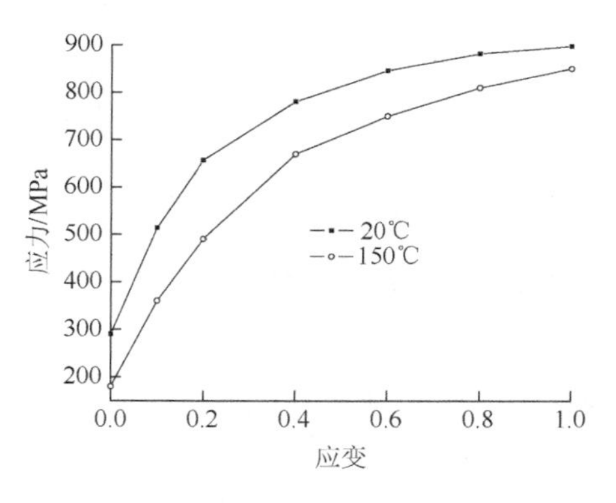

图 6.26 流动应力应变

粉末体在温压过程中的导热系数 λ 与孔隙率 θ 有关[24]，即

$$\lambda = \lambda_0(1-1.5\theta) \tag{6.22}$$

其中，λ_0 为制品无孔隙时的导热系数。

由于 $\theta = 1-\rho$，故此导热系数 λ 与相对密度 ρ 之间的关系可以表示为

$$\lambda = \lambda_0(1.5\rho-0.5) \tag{6.23}$$

当温压温度为 150℃时，取 $\lambda_0 = 0.05\ \text{W/(mm·℃)}$[10]，则可获得温压过程中，粉末体的导热系数随相对密度变化曲线，如图 6.27 所示。

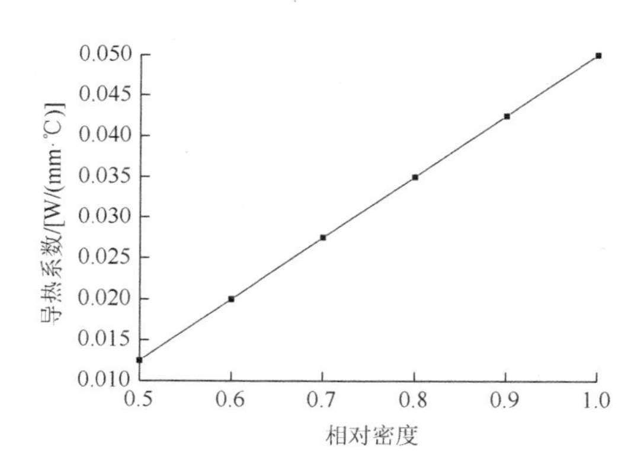

图 6.27 粉末体导热系数与相对密度关系

材料模型、加载方式、位移收敛准则、摩擦条件定义等与上节相同。模拟过程单元网格划分同样采用 10 号单元（即四边形四结点单元），半径方向分 12 层单元，高度方向 80 层单元，共 960 个单元、1053 个节点（图 6.28）。采用定位移压制压坯，压制速度均为 3 mm/s。总步数为 60 步，分两阶段，压制过程为 50 步，脱模过程为 10 步。脱模方式为下模先脱离压坯，然后上模将压坯顶出模腔。

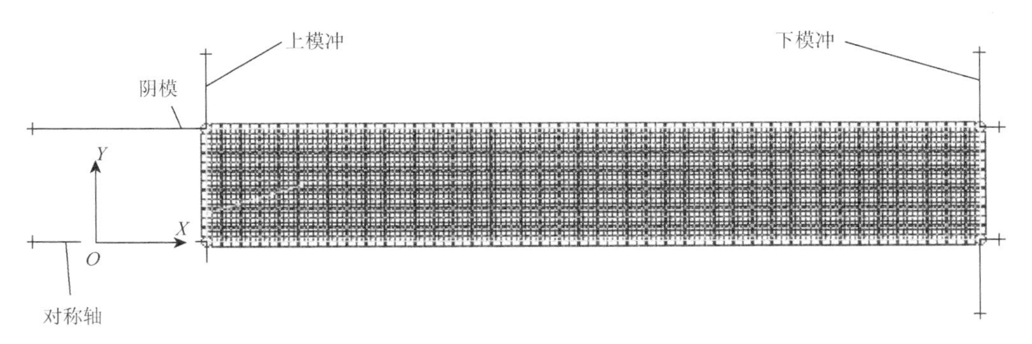

图 6.28 模拟模型图

对于单向压制，取上模冲单独压制；对于双向同步压制，对 $X = 0$ mm 与 $X = 40$ mm 的模冲，分别施加沿 X 正方向和负方向同步位移。由于在双向非同步压制过程中粉末颗粒的受力和位移状况与双向同步压制和单向压制均不同，同时，在实际的生产过程中，粉末冶金制品的形状往往是复杂多样的，特别是多台阶产品，无法实现双向同步压制，有时采用非同步双向压制工艺，因此研究双向非同步压制过程是有必要的。对于双向非同步压制取两种情况：第一种是 $X = 0$ mm 处上模冲首先压制，然后 $X = 40$ mm 下模冲再接着压制；第二种是 $X = 40$ mm 处下模冲首先压制，然后 $X = 0$ mm 上模冲再接着压制。在不考虑粉末体和模具重力时，两种情况是相同的，故此只取情况第一种进行研究。

当粉末在 20℃压制（即冷压）时，由于润滑剂未处于黏流状态，粉末与粉末、粉末与模具之间的润滑性能较差，故摩擦阻力较温压时大，此时取摩擦系数 μ_1 为 0.1。当粉末在 150℃压制（即温压）时，由于润滑剂处于黏流状态，润滑性能较好，因此，取摩擦系数 μ_2 为 0.05。

6.3.2.2 有限元模拟结果分析

对于冷压和温压两种工艺条件下的三种不同压制方式进行模拟，得到如图 6.29 所示的压坯相对密度分布状况。对于单向压制［图 6.29（a）、（d）］，压坯相对密度基本上呈梯形状态由上端向底部逐渐减小；双向同步压制［图 6.29（b）、（e）］压坯相对密度分布呈以压坯半高度处半径为对称轴上下对称。两种压制状态下相对密度的分布规律与前人研究结果一致[25, 26]。对于非同步双向压制［图 6.29（c）、（f）］过程，压坯的相对密度对称轴向压坯上端偏移。

为了进一步研究相对密度沿高度变化状况，在压坯半径 $R = 3$ mm 处沿高度方向作一切片，得到相对密度沿高度变化状况，如图 6.30 所示。由图 6.30 可知，压坯相对密度分布规律与图 6.29 是一致的。对于冷压状况，单向压制相对密度最

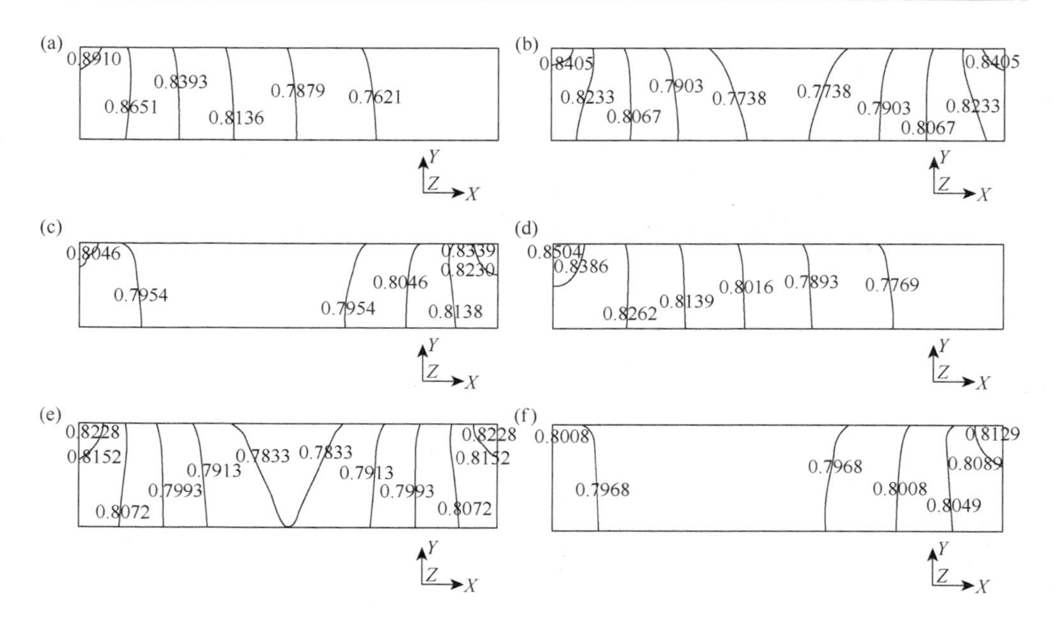

图 6.29 相对密度分布状况

（a）、（b）、（c）冷压工艺；（d）、（e）、（f）温压工艺

大差值为 0.1386，同步双向压制为 0.0604，非同步双向压制为 0.03178。温压压坯相对密度分布比冷压要均匀，最大差值减小，单向压制相对密度最大差值为 0.072，同步双向压制为 0.0308，非同步双向压制为 0.0144。压坯相对密度变化规律主要与压制时粉末颗粒受力状况有关，采用单向压制时，压制力基本上是沿压坯高度方向呈梯形逐渐减小，这使得压坯相对密度也呈梯形分布，双向同步压制时，压制力以半高度处半径为对称轴对称分布。采用双向非同步压制时，压坯总是处于一侧压制力比另一侧大的状况，受力的不均匀性使得压坯密度分布不能对称分布。

跟踪节点 111（在高度 $h=4$ mm，半径 $R=3$ mm 处）相对密度变化历史（图 6.31）可以看到，对于同步双向与单向压制，节点 111 处相对密度一直持续增加；而非同步双向压制时，当上模冲作用，节点 111 处相对密度增加较快，而当下模冲压制时相对密度增加缓慢。同时脱模后，三种压制方式都发生不同程度的弹性回复，相对密度有所降低。冷压时同步双向相对密度减小 0.00913，其次是单向压制 0.00772，最后为非同步双向压制 0.00642。温压时，弹性回复比冷压要大些，同步双向相对密度减小 0.00975，其次是单向压制 0.00786，最后为非同步双向压制 0.00726。这种变化状况主要与压坯受力状况有关，如图 6.32 所示，压制力大，压坯产生的内应力越大，脱模后压坯弹性回复越大。同步双向压制力最大，非同步压制上模冲动作时压制力与单向压制变化状况相同，但当下模冲动作时，压制力有所下降，因此最终压坯内应力比单向压制要小，弹性回复量也比单向压制小。同种压制方式，温压压制力比冷压略小。

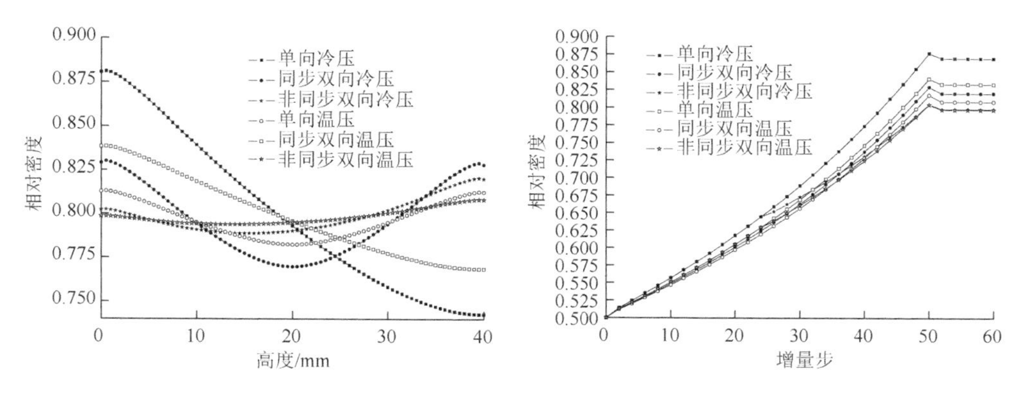

图 6.30　压坯相对密度沿高度方向变化　　图 6.31　节点 111 处相对密度变化曲线

由于模冲存在一定的摩擦，因此压制力沿压坯半径方向是不同的。图 6.33 表明，压制力是由压坯中心向外沿逐渐增大的。同步双向压制状况最大，其次是单向压制状况，最后为非同步双向压制。同时，冷压时压制力比温压时要大些。

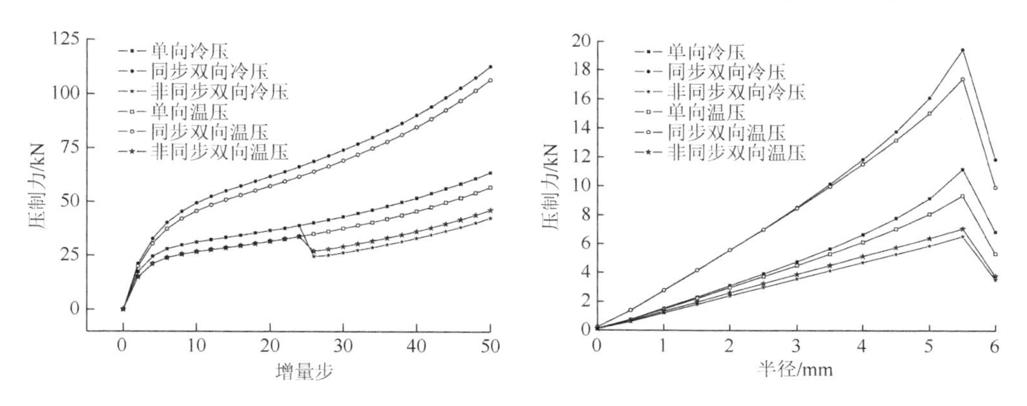

图 6.32　半径 $R=3$ mm 处压制力变化历史　　图 6.33　压制终了时压制力沿半径方向变化

压制力大，侧压力也相应地增大。图 6.34 表明，对于同步双向压制，侧压力比另外两种情况大得多。此外，除两个端部侧压力有所变化外，其他部位基本上相同。对于单向压制与非同步双向压制，侧压力变化状况有些相似，即压坯两端受力状况有一定差别，其中单向压制时侧压力变化比非同步双向压制要缓慢一些。值得一提的是，温压状况与冷压基本相同。

取冷压［图 6.35（a）、（b）、（c）］和温压［图 6.35（d）、（e）、（f）］压制终了时压坯等效应力分布状况进行分析，可以看到，单向压制等效应力分布［图 6.35（a）、（d）］

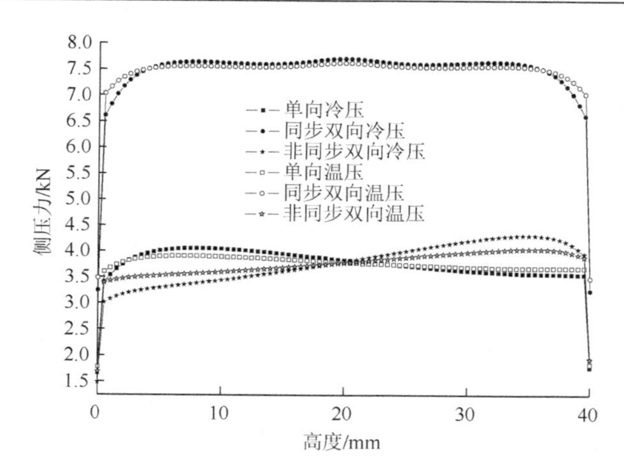

图 6.34　压制终了时侧压力沿高度方向变化

与非同步双向压制［图 6.35（c）、（f）］大小基本上相同，只是方向相反，即压坯一端等效应力比另一端要大，而且分布很不均匀。对于同步双向压制［图 6.35（b）、（d）］，压坯等效应力分布与圆柱体镦粗应力分布（图 6.36）类似，图 6.35（b）、（e）的Ⅰ、Ⅲ区域（即模具中心区域）压坯等效应力较低，是“摩擦死区”，其他区域等效应力较大，是“易变形区”。温压时等效应力比冷压时要小一些，且分布均匀一些。

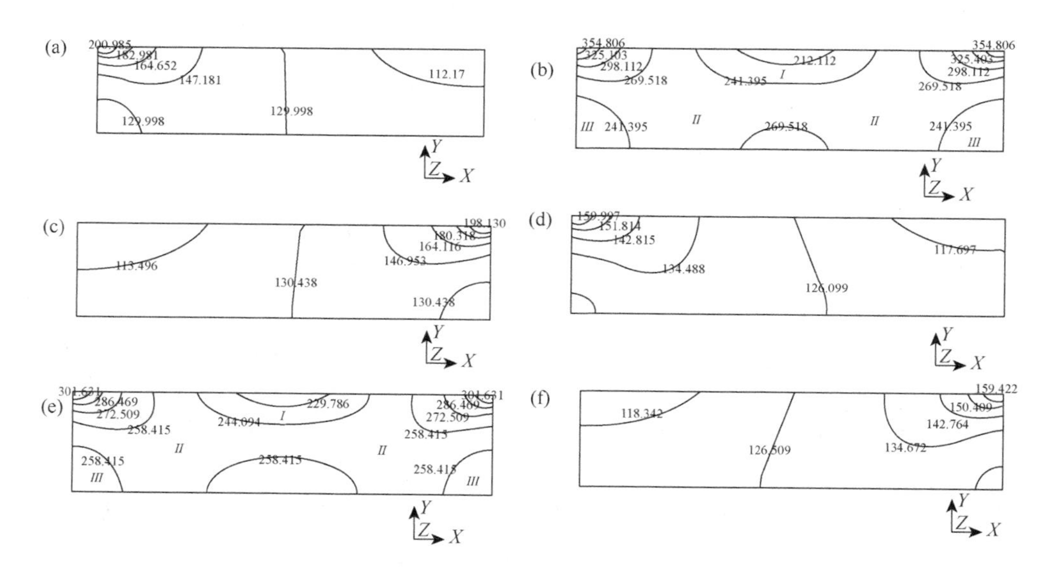

图 6.35　压坯等效应力分布状况（单位：MPa）

（a）冷压单向压制；（b）冷压同步双向压制；（c）冷压非同步双向压制；（d）温压双向压制；（e）温压同步双向压制；（f）温压非同步双向压制

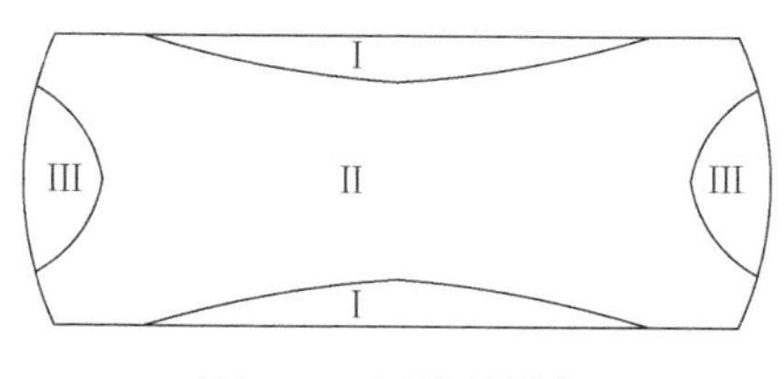

图 6.36　圆柱体镦粗

6.3.3　压制速度对粉末冶金性能的影响

在金属材料塑性成形过程中，普遍存在加工硬化现象[8]，即随着加工过程的进行，材料强度逐渐增大。其中，应变速率就是一项重要的指标。不同的变形速度（即压制速度）对粉末冶金制品的性能的影响是不同的。利用 MSC/Marc 有限元仿真软件模拟了粉末温压工艺过程，分析了不同压制速度和摩擦状况对粉末冶金制品性能的影响规律，为工艺设计和生产提供一些参考。

6.3.3.1　有限元模型建立

采用圆柱形压坯，压坯直径 $d = 12$ mm，初始松装高度 $h_0 = 40$ mm，最终压坯高度 $h = 25$ mm。同上文，将温压过程简化为典型轴对称问题。

模拟材料为铁基粉末，其弹性模量 $E = 20000$ MPa，初始粉末体的相对密度 ρ_0 为 0.5，即初始质量密度为 3900 kg/m^3，线膨胀系数为 3.55×10^{-5}，与应变速率相关的流动应力应变关系曲线如图 6.37 所示。泊松比 ν 与相对密度 ρ 的关系采用模型[21]：

$$\nu = \frac{1}{2}\mathrm{e}^{-12.5(1-\rho)^2} \tag{6.24}$$

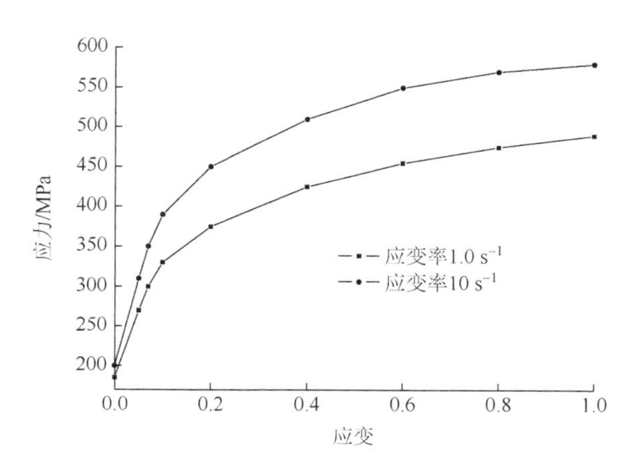

图 6.37　应力应变关系

金属粉末压制过程开始时，粉末和模具的温度 T 取 150℃。采用热-机耦合的有限元分析方法，考虑温度对压坯性能的影响。采用更新的拉格朗日方法，即采用与温度场耦合的大变形热弹塑性增量有限元方法。材料模型、加载方式、位移收敛准则、摩擦条件定义和导热系数模型等与 6.3.1 节相同。导热系数模型与 6.3.2 节相同。

取无润滑时摩擦系数 μ_1 为 0.3，特殊润滑剂时摩擦系数 μ_2 为 0.06。

采用 10 号单元即四边形四结点单元，沿半径方向取 12 层单元，高度方向取 80 层单元，共分 960 个单元，参照轴对称边界条件，采用双向定位移压制压坯，对 $X = 0$ mm 与 $X = 40$ mm 的节点，分别施加沿 X 正方向和负方向位移，位移量均为 7.5 mm，取三种压制速度，即 υ 为 0.1 mm/s、1 mm/s、10 mm/s。总步数为 100 步，分两阶段，压制过程为 80 步，脱模过程为 20 步。模型示意图如图 6.38 所示。

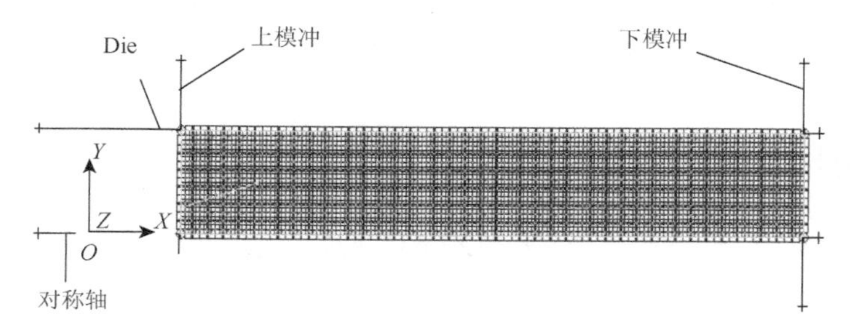

图 6.38　模拟模型

6.3.3.2　有限元模拟结果

在不同摩擦和压制速度条件下压坯密度变化趋势是不同的。图 6.39 为不同摩擦和压制速度下半径为 3 mm 处压坯切片沿高度方向相对密度变化趋势。

随着压制速度的增加，即应变速率的增大，压坯相对密度分布变得更加不均匀，差值逐渐增大。对于压制速度为 10 mm/s 时，无润滑相对密度最大差值为 0.13124，压坯密度均匀性很差，虽然随着润滑条件的改善，相对密度分布均匀性有所提高，但相对密度数值与其他情况相比有较大降低。在金属塑性成形过程中存在应力缓和和应力集中两种机制。应力集中造成金属塑性变形加工硬化。应变率低（即压制速度小）时，应力缓和机制占主要地位，金属塑性加工硬化程度小，金属容易产生塑性变形，粉末致密化较容易。随着应变率的提高，应力集中机制占据主要地位，金属塑性加工硬化程度增大，金属难于变形，粉末致密化受阻，从而导致粉末密度分布均匀性变差。

随着应变硬化的提高，压制力也迅速提高，同时侧压力也相应提高，根据库仑摩擦定律，摩擦力也相应地提高，沿压坯高度摩擦力润滑条件的改善有助于提高压坯密度分布均匀性，但其作用是有限的。

从图 6.40 曲线还可以得到，当压制速度较低时，模具无润滑与润滑时压坯相对密度相差不大，而随着压制速度的提高，润滑状况不同，相对密度变化趋势也有所不同。这可能与材料加工硬化和摩擦阻力有关，当压制速度较低时，摩擦阻力相差不大，而当压制速度较高（10 mm/s）、模具润滑时，摩擦阻力比同等条件下模具无润滑时要小得多（图 6.41），这样压制力用于克服摩擦阻力的比例就较小，大部分用于粉末的塑性变形，因此加工硬化程度要比无润滑时要明显。

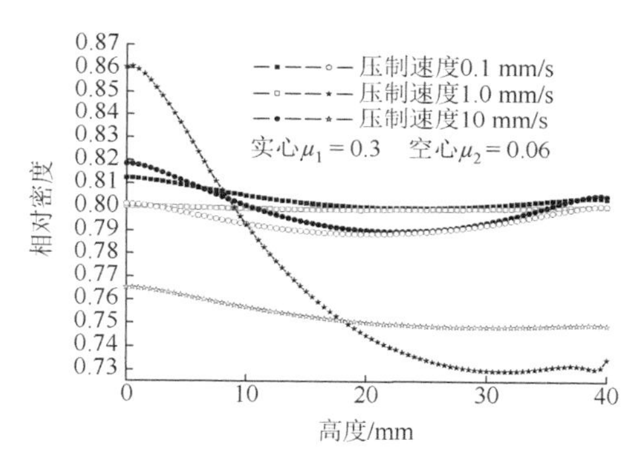

图 6.39　压坯相对密度变化

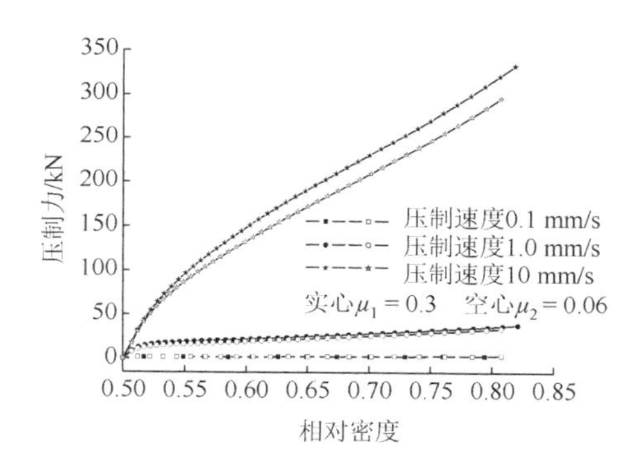

图 6.40　相对密度与压制力的关系

图 6.40 为相对密度与压制力关系曲线（节点 150 处）。从中可以看到，随着压制速度的增大，压制力是增大的，特别是，当压制速度为 10 mm/s 时，压制力增加十分明显。这主要与材料的加工硬化现象有关。在金属塑性成形过程中，存在着应力增加与应力缓和两种机制，当应变速率较低时，两种机制大体相当，应变硬化现象不明显，但是当压制速度增大到一定程度，在较短的时间内，应力缓和机制减弱，应力增加较快，加工硬化现象就比较明显。当润滑条件恶劣时，由于摩擦阻力增加较明显，压制力也相应较大。

通常情况下 0.1 mm/s 是实验室条件下的压制速度，而 10 mm/s 是实际生产时采用的压制速度。从以上分析可以看到，两者之间还是存在一定差别的，特别是润滑状况较差时。因此在实际生产中设计压制工艺路线时应注意这一点。

图 6.42 为相同压制速度不同摩擦状况压制终了时压坯（半径 3.0 mm 处）等效应力沿高度变化趋势。可以看到，随着摩擦状况的改善，压坯等效应力分布更加均匀，差值减小。两者的分布形状是相似的，即以压坯中部为对称轴呈“M”形对称分布。

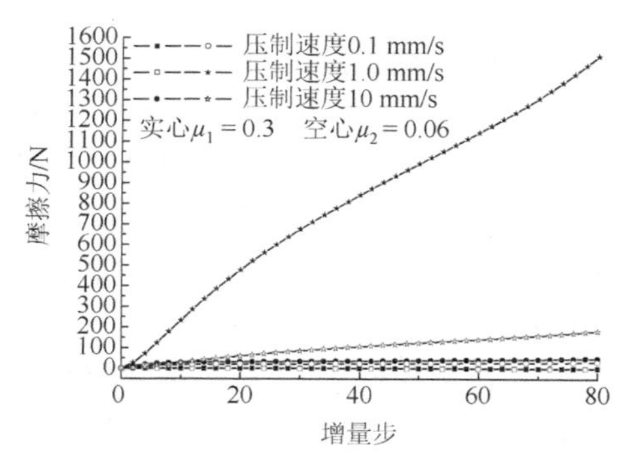

图 6.41　节点 300 摩擦力变化

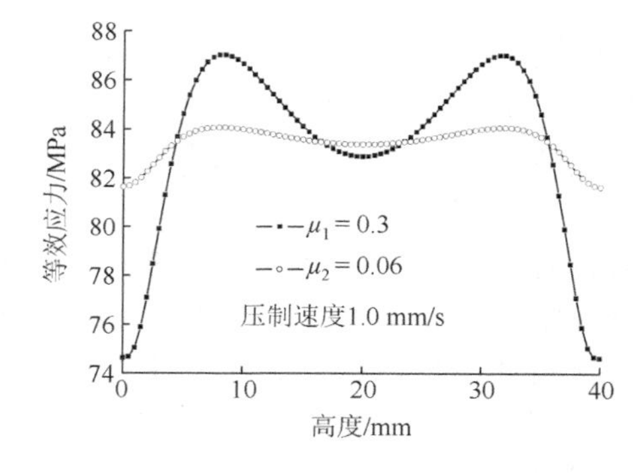

图 6.42　压坯等效应力变化

脱模力和侧压力的大小对粉末冶金制品的性能也有一定的影响。加工硬化程度大，材料的弹性膨胀率也大，制品与模壁之间的侧压力也大，从而摩擦阻力也大，最终导致脱模力较大，制品脱模困难，并容易产生制品缺陷。从图 6.43 不同摩擦和压制速度下脱模力和侧压力曲线可以看到这一点。

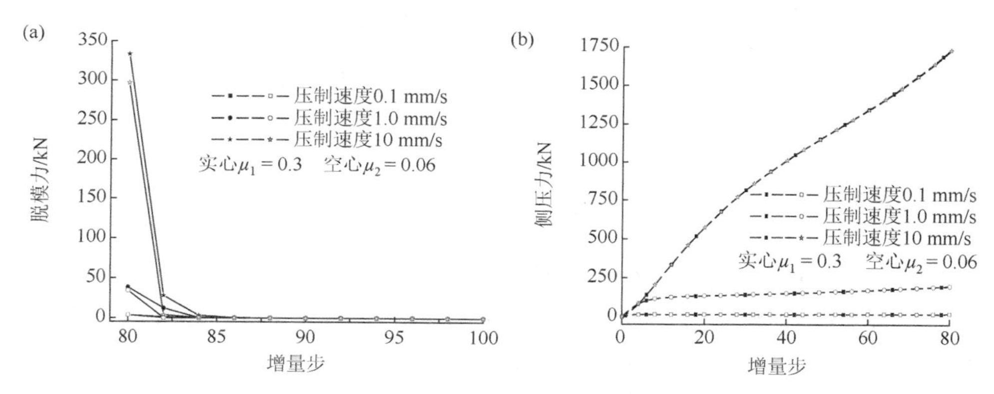

图 6.43　不同摩擦和压制速度下的变化曲线

（a）脱模力曲线；（b）侧压力曲线

从图 6.43（b）不同摩擦状况下侧压力变化状况可以看到，在压制速度相同、摩擦状态不同的条件下，侧压力变化基本相同，即摩擦状况对侧压力几乎没有影响。这主要是因为采用圆柱形压坯，粉末侧向流动较小，主要是柱向流动，因此摩擦条件对侧压力的影响很小。同时，利用粉末压制过程中存在侧压力的现象，可以通过改善润滑条件，促进粉末的流动性来生产复杂零件，提高零件边角部位密度大小及均匀性。

图 6.44 为无润滑状态在不同压制速度下压制终了时压坯等效应力分布状况。可以看到，随着压制速度的增加，压坯等效应力增加。同时，压坯等效应力分布

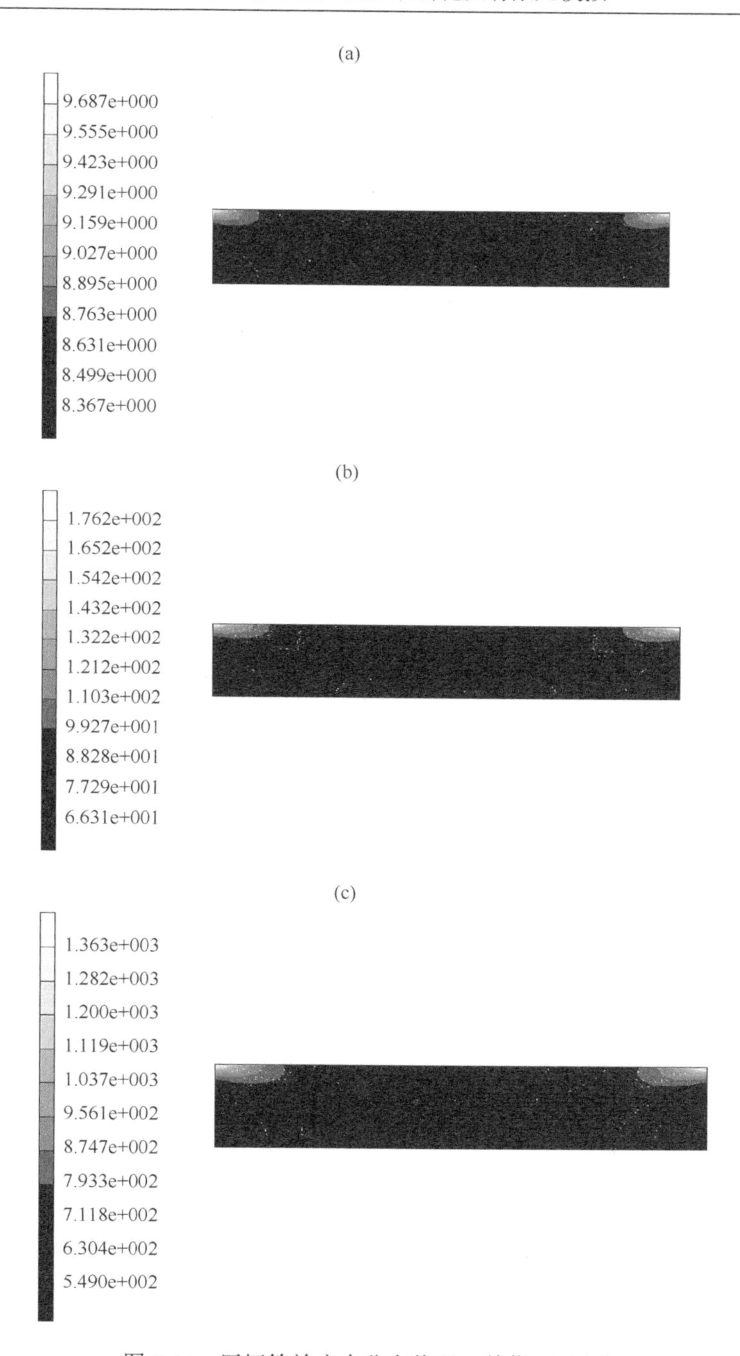

图 6.44　压坯等效应力分布状况（单位：MPa）

（a）$\upsilon = 0.1$ mm/s，（b）$\upsilon = 1.0$ mm/s，（c）$\upsilon = 10$ mm/s；$\mu_1 = 0.3$

是不均匀的，边缘部位出现应力集中现象，与模具中间区域接触的压坯等效应力较低。压坯应力分布呈现出与镦粗变形相似的变形区，即等效应力呈半“X”形分布，在“X”的空心区（即模具中心区域），等效应力较低，是“摩擦死区”，而在“X”线区域，等效应力较大，是“易变形区”。

6.3.4 压制力对粉末冶金性能的影响

6.3.4.1 有限元模型建立

建立的压坯模型相关尺寸参见图 6.15：模型压坯直径 d 为 20 mm，未压制前粉末的松装高度 h_0 是 40 mm，压制结束后压坯高度 h 是 25 mm。因为模型是三维立体圆柱型，其图形呈轴对称和中心对称，因此，可以沿直径方向取一截面来分析，将问题简化，参见图 6.15 右侧图示。

材料参数定义：在模拟软件中，有专门对粉末材料的定义窗口，假设通过实验测量的杨氏模量平均值 E 为 20.3 GPa，线膨胀系数为 3.55×10^{-5}，初始的泊松比 υ 为 0.3，将图 6.45 所示的泊松比随相对密度 ρ 的变化曲线导入软件。初始粉末体的相对密度 ρ_0 为 0.5，即粉末体初始密度为 3.9 g/cm^3，初始屈服点 σ_{s_0} (20℃) = 210 MPa·℃，σ_{s_0} (150℃) = 180 MPa·℃，流动应力应变关系曲线如图 6.46 所示。

根据修正的库仑摩擦模型，当采用常规润滑剂时，摩擦因数 μ_1 为 0.1；当采用特种润滑剂时，摩擦因数 μ_2 为 0.05。

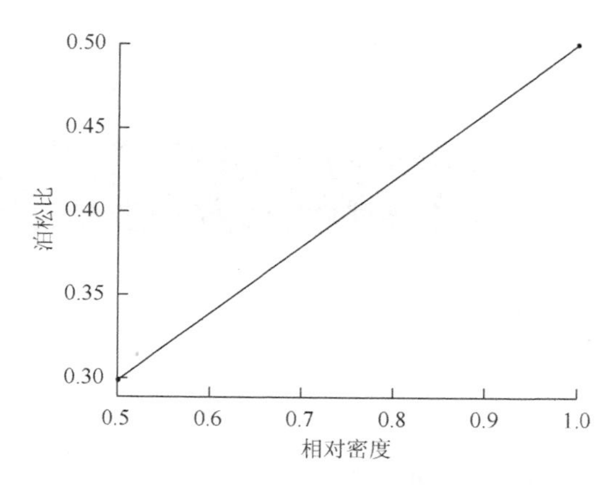

图 6.45 泊松比随相对密度变化

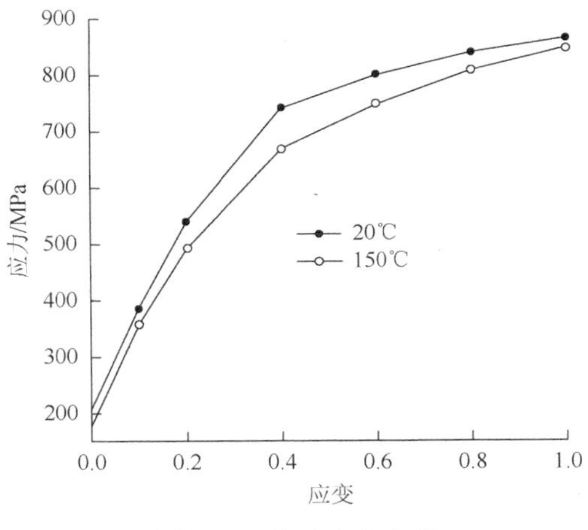

图 6.46 流动应力应变

结合接触模型，在 Marc 软件中建立如下的压坯模型，高度 40 mm、直径为 20 mm 的圆柱体，利用 20 节点的六面体单元进行网格划分，共 6000 个单元，如图 6.47 所示。

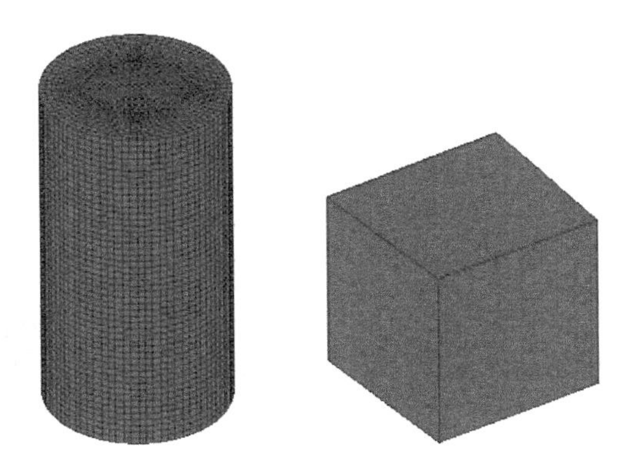

图 6.47 模拟过程单元网格划分和三维模型六面体单元

6.3.4.2 有限元模拟分析结果

在粉末温压成形中，并不是温度越高制品的相对密度就越高，当温度增加到一定值时，制品的相对密度将变化不大。从实际生产中来说，高温要大大增加产品的生产成本，降低市场竞争力。以上的模拟结果表明，当温压的温度达到 130℃后，继续增加温度，制品的相对密度和密度均匀性变化不大。因此，后面的模拟分析都选择粉末和模具在 120℃下进行模拟，通过改变压制力，改变润滑条件调整摩擦系数，改变高径比，利用压制方式等来分析比较制品的相对密度和密度均匀化情况。

模型和其他参数不变，温压温度选择 120℃，压制力从 300 MPa 增加到 900 MPa，相对密度如图 6.48 变化曲线，随着压制力的增加，压坯的相对密度不断增大，当压制达到 700 MPa 后，相对密度的变化不明显，如图 6.49 所示。但是普通的模具也承受不了过高的压制力，压力太大后会使模具产生变形，直接影响产品的尺寸精度。除此，压制力越高则粉末弹塑性变形就越大，那么压坯内部残余应力也就

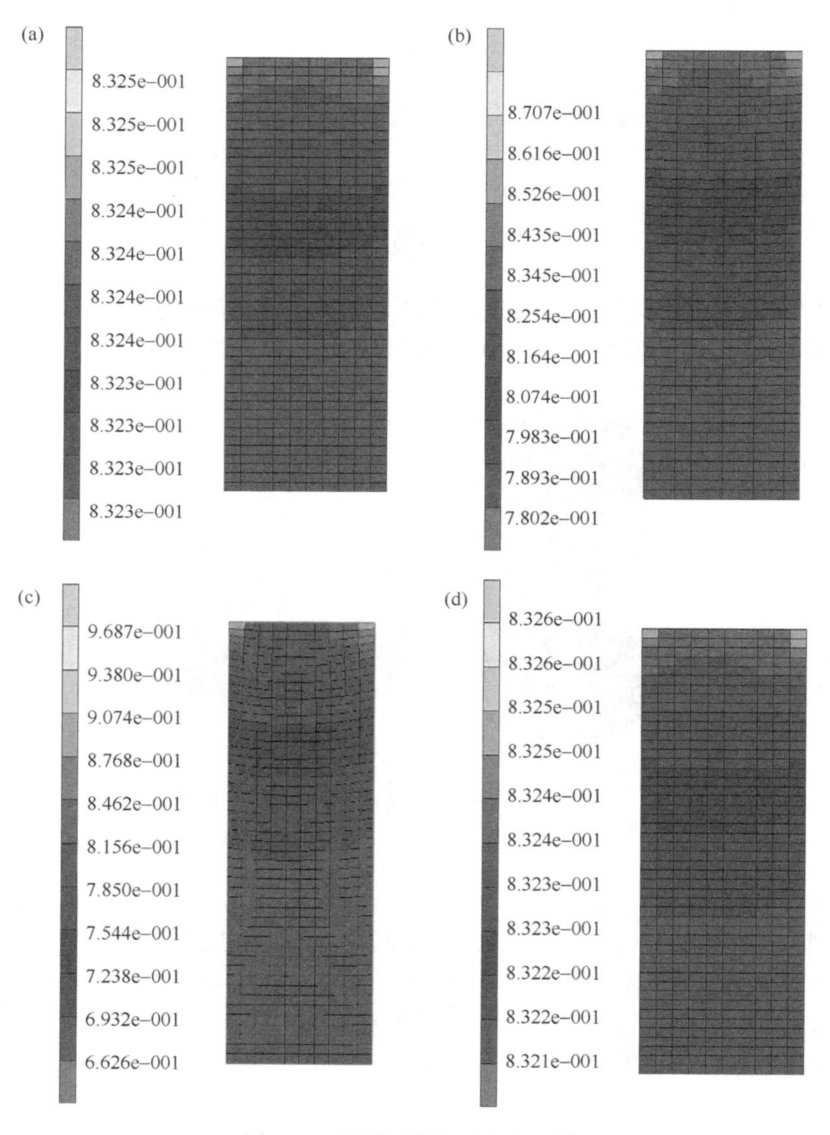

图 6.48　不同压制力下密度云图

（a）300 MPa；（b）500 MPa；（c）700 MPa；（d）900 MPa

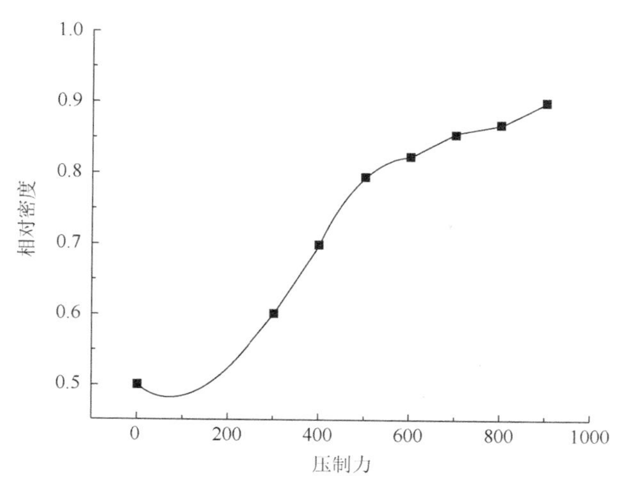

图 6.49　压坯中固定节点随压制力变化

越大，导致弹性后效越大，不易脱模，脱模时会加剧模具磨损，脱模后影响产品的精度，最终影响产品综合性能。

6.3.5　摩擦系数对粉末冶金性能的影响

为了研究不同摩擦系数对粉末压坯密度的影响，其他参数不变，温压温度选择 120℃，当摩擦系数从 $\mu_1 = 0.2$ 到 $\mu_6 = 0.05$ 变化时，在实际生产中，可以通过添加润滑剂来改变摩擦情况，在模型中同一节点，当摩擦系数变化时，压坯的相对密度也发生变化，模拟结果见曲线图 6.50，从图中可以看出，摩擦系数越小，节

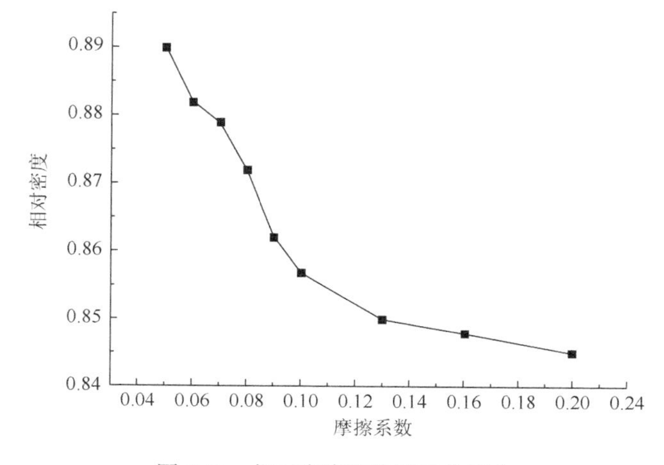

图 6.50　相对密度随摩擦系数变化

点的相对密度越大。选取 $\mu_1=0.2$ 和 $\mu_6=0.05$ 的两张密度分布云（图 6.51）可以看出，当摩擦系数减小时，不光压坯的相对密度升高，均匀性也有很好的提升。

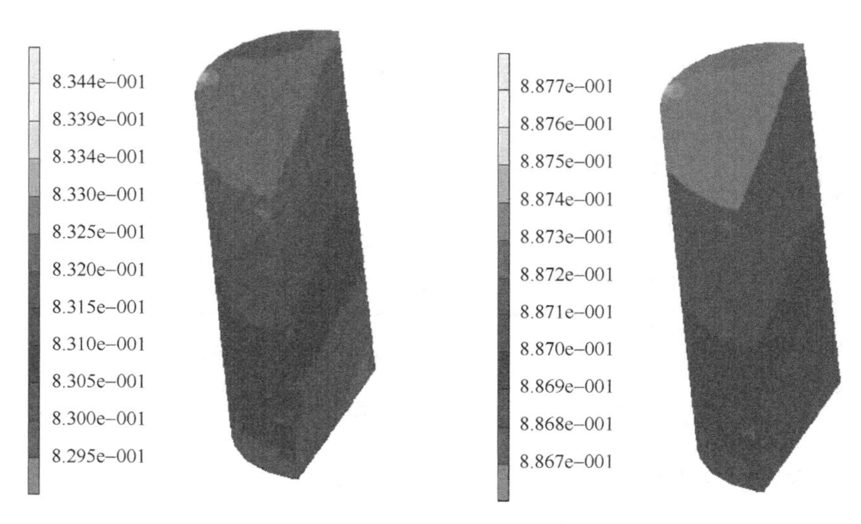

图 6.51　摩擦因数为 0.2 和 0.05 密度变化云图

6.3.6　高径比对粉末冶金性能的影响

参数不变，温压温度选择 120℃，利用模拟分析研究不同高径比（*H*/*D*）对粉末体压坯密度均匀性的影响。如图 6.52 所示，模拟研究分四组进行，其高径比分

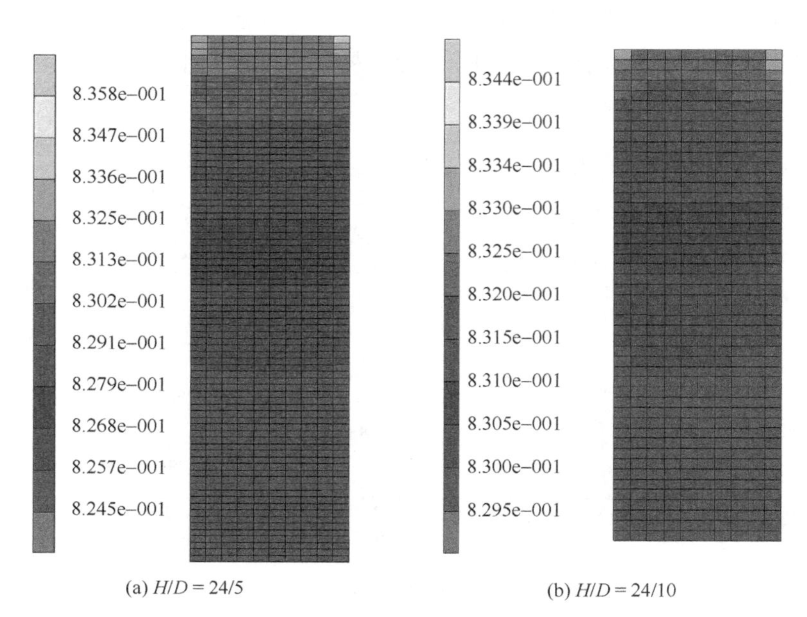

(a) *H*/*D* = 24/5　　(b) *H*/*D* = 24/10

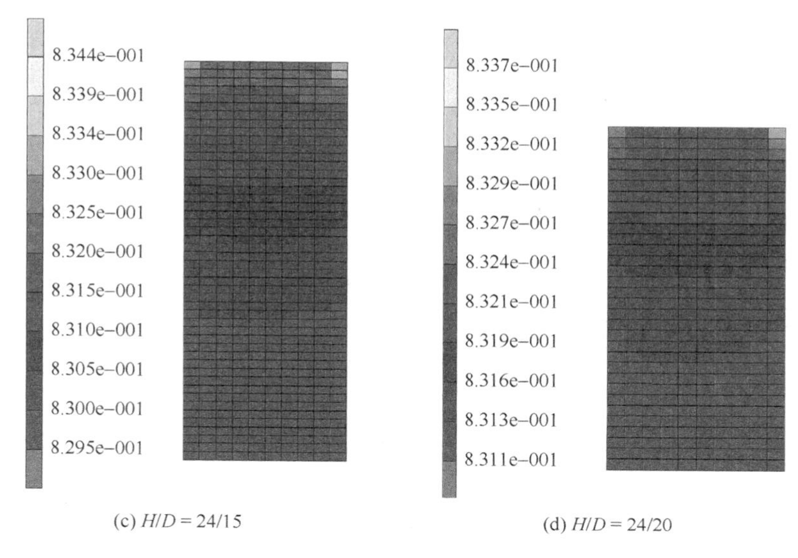

(c) $H/D=24/15$　　(d) $H/D=24/20$

图 6.52　不同高径比下压坯的密度分布云图

别为：24/5、24/10、24/15、24/20。模拟结果显示，减小粉末体的高径比可以使压坯密度分布更加均匀。可以推理分析当 $H/D\leqslant1.5$ 时，压坯的密度均匀性比较理想，当 $H/D>1.5$ 时，其密度分布均匀性较差，尤其是 $H/D\geqslant4$ 时，密度分布差异过大，很容易造成粉末体压坯密度薄弱处的开裂甚至坍塌。因此在粉末冶金产品的设计和生产中，应该避免过于细长的零件形状。如果无法避免，也应该考虑采用其他方法增加生坯密度的均匀性，比如改善模壁光洁度、采用双向压制等。

参 考 文 献

[1] 谷曼，王德广，焦明华，等. 铁基粉末温压过程中的致密化[J]. 材料热处理学报，2014，35（6）：15-19.

[2] 廖寄乔. 粉末冶金实验技术[M]. 长沙：中南大学出版社，2003.

[3] 李明怡，果世驹，康志君，等. 不同类型金属粉末的温压行为[J]. 粉末冶金技术，2000，18（4）：261-264.

[4] 林信平，曹顺华，李炯义，等. 对温压工艺制备温压工艺在粉末冶金 Ti 合金制备中的应用[J]. 稀有金属与硬质合金，2004，32（3）：36-39，13.

[5] 罗述东，唐新文，易健宏，等. 钨基高密度合金粉末的温压成形行为研究[J]. 粉末冶金工业，2003，13（3）：31-35.

[6] 李明怡，果世驹，林涛，等. 无粘结剂铁粉的温压工艺研究[J]. 粉末冶金工业，1996，6（6）：5-9.

[7] 果世驹，林涛，魏延萍，等. 细磷铁粉的制备及其对铁粉温压行为的影响[J]. 粉末冶金技术，1997，15（1）：14-17.

[8] 果世驹，杨霞，陈邦峰，等. 316L 不锈钢粉末温压与模壁润滑的高密度成形[J]. 粉末冶金技术，2005，23（6）：403-408.

[9] 李金花，倪东惠，朱权利，等. 利用温压工艺制备了粉末冶金温压工艺制备 Fe-Cu-C 材料[J]. 机械工程材料，2005，29（5）：38-40.

[10] 郭瑞金，Laurent S St，Chagnon F. 粉末混合料配方对温压试样的生坯与烧结件性能的影响[J]. 粉末冶金工业，2004，14（1）：1-9.

[11] 项品峰，张双益，李元元，等. 聚合物加入方式对粉末冶金温压成形的影响[J]. 机械工程材料，2001，25（3）：23-24，34.

[12] 李金花，李元元，潘国如，等. 几种润滑剂对温压工艺的影响[J]. 粉末冶金工业，2004，14（3）：5-8.

[13] 黄培云. 粉末冶金原理[M]. 北京：冶金工业出版社，2000.

[14] 张忠君，何风江，马洪顺. 钛合金杨氏模量与泊松比测试分析[J]. 试验技术与试验机，2007，4：32-33.

[15] 中华人民共和国国家质量监督检验检疫总局，中国国家标准化管理委员会. GB/T 22315—2008. 金属材料 弹性模量和泊松比试验方法[S]. 2008.

[16] 吴明阳，朱祥. 动态法测金属杨氏模量的理论研究[J]. 大学物理，2009，28（3）：29-32.

[17] 丁慎训，傅敏学. 用动力学法测杨氏模量实验及其实验装置的研制[J]. 大学物理，1999，18（7）：25-27.

[18] 孙维瑾，赵莉丽，张民. 动态杨氏模量实验有关测量方法的探讨[J]. 物理与工程，2007，17（3）：41-42.

[19] 刘吉森，张进治. 杨氏模量的动态法测量研究[J]. 北方工业大学学报，2006，18（1）：49-52.

[20] 黄亦明. 动态法测定材料的杨氏模量[J]. 物理与工程，2002，12（5）：35-36.

[21] Shima S，Oyane M. Plasticity theory for porous metallurgy[J]. International Journal of Mechanical Science，1976，18（6）：285-291.

[22] Marc Reference[M]. Santa Ana CA：MSC Corporation，2003.

[23] 赵伟斌. 金属粉末温压成形的力学建模和数值模拟[D]. 广州：华南理工大学，2005.

[24] 屠挺生，林大为. 金属粉末烧结材料泊松比模型的探讨[J]. 金属成形工艺，2001，19（2）：4-7.

[25] 赵镇南. 传热学[M]. 北京：高等教育出版社，2002.

[26] 韩凤麟. 世界粉末冶金零件工业动态[J]. 粉末冶金技术，2001，（4）：225-263.

第 7 章　单向压制时粉末冶金台阶零件的致密化

粉末冶金零件制品结构的固有特点，给成形过程的密度提升与均匀、完成理想成形过程带来障碍。金属粉末通过上、下一对或多对模冲，在一定的速度和压力下压制成压坯，其中多台阶的零件压制过程中通过控制各台阶处多个模冲的压制速度，有台阶制品的均密度压制必须符合“压制速率相等”原则，复杂零件需要进行粉末移动，以在粉末未受力时获得适合零件形状的充填，使压制速度比与各台阶高度比相等，实现各区域压制密度的均匀性；限于压制装备的机械结构，可成形的台阶有限，复杂的产品只能通过机加工或其他方法实现，常规粉末冶金压机的粉末移动机构只能大概确定动作开始和结束的时间和位置，对过程参数没有控制，做不到无压移动；多台阶零件压制过程中，如果各台阶处的受力情况可以预先了解到，结合各模冲所检测到的压力值，通过控制调节各模冲运动情况，便可以更好地提高压坯的压制质量[1, 2]。

7.1　单向压制成形粉末冶金零件的制备工艺

铁基粉末冶金零件在工业生产中运用最为广泛，因此选用铁基体。选用的粉末为成形性能好、制备工艺简单、纯度高和制品力学性能好的扩散型低合金刚粉（牌号 1300WB）。制备过程中除必要的黏结剂外没有添加其他化学成分。其主要成分、粒度分布和工艺性能如表 7.1～表 7.3 所示。

表 7.1　铁基粉末化学组成（%，质量分数）

化学组成	C	Si	Mn	P	S	Ni	Mo	Cu	[O]
标注要求	＜0.02	＜0.05	＜0.3	＜0.02	＜0.02	1.70～2.20	0.40～0.60	1.30～1.70	0.2
实测值	0.005	0.031	0.06	0.015	0.064	1.765	0.549	1.520	0.1

表 7.2　铁基粉末粒度分布（%）

μm	250 + 180	−180 + 150	−150 + 106	−106 + 75	−75 + 45	−45
标准要求	＜1.0	＜10.0	余量	余量	余量	20.0～35.0
实测值	0	1.2	15.3	26.0	29.0	28.3

表 7.3　铁基粉末工艺性能

项目	松装密度/(g/cm^3)	流动性/(s/50 g)	压缩性/[(g/cm^3) 600 MPa]
标准要求	2.85～3.10	＜30.0	≥7.05
实测值	3.07	25.7	7.06

台阶零件的研究中，台阶尺寸对密度分布的影响至关重要，因此须设计多个尺寸，且尺寸大小要有一定的梯度，便于分析比较。在设计台阶高度和直径时，需要考虑多方面因素。台阶高度过低，密度差不明显，不利于后期的分析计算，台阶过高则不容易成形。然后再根据台阶的高度结合压机吨位和试验设备选择合适的台阶直径。结合实际工况，设计试样台阶的高度分别为 1 mm、2 mm、3 mm、4 mm、5 mm。台阶的半径（B 试样为圆柱环的厚度）分别为 5 mm、10 mm、15 mm。为了使外界条件统一，不同尺寸台阶的基体为统一尺寸。根据以往经验，台阶的高度一般不高于基体高度的 15%。由于所设计的台阶最高高度为 5 mm，计算得出基体的高度为 35 mm。经计算得出试样的直径在 38.7 mm 左右，考虑到台阶的直径，选择基体的直径为 40 mm。最终确定基体为直径 40 mm、高 35 mm 的圆柱体。

试样的尺寸结构如图 7.1 所示。其中试样 A：$x = 1$ mm、2 mm、3 mm、4 mm、5 mm，$y = 10$ mm、20 mm、30 mm，共 15 组；试样 B：$x = 1$ mm、2 mm、3 mm、4 mm、5 mm，$y = 5$ mm、10 mm、15 mm，共 15 组。压制成形后的试样如图 7.2 所示。

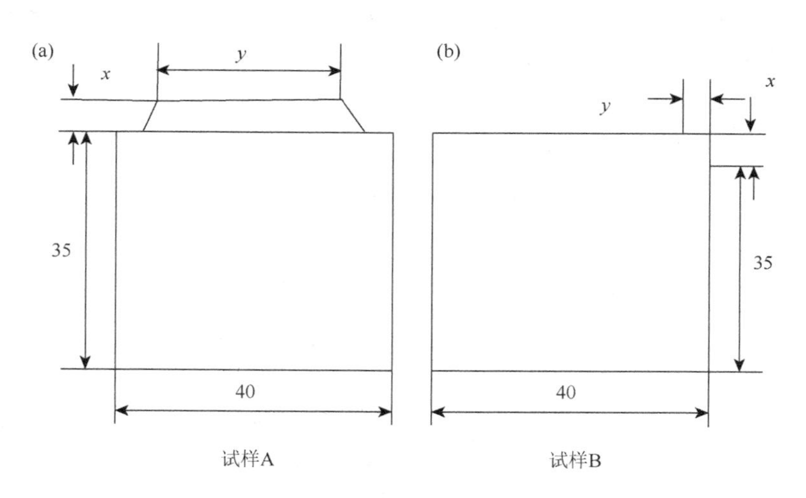

图 7.1　试样结构示意图（单位：mm）

试样A

试样B

图 7.2　试样实物图

7.1.1　单向压制成形粉末冶金材料的模具设计

参考试样尺寸和力学要求，模具总装示意图和实物图分别如图 7.3 和图 7.4 所示。设计过程中注意以下几个问题。

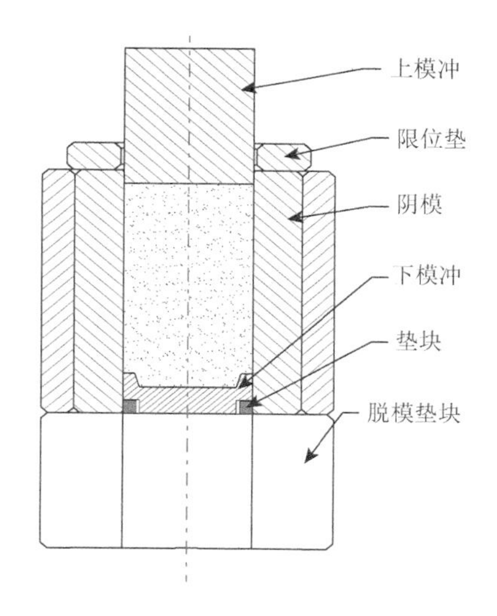

图 7.3　模具总装示意图

①根据铁粉的松装密度和压坯密度确定压缩比，一般为 2～2.5。根据压缩比计算出阴模的高度，再由试样尺寸和阴模高度确定上模冲、限位垫等模具尺寸。②在设计阴模时要根据压制压力确定模壁的厚度和硬度，防止因为压制压力过大

导致模壁开裂。③设计尺寸时注意公差配合。由于粉末颗粒比较小，要选择合适的公差。同时还要考虑压制过程中，如何排出模腔内的气体。模具平面一定要平行，防止在压制过程中出现啃模现象。④根据压制过程中的力学要求，确定模具的热处理工艺。

最终设计的模具实物图如图 7.4 所示。

图 7.4　模具实物图

7.1.2　单向压制成形粉末冶金的压制和烧结工艺

为了达到能控制速度和压力等工艺条件，选用试验用压机为万能材料试验机（BY-123E100）进行测试。压制过程主要分为 3 个阶段，如图 7.5 所示。首先是粉

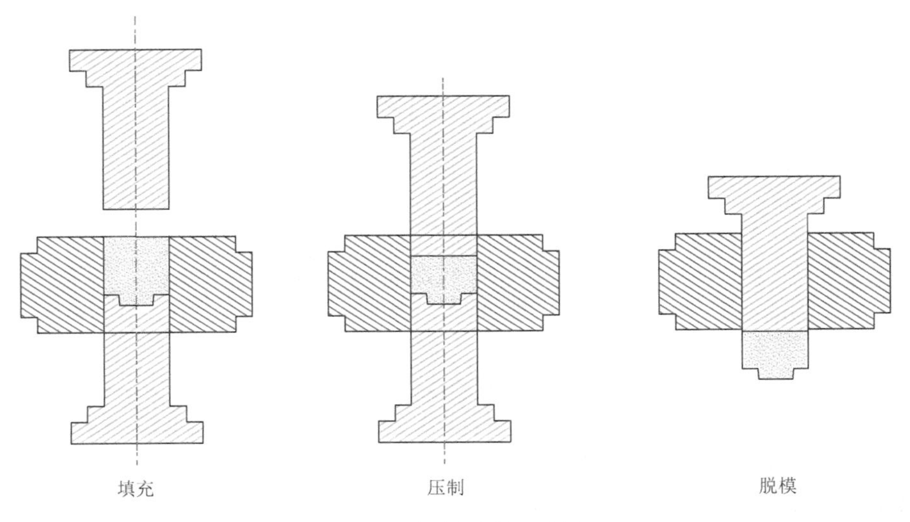

图 7.5　压制过程示意图

末的填充，根据试样的尺寸和所需的密度，计算出粉末的重量并用天平量取。需要注意的是，随着台阶尺寸的不同，每次装粉的重量不同。接下来是压制过程，压机将上模冲向下压，随着压力的增大，试样渐渐被压实。用限位块控制试样的高度，万用试验机可控制速度和吨位。当上模冲压平时，保压一秒后，将压头抬起。将下模冲取出，垫上脱模垫块，将下模冲下压，把试样取出。

压制后试样被平铺在石棉板上，由网带带动进入烧结炉内。烧结炉分为 3 个温度不同的区间，分别为 640℃、850℃和 1060℃。烧结材料平稳、分段地完成各阶段的烧结，最后冷却至室温。炉内充入氮气及还原气体以保护材料在高温下不被氧化，该过程约 4 小时。

7.1.3 单向压制成形粉末冶金零件的密度测量

试样压制成形后，需要测量台阶不同位置的密度并判断台阶的密度分布。根据分布情况，用线切割将台阶切成不同的小样。考虑到台阶高度最高仅为 5 mm，且在纵向上密度差比较明显，为了便于分类比较，确定切割厚度为 1 mm（切割线厚度约为 0.2 mm）。其中凸台 5 层、基体 5 层便于分类比较。另外，台阶的横向上也有密度差，试验还要分析台阶横向上的密度分布，所以将小样切割成不同直径的圆环。考虑到基体直径为 40 mm，而台阶的最大直径为 30 mm，圆环的切割直径若太小则小样重量不足，测密度时误差过大。若切割直径太大，切出来的试样过少，不好分析密度的变化趋势。因此，根据试样的尺寸及试验设备，确定切割直径分别为 10 mm、20 mm、30 mm，如图 7.6 所示。

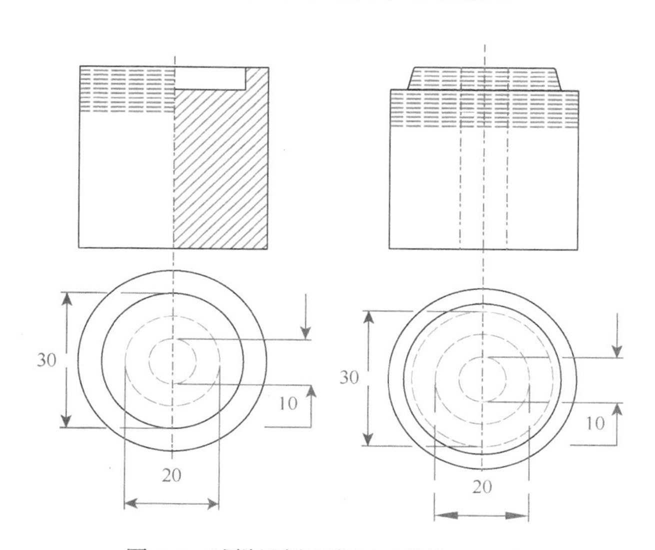

图 7.6 试样切割示意图（单位：mm）

最终，将切割好的圆环小样擦拭干净，自顶端向基体排好顺序，防止混乱，准备测量密度，如图 7.7 所示。进行测量的步骤：①称量清洗干净的试样。②将试样浸入到（65±5）℃的热油中，一直到不再有气泡出现，冷却到室温后，从油中取出试样，沥干。用吸油纸擦掉表面过量的油，小心避免吸出孔内的油。然后称重。③用分析天平称重。将经过浸油的试样，用尼龙丝吊挂，先在空气中称量，然后在水中称量。其中，为了去掉附着在试样上的气泡，可以在水中轻轻摇动试样，或向水中加入些许湿润剂。试样和水应处于同一温度，通常测量温度为室温。

$$D = M\rho / (m_1 - m_2) \tag{7.1}$$

式中，D 为试样密度，g/cm^3；M 为干燥（不含油）试样在空气中称量的质量，g；m_1 为浸油试样在空气中称量的总质量（包括细尼龙丝质量在内），g；m_2 为浸油试样在水中称量的总质量（包括细尼龙丝质量在内）g；ρ 为试验温度下水的密度，g/cm^3。

图 7.7　切割好的小样

7.2　单向压制成形对粉末冶金台阶零件密度分布的影响

7.2.1　速度对粉末冶金零件台阶密度的影响

考虑到实际工况与试验设备，采用压强为 500 MPa，压制速度分别为 2 mm/s、1 mm/s、0.3 mm/s。选择试样 A 和试样 B，并分别选取截面最大和最小两种情况，共四组，研究台阶在不同压制速度下的密度分布。用排水法测密度，将数据整理记录并列表，绘制图形比较分析。

选取试样 B，如图 7.8 所示。试样台阶截面积较小时，其密度自台阶顶部至基体逐渐增大，台阶最表层的密度只能达到 5.1～5.3 g/cm^3。远低于试样的整体密度 6.5 g/cm^3。越往下密度越大，进入基体时密度已经达到 5.6 g/cm^3 左右。纵向流动中，粉末自基体向台阶顶部流动。在台阶部位，受形状的影响粉末的流动性变差，从而直接导致密度降低。因此越接近台阶顶端密度越小。密度也随着压制速度的增加而提高，速度 0.3 mm/s 时最小密度与试样密度的比值为 0.775，速度 1 mm/s 时为 0.806，速度 2 mm/s 时达到 0.817。这是因为速度提高，冲量变大，粉末在较大的能量冲击下压制更加紧实。随着速度的提高，台阶的平均密度分别为 5.11 g/cm^3、5.32 g/cm^3、5.41 g/cm^3。

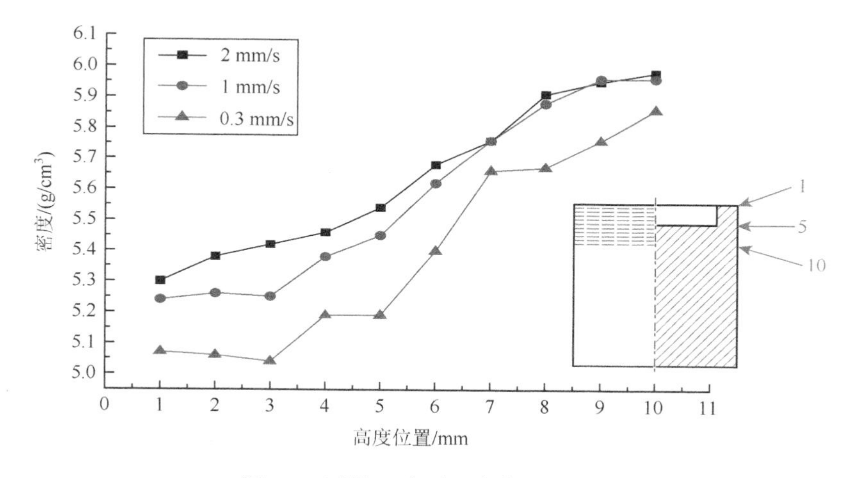

图 7.8　试样 B 在不同高度下的密度

当压制速度比较快时，随着速度的提高密度反而降低[3]。这是由于速度过快，粉末流动性差，容易形成搭桥，高密度区向低密度区的流动还没有充分完成，试样就压制成形了，致使某些部位密度降低。而本节压制速度较低，粉末应该能完成充分的流动，影响密度差的主要因素就是能量。因此随着能量的提高，台阶密度差减小。

当台阶截面积较大时，如图 7.9 分别表示试样 B 台阶内中外圈的密度分布情况。可以看出，台阶不同位置的密度分布和整体情况基本一致，在较低的压制速度下，随着速度的增大密度也增大，这同样符合冲量的理论。速度为 0.3 mm/s 时，台阶的最小密度与整体密度比值为 0.882，速度为 1 mm/s 时比值为 0.892，速度为 2 mm/s 时比值为 0.908。在低速下（0.3 mm/s 和 1 mm/s），试样台阶的平均密度与试样整体密度的比值为 0.902 和 0.906，当速度达到 2 mm/s 时为 0.921，比较接近整体密度了。可见当台阶截面积较大时，较低的压制速度对改善密度差没有太大的影响。因此在实际生产中压制速度一般高于 2 mm/s。比较试样 B 的两组数据可以发现，台阶的截面积越大，其密度分布越均匀。这是因为截面积较大，在压制过程中台阶内粉末的横向及纵向流动性较好，基体中的粉末也更容易进入台阶，密度差也就越小。

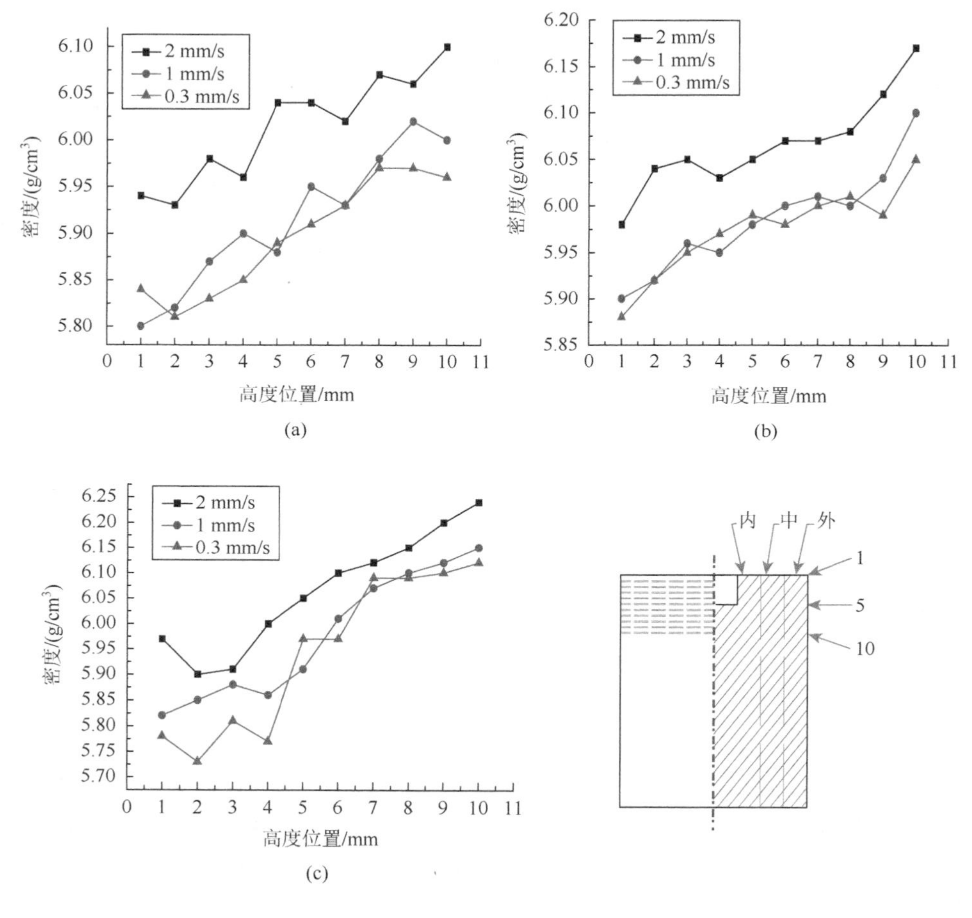

图 7.9　试样 B 在不同速度下密度

（a）外圈；（b）中圈；（c）内圈

选取试样 A，采用和试样 B 相同的压制工艺。当试样台阶截面积较小时，如图 7.10 所示。A 试样台阶的密度由顶端向下逐渐变大，这同样符合粉末冶金台阶零件在压制过程中的密度分布规律。台阶表面的密度约为 5.6 g/cm^3，基体与台阶分界面的密度约为 5.9 g/cm^3，进入基体后密度达到 6.0 g/cm^3 以上。造成密度差的主要原因仍然是粉末的流动不均。

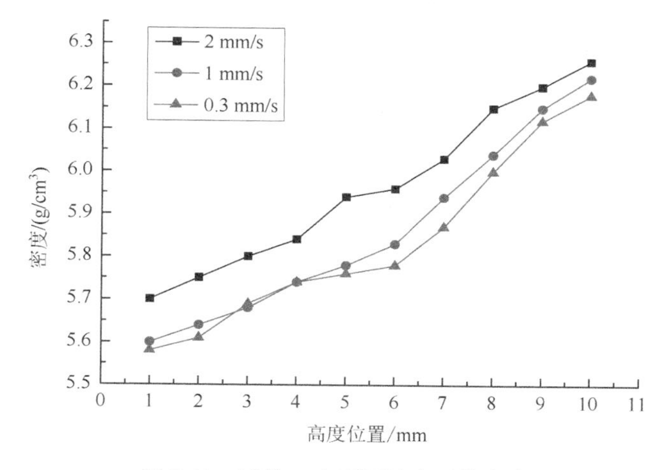

图 7.10　试样 A 在不同速度下的密度

不同压速下，试样台阶密度随速度增大而增大。速度为 0.3 mm/s 时，最小密度与试样总体密度的比值为 0.858，速度为 1 mm/s 时为 0.862，速度为 2 mm/s 时为 0.877。可见相对于试样 A 形状的台阶，提高速度也可以改善产品的密度分布，减小密度差。当试样 A 的台阶截面积较大时，如图 7.11 所示，由于台阶的直径接近基体，且高度不高，其压制变化规律基本接近于圆柱体，即由内向外密度逐渐变大。这主要归因于压制过程中，内部的粉体受颗粒间相互摩擦力作用，阻力相对较小。而外部的粉体除受到颗粒间的摩擦力外，还与模壁发生摩擦，受到的阻力较大。因此试样外圈的密度高于内圈。

随着压制速度的提高，试样 A 的密度也提高。速度为 0.3 mm/s 时，台阶最小密度与整体密度的比值为 0.882，速度为 1 mm/s 时为 0.888，速度为 2 mm/s 时为 0.900。同试样 B 一样，速度达到 2 mm/s 时，台阶平均密度与试样整体密度的比值达到 0.946，可见较高的压制速度（2 mm/s 以上）能改善台阶的密度分布，减小密度差。

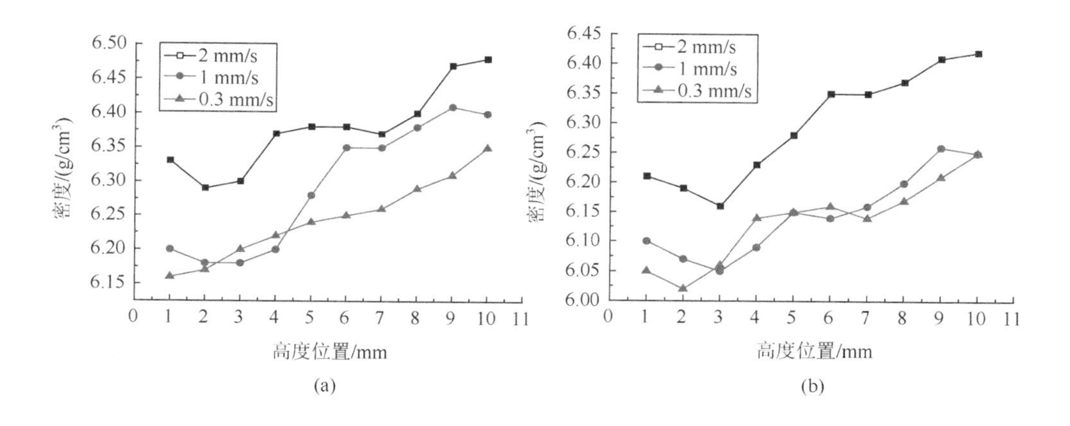

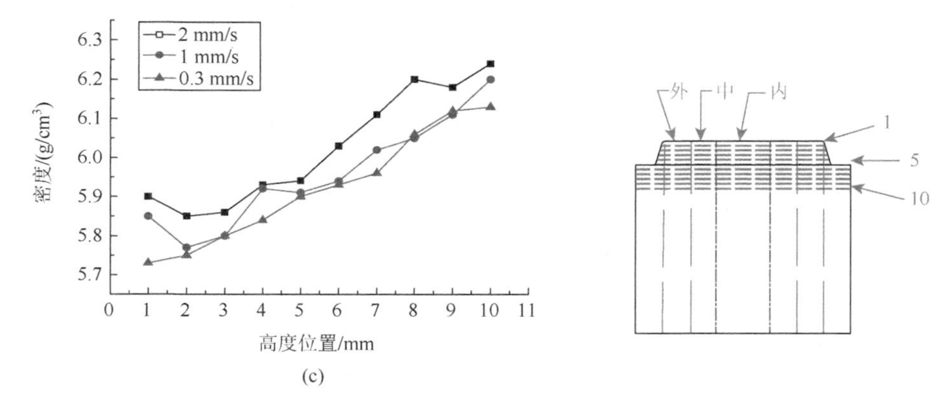

(c)

图 7.11　试样 A 不同速度下的密度

（a）内圈；（b）中圈；（c）外圈

综上可知，无论台阶的位置和大小如何，在相同压力下，提高压制速度可以改善台阶的密度分布，减小密度差。但是当速度过快时，由于时间短，粉末流动不充分，台阶的密度反而会降低。因此在工业生产中，压制速度的选择很重要，既要能得到较高的密度，又要节约时间成本。

7.2.2　压制力对粉末冶金零件台阶密度的影响

在粉末冶金零件的生产过程中，最直观的工艺参数就是压力，最容易改动的参数也是压力，并且通过调压也是获取中密度结构件的经济便携的方法。因此有必要研究压力与台阶密度分布之间的关系。采用压强作为参数，分别为 400 MPa、450 MPa、500 MPa、550 MPa，压制速度均为 2 mm/s。分别选择试样 A 和试样 B，并选取截面积最大和最小两种情况，共四组。用排水法测密度，将数据整理绘制图形比较分析。

当台阶的截面积较小时，如图 7.12 所示。台阶自顶端向基体密度逐渐增高，这符合粉末冶金零件压制过程中密度的分布机理。压强越大，粉末所受到的力越大，冲量也就越大，压得越紧实。比较几组密度数据得出，当压强为 550 MPa 时，台阶平均密度最高，为 5.92 g/cm^3，试样最小密度与整体密度比值也最大为 0.895。

当台阶的截面积较大时，如图 7.13 所示，台阶密度随着压强的增加而提高。台阶最小密度与试样整体密度的比值为 0.949。此时台阶的最小密度已经达到 6.17 g/cm^3，非常接近试样整体密度了。相比较截面积较小的试样，密度分布已经比较均匀，密度差较小。可见在相同的台阶高度下，截面积越大，粉体的流动性就越好。

表 7.5　试样 B 台阶在不同工况下的最小密度（g/cm^3）

	400 MPa	450 MPa	500 MPa	550 MPa
0.3 mm/s	5.1	5.05	5.07	5.11
1 mm/s	5.14	5.2	5.24	5.3
2 mm/s	5.22	5.24	5.31	5.37

观察两组试样的密度变化情况可以看出，在较低的速度和压强下，随着压强的增高，密度的变化比较明显。而随着速度的提高，密度变化却比较平和。可见压强对密度的影响要大于速度对密度的影响，这对生产有一定的指导意义。

总的来说，压强和速度对台阶密度的影响，更多的是线性变化。当台阶密度过低时，提高压制参数对台阶的密度提升效果比较明显。但一味地提高压强和速度对机械和模具的性能要求也很高，因此在工况中应根据实际情况来改善工艺流程。

7.2.3　台阶尺寸对粉末冶金零件台阶密度的影响

工程中诸多复杂形状尺寸零件均可用粉末冶金制备。以简单的圆柱体为例，若高度和直径的比值很大，即高度过高，在单向压制时产品底部密度会很低。这是因为越接近底部，受粉末间摩擦力及压制压力的影响，粉末间的阻力就会越大，流动性也越差，因此密度会逐渐降低。为了减小密度差，要采用双向压制或温压等其他工艺。由前面的试验我们得知，对于有台阶零件，在相同的压制条件下，不同的台阶形状和尺寸对密度也会产生影响。当台阶过高时，其顶部甚至不能压制成形。截面积大的台阶也要比截面积小的台阶的密度更均匀。实际生产中遇到有台阶的零件，希望知道台阶尺寸对密度均匀性的影响，并以此来调整生产工艺。这便是本节重点分析的问题。为了减小其他因素的干扰，采用统一的压制条件。根据实际工况及试验设备，选用的压制速度为 2 mm/s、压强为 500 MPa。台阶高度 x 和台阶直径 y 均为变量，A、B 试样共计各 15 组。

7.2.3.1　台阶高度对粉末冶金零件台阶密度的影响

当直径 $y=10$ mm 时，如图 7.18（a）所示，高度为 5 mm 台阶最小密度与体密度的比值为 0.877，随着高度降低，台阶比值依次增大，高度 4 mm 台阶的比值为 0.914，高度降至 1 mm 时，台阶的比值增至 0.969。可见当台阶的直径不变时，5 mm 高台阶和基体还有一定的密度差，而 1 mm 高台阶的密度已经与基体相当。在设计和压制过程中基本可以不用考虑尺寸对密度的影响。同样的，如图 7.18（b）

所示，当直径 $y=20$ mm 时，高度为 5 mm 台阶的比值最小，为 0.908，高度为 1 mm 台阶的比值最大，为 0.977；如图 7.18（c）所示，当直径 $y=30$ mm 时，高度为 5 mm 台阶的比值最小，为 0.940，高度为 1 mm 台阶的比值最大，为 0.983。此时，台阶的平均密度为 6.39 g/cm^3，甚至还高于基体某些层面的密度。

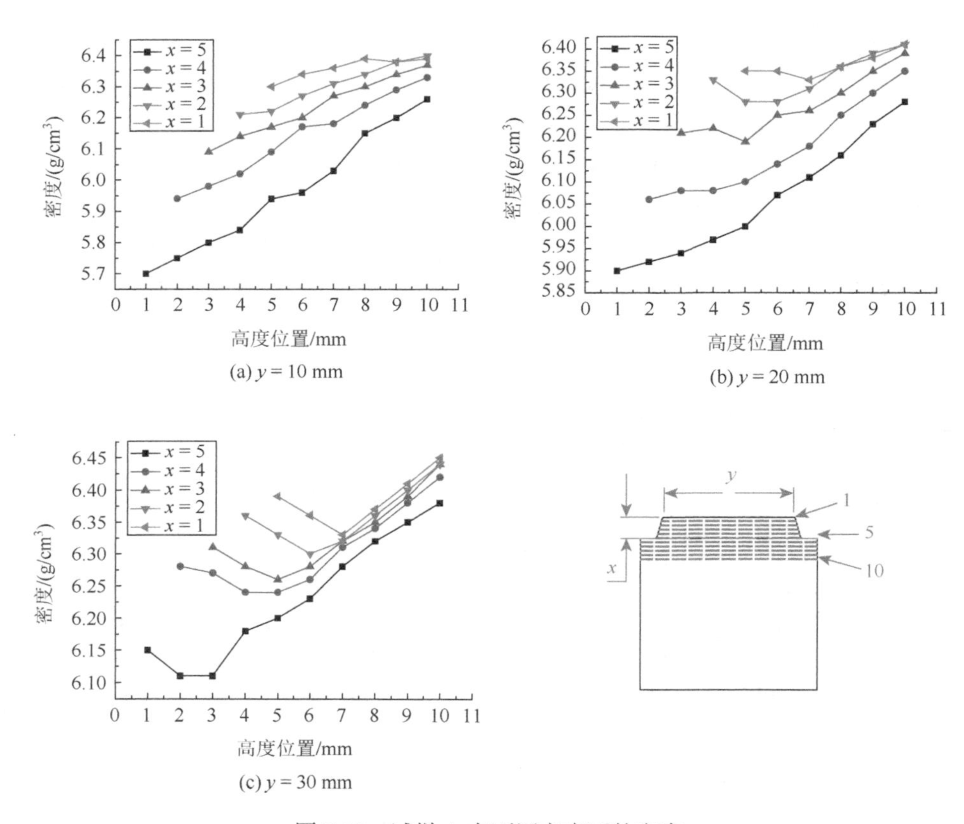

图 7.18 试样 A 在不同高度下的密度

同时通过试验还发现，台阶的高度受基体影响。高度过高时，无论台阶直径有多大，台阶顶端密度都很低，甚至不能成形。结合生产经验认为，台阶的高度不能高于基体高度的 15%。而在台阶高度的限制范围内，Y 增大 X 减小则台阶的最小密度增大；Y 减小 X 增大则台阶的最小密度减小。因此在不改变压制条件的前提下，可以通过减小高度、增大截面积来提高台阶的密度。

从图 7.18（c）可以看到，当台阶直径比较大时，台阶顶端至基体的密度并不是逐渐增大的。而是在距台阶顶端约 2～3 mm 处密度最低。其实这和粉末冶金圆柱体零件的压制规律相吻合。如图 7.19 所示，在压制过程中，受压力 F 的作用，粉末的纵向流动方向是由顶端向下，横向流动方向是自中心向边缘流动。因此该试样顶端的密度高于底面，中心的密度高于边缘。但是在较大压力的作用下，底面 A 的粉体对模具产生一定的 J 下压力 F_1。由于力的作用是相互的，所以底模反向对粉体也会产生压力 F_2。该种情况下就有点类似于双向压制。试样底面 A 受 F_2 作用会压得比较紧实。因此在纵向上，密度最低的平面一般不是底面 A，而是略高于底面 2～4 mm 处的平面 B。同样道理也适用于粉末的横向流动。因此有时会把粉末冶金产品形容为鸡蛋，表面相对比较硬。回到本试样，当台阶直径较大时，粉末在基体和台阶中的流动性差异不大，可以近似看成圆柱体，套用上面的粉末成形规律，就可以得出图 7.18（c）那样的密度分布曲线了。而试样 A 的台阶共测试了三组不同的直径，$y = 10$ mm 和 20 mm 时都没有类似的密度分布，这也从侧面印证了随着台阶截面积的增大，粉末的流动性越好，形成的密度差越小。

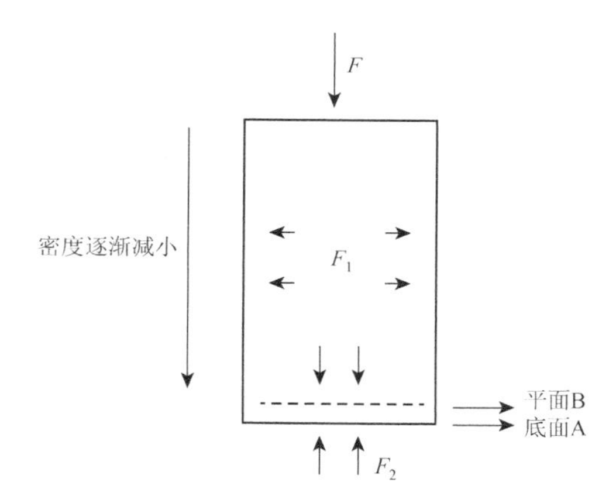

图 7.19　圆柱体零件压制示意图

如图 7.20 所示，试样 B 的密度变化规律与试样 A 基本相同，随着台阶高度的提高，其密度逐渐降低。当台阶高度为 5 mm 时，在截面积较小的情况下，其最小密度仅为 5.31 g/cm^3，在压制时已经比较难以成形了。当台阶高度为 1 mm 且截面积较大时，密度可以达到 6.329 g/cm^3。当 $y = 5$ mm 时，如图 7.20（a）所示，高度为 $x = 5$ mm 台阶最小密度与整体密度的比值为 0.817，高度为 4 mm 台阶的比值为 0.860，高度为 3 mm 台阶的比值为 0.914，高度为 2 mm 台阶的比值为 0.942，高度为 1 mm 台阶的比值为 0.960。同样的，如图 7.20（b）所示，当 $y = 10$ mm 时，高度为 5 mm 台阶的比值最小，为 0.865，高度为 1 mm 台阶的比值最大，为 0.966；如图 7.20（c）所示，当 $y = 15$ mm 时，高度为 5 mm 台阶的比值最大，为 0.917，高度为 1 mm 台阶的比值最小，为 0.972。此时台阶的平均密度可以达到 6.329 g/cm^3，已近接近试样的整体密度。

分析两个试样的密度差发现，对于试样 B 台阶的形状，高度对密度的影响更大。如图 7.20（a）所示，高度为 1 mm 时，台阶密度基本接近于基体。而高度为 5 mm 时，最小密度为 5.31 g/cm^3，台阶的平均密度仅为 5.409 g/cm^3。台阶升高了 5 mm，密度就下降了 0.849 g/cm^3。而对于试样 A，台阶高度为 1 mm 时也是接近基体密度。台阶升高 5 mm，密度最大也就下降了 0.499 g/cm^3。可见，不同的台阶形状，高度对密度分布的影响是不同的，变化趋势也不相同。

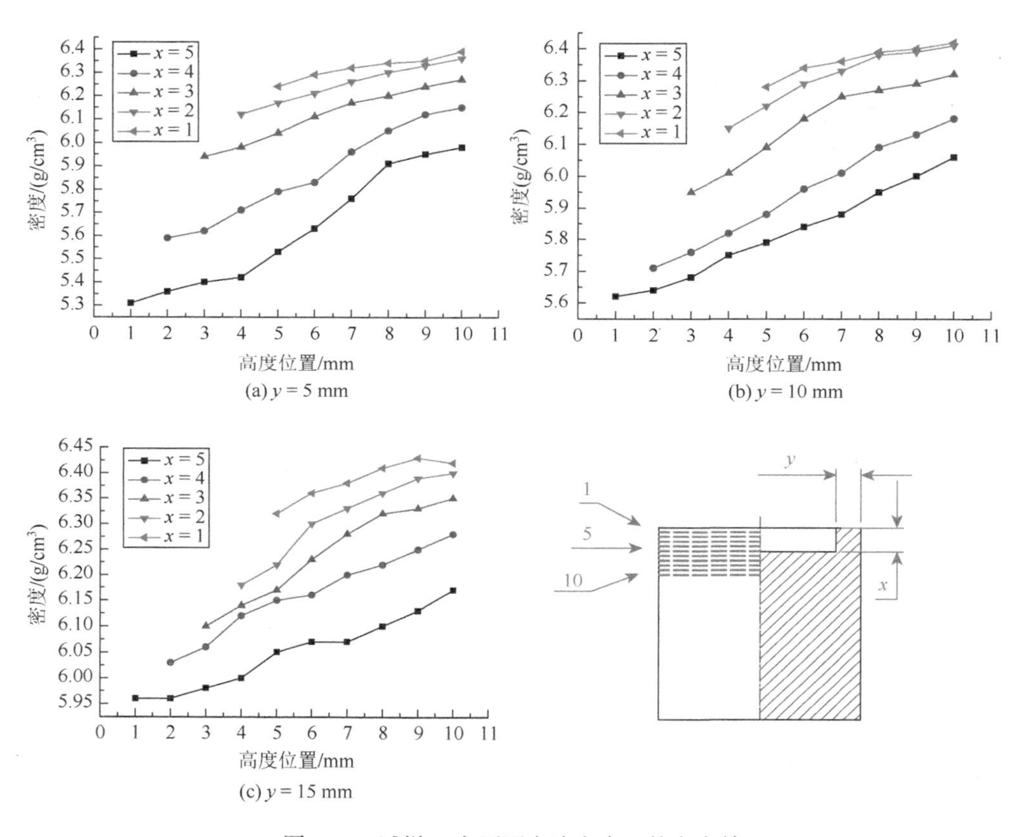

图 7.20　试样 B 在不同台阶高度下的密度差

分析两组试样的密度曲线，发现在密度逐渐减小的过程中，并不是成一次函数变化的，这在台阶高度 $x = 5$ mm 的变化曲线中表现得最为明显。台阶项部 1～3 mm 处，密度相差不大，到了台阶与基体结合处，密度明显提高，进入基体 4～5 mm 后，变化趋于缓和。这是因为 1～3 mm 处靠近台阶表面，前面已经知道粉末冶金零件的表层密度是相对增高的。而台阶与基体的结合处是结构尺寸发生突变的位置，粉末的流动性不佳，这才导致了密度的大幅变化。到了基体内部，粉末横向和纵向的流动性都比较充分，密度差也就小了。

另外，相对于试样台阶的两种形状，不论直径如何，随着高度的降低，最小密度都增大，只是增大的速度不同。当直径较小时，试样 A 台阶的最小密度从 5.7 g/cm^3 增加到 6.3 g/cm^3，增加了 0.6 g/cm^3：试样 B 的最小密度增加了 0.93 g/cm^3。而当直径较大时，试样 A 的最小密度增加了 0.22 g/cm^3；试样 B 的最小密度增加了 0.36 g/cm^3。可见高度对台阶密度有着决定性的影响。

7.2.3.2　台阶直径对粉末冶金零件台阶密度的影响

通过分析发现，当压制条件、台阶高度都相同时，不同台阶截面积也会对密度产生影响。那么截面积和密度的变化规律如何，又是如何相互影响的，接下来就探讨这个问题。

1）直径对试样 A 台阶密度的影响

为了便于分析比较，选用试样 A 的直径 $y = 5$ mm、10 mm、15 mm；试样 B 的直径 $y = 10$ mm、20 mm、30 mm。共六组。台阶高度分别为 $x = 1$ mm、3 mm、5 mm。用排水法测量密度，绘制图表，其结果如下所述。

当台阶高度不变时，增大台阶的直径 y，即增大截面积，台阶的密度差减小。这是因为直径 y 越大，截面积越大，在压制过程中粉末的流动性越好，密度差也就越小，如图 7.21 所示。

其中，台阶的最小密度从 5.7 g/cm^3 提高到 5.9 g/cm^3 再提高到 6.11 g/cm^3，平均密度差为 0.2 g/cm^3，可见当台阶高度比较高时，随直径的增加粉末横向流动越好，密度的变化也越明显。高度 $x = 3$ mm 时，台阶的最小密度分别为 6.09 g/cm^3、6.19 g/cm^3 和 6.26 g/cm^3，平均密度差为 0.09 g/cm^3，密度的变化趋势变缓了。而当高度 $x = 1$ mm 时，直径 $y = 5$ mm 时的最小密度为 6.3 g/cm^3，$y = 10$ mm 和 $y = 15$ mm 时提高到了 6.33 g/cm^3，变化仅为 0.03 g/cm^3。比较图 7.21（c）的三条曲线，

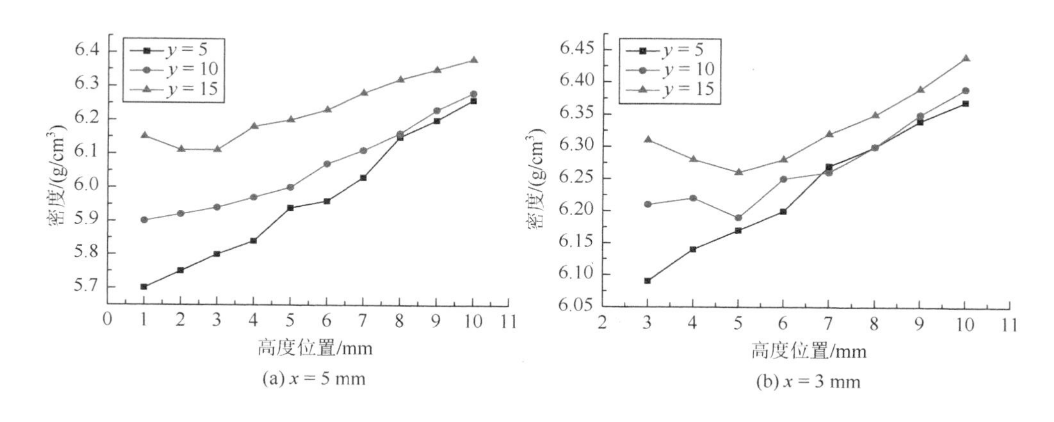

(a) $x = 5$ mm　　(b) $x = 3$ mm

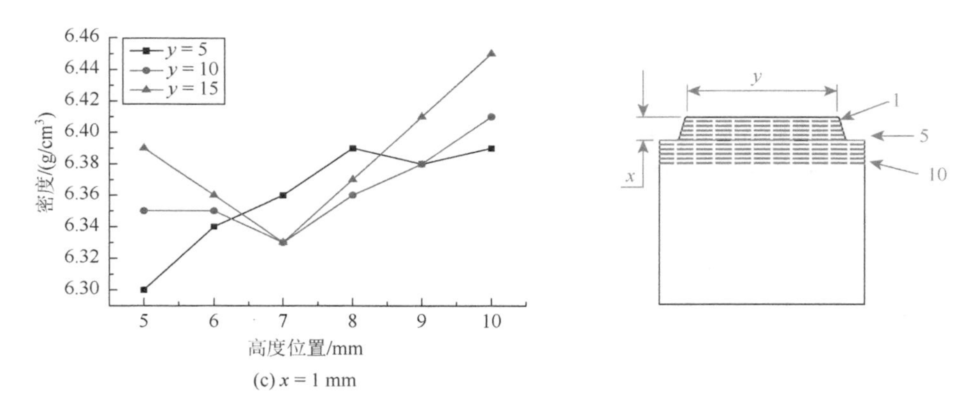

(c) $x = 1$ mm

图 7.21　试样 A 台阶在不同直径下的密度

发现平均密度分别为 6.35 g/cm^3、6.36 g/cm^3、6.38 g/cm^3。此时基体的高度为 35 mm，而台阶仅有 1 mm 高，相对于基体可以忽略。台阶压制时粉末的流动情况与基体相当，随着直径的增加，横向流动没有明显变化，因此台阶的密度变化不大。

2）直径对 B 试样台阶密度的影响

试样 B 的变化情况和试样 A 基本相同，当高度不变时，随着台阶直径的增加，密度增加，密度差减小。如图 7.22（a）所示，台阶高度为 5 mm，直径 $y = 5$ mm 时的最小密度为 5.31 g/cm^3；$y = 10$ mm 时的最小密度为 5.62 g/cm^3；直径 $y = 15$ mm 时的最小密度为 5.96 g/cm^3。而随着台阶高度的降低，这种密度变化同样存在。当台阶高度仅为 1 mm 时，如图 7.22（c）所示，尽管台阶的密度已经非常接近基体了，但随着 y 的增加，密度仍然提高。当 y 从 5 mm 增大到 15 mm 时，密度从 6.24 g/cm^3 增加到了 6.32 g/cm^3。

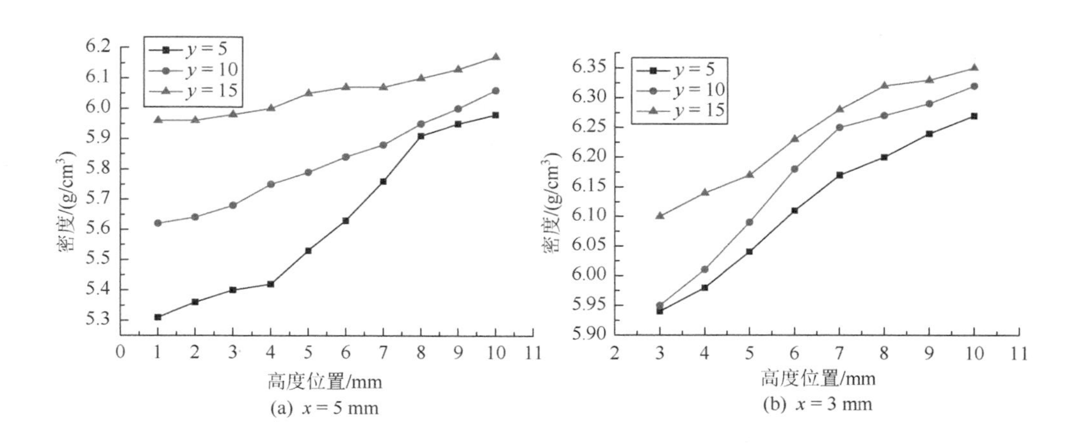

(a) $x = 5$ mm　　(b) $x = 3$ mm

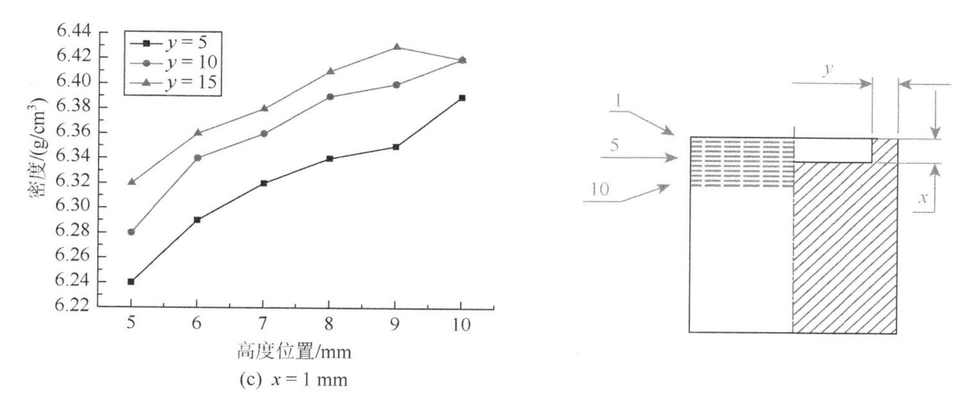

(c) $x = 1$ mm

图 7.22　试样 B 台阶在不同直径下的密度

著者主要探讨粉末冶金材料的密度分布问题。而密度在显微镜下最直观的反映是孔隙的大小和数量，孔隙多的密度较小，孔隙少的密度大。因此挑选出不同密度的试样，观察它们的孔隙情况，如图 7.23 所示。为了便于比较，选取试样 A，压强为 500 MPa，速度为 2 mm/s，台阶高度为 5 mm，直径 10 mm。分别切取高

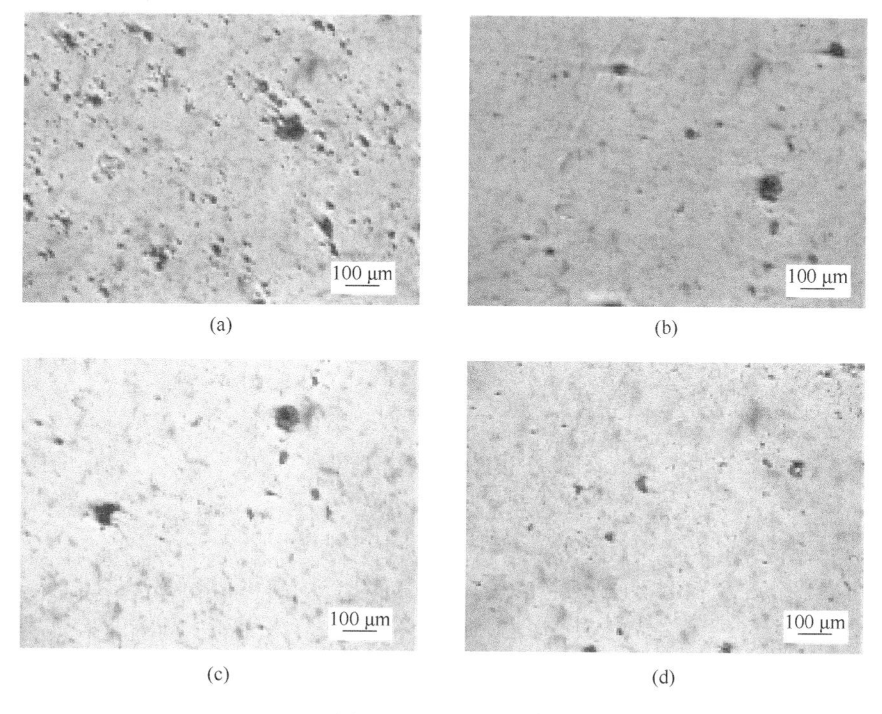

(a)　(b)

(c)　(d)

图 7.23　孔隙分布图

度位置为 1、4、7、10 四个点位，观察其孔隙情况。其中点 1 的密度为 5.7 g/cm^3，对应（a）图；点 4 的密度为 5.84 g/cm^3，对应（b）图；点 7 的密度为 6.03 g/cm^3，对应（c）图：点 10 密度为 6.26 g/cm^3，对应（d）图。图中黑色点状、小条状和不规则洞穴为孔隙，深灰色圆块状物为少量的氧化铁或其他杂质，另有少量条状的石墨。由图可以清楚地看到，随着密度的增高，孔隙明显减少，（a）图的孔隙明显较多，因此它的密度最小，而（d）图的孔隙较少，因此它的密度相对较高。

7.2.3.3　试样高径比对粉末冶金零件台阶密度的影响

结合台阶尺寸对最小密度影响的数据，计算出不同高径比下的最小密度，如图 7.24 所示，从图中可以看出结果近似于直线，运用 Origin 软件进行线性拟合[4]，得出拟合公式如下：

$$P = 6.44 - 1.55\,M \tag{7.2}$$

式中，M 为高径比，$M = x/y$。

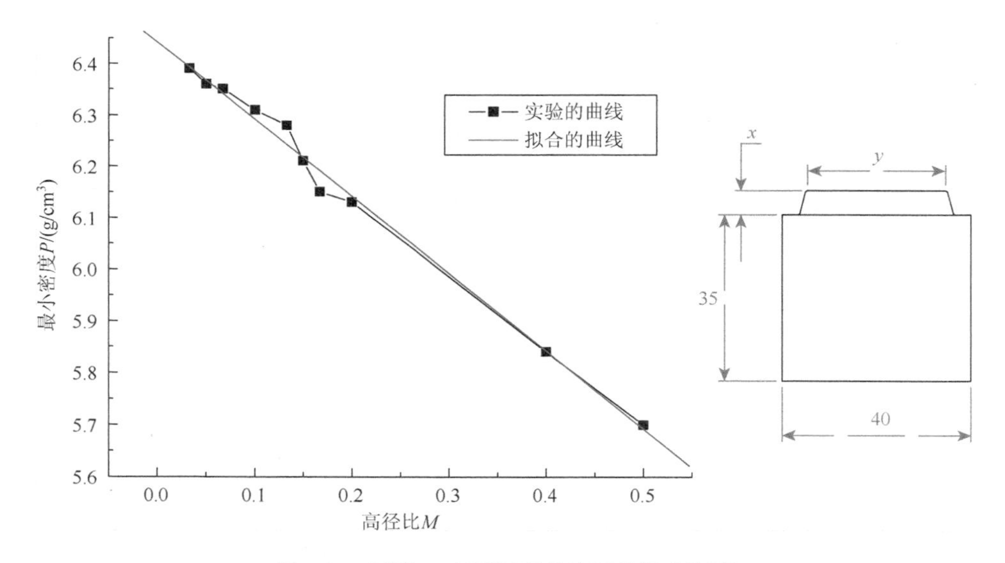

图 7.24　试样 A 在不同高径比下的最小密度

由该图可以直观地反映密度的变化趋势，随着高径比的增加，密度减小。该试样的平均密度为 6.5 g/cm^3，可见高径比小于 0.2 时，台阶的最小密度高于 6.1 g/cm^3，试样的密度差不大。当高径比大于 0.5 时，台阶的最小密度低于 5.7 g/cm^3，密度差就很大。

对于实际生产，该结果也有参考价值。如果当零件的性能要求比较高，密度差不大于 5%时，参考该图 7.24 及公式（7.2），可计算出台阶的高径比不大于 0.17，这样在模具设计之初就能根据要求方便选择台阶尺寸，若高径比过大就该更改压制工艺或参数。而如果零件的性能要求不高，密度差比较大时，就能适当的放宽高径比的限制。

图 7.25 为试样 B 在不同高径比下的最小密度，同样有着近似的线性关系，利用 Origin 软件拟合出试样 B 高径比与密度的线性关系公式如下：

$$P = 6.34 - 1.01\,M \tag{7.3}$$

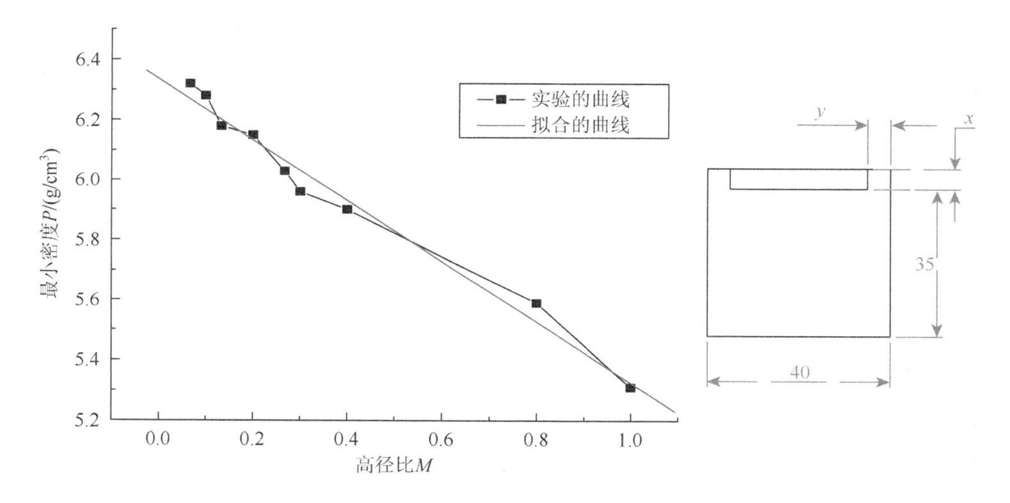

图 7.25　试样 B 在不同高径比下的最小密度

由该图可以看出，随着高径比的增加，最小密度减小。试样 B 的平均密度为 6.5 g/cm^3，当高径比小于 0.2 时，台阶的最小密度高于 6.1 g/cm^3，试样的密度差不大。当高径比大于 0.7 时，台阶的最小密度低于 5.7 g/cm^3，密度差就很大了。

在实际生产中，可以结合该图和得到的公式，计算出不同性能要求零件台阶的高径比，方便设计者设计尺寸和工艺参数。这将会对生产有一定的指导意义。利用得到的近似公式，可以方便设计人员根据性能要求设计台阶尺寸，因此需要检验公式的准确率。

选取试样 A，当高度 $x = 1$ mm，直径 $y = 30$ mm 时，参考图 7.25 和公式（7.3）计算得到台阶的最小密度为 6.3889 g/cm^3，而实际测得的密度为 6.39 g/cm^3，误差率为 0.03%。

当高度 $x = 5$ mm，直径 $y = 10$ mm 时，代入公式计算得到台阶的最小密度为 5.665 g/cm^3，而实际测量的密度为 5.7 g/cm^3，误差率为 0.6%。

利用实验得到的数据，运用简单的分析软件，可以初步得到台阶尺寸对密度影响的统计学规律，建立图形和线性关系式。这个结果对粉末冶金零件台阶的设计将有一定的参考价值。

上述两个试样 A 和 B，由于台阶的形状不同，摩擦因素和粉末的流动因素也不同，因此目前只能拟合出两组公式对应两种形状。后期通过更多的实验及模拟分析，希望能将两个公式结合起来，对应所有的台阶形式。这将具有非常重要的意义。

数据中试样 A 和 B 的台阶，所选取的直径 y 不同，因此两者的高径比不能互换，所对应的意义也不同。当高径比过低时，台阶接近于基体形状，其密度也将接近于基体密度，密度差会非常小；当高径比过高时，受粉末流动性影响，零件的台阶不能压制成形。这两种极端情况无法用该公式解释，还需要今后大量的工作。

7.2.3.4　台阶形状对密度分布的影响

通过前面的实验发现，在相同的压制条件下，台阶的密度受高度及截面积影响。那么台阶形状的不同又会对密度分布产生什么样的影响？为了便于比较，选择参数为：压强为 500 MPa，速度为 2 mm/s，台阶高度为 5 mm，分别选用 A、B 两组试样，其结果如下所述。

如图 7.26 所示，试样 A 的密度分布为，台阶由内圈向外，密度逐渐提高。内圈的最小密度为 6.29 g/cm^3，中圈为 6.16 g/cm^3，外圈仅为 5.85 g/cm^3。而到了基体部分，外圈的密度提高很快，在高度位置大约为 12 mm 处，密度提升到最高，此

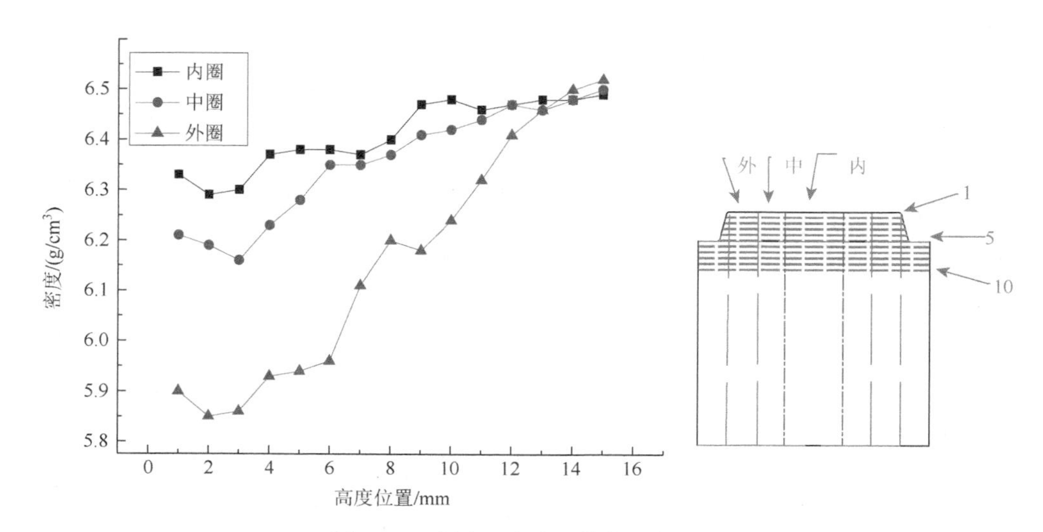

图 7.26　试样 A 台阶的横向密度分布

时的排列顺序是由内而外密度逐渐降低的。基体内，密度的分布是由内向外密度逐渐减小的。造成这种基体和台阶的密度差分布不同的主要原因是，粉末流动的不均匀性。如图 7.27 所示，在台阶所处的轴向上，由于粉末压缩比较小，密度也就小，基体内横向上会产生密度差。粉末的流动方向是由外部向中心流动，而密度也是由外向内逐渐减小的，这有点像是外圈的粉末供给中心。而到了台阶部分，粉末的压缩比相同，横向上没有了密度差，所以横向流动比较小。而外圈在压缩过程中，和模壁有摩擦，阻力导致纵向流动性变差，而中心部分没有发生和模壁的摩擦，流动性相比较更好。所以密度分布是由中心向边缘密度逐渐降低。

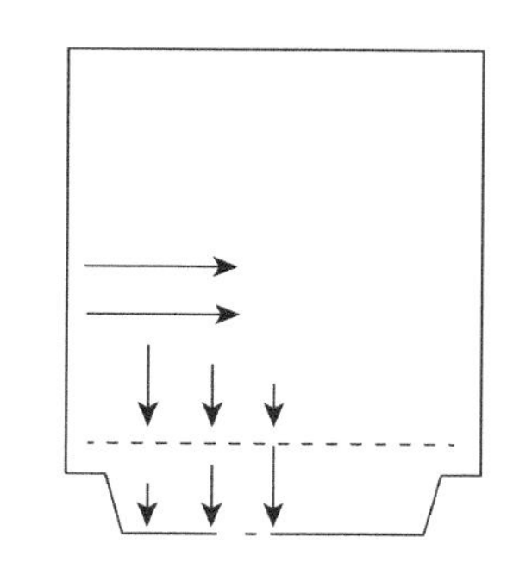

图 7.27　试样 A 粉末流动图

如图 7.28 所示，在台阶部分，内圈和外圈的密度都比较低，而中圈密度较高。内圈的最小密度为 5.9 g/cm^3，外圈为 5.93 g/cm^3，而中圈的最小密度为 5.98 g/cm^3。在基体和台阶结合部，即高度位置为 5 mm 时，横向几乎没有密度差，而进入基体后，由内至外，密度逐渐降低。

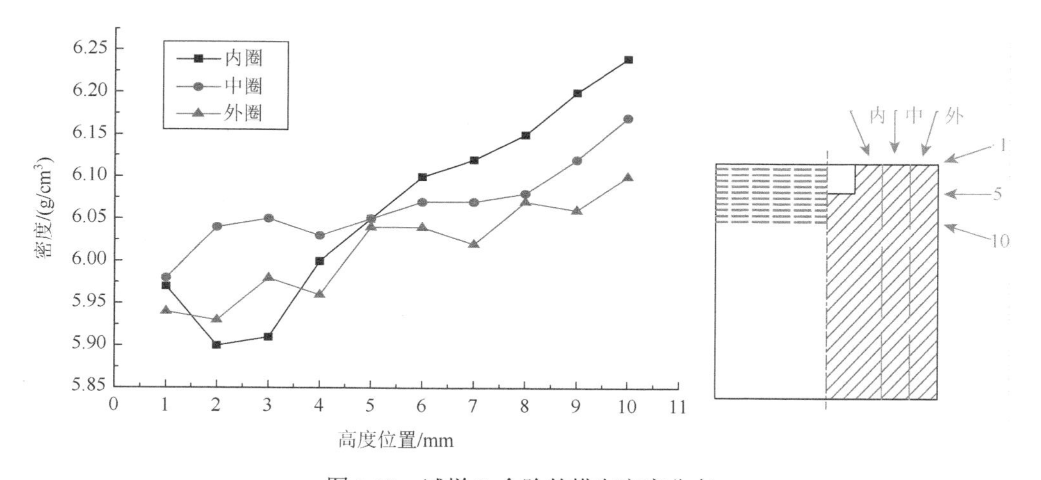

图 7.28　试样 B 台阶的横向密度分布

由此可见，试样 B 粉末的流动情况与试样 A 不同。如图 7.29 所示。造成这种密度分布的主要原因是，在台阶所属的纵向上，粉末的压缩比较小，密度较低。所以试样 B 基体中粉末的流动情况是，从中心向边缘流动，密度也是从中心向边缘逐渐降低。而到了台阶部分，由于彼此的压缩比相同，而且没有中心部分的粉末供给了，所以横向流动较小。此时在压缩过程中，台阶的内圈和外圈都受到模

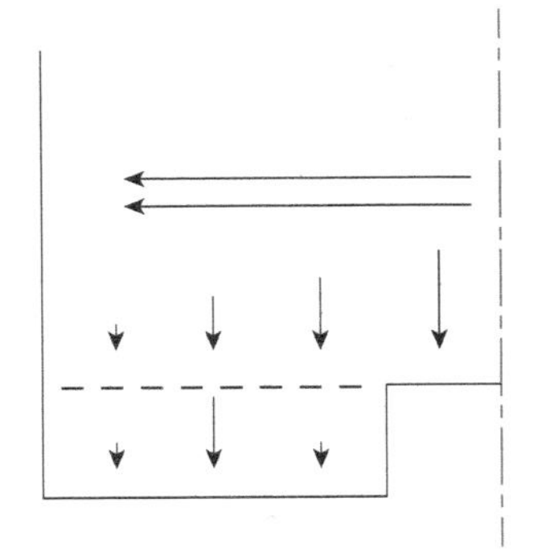

图 7.29　试样 B 粉末流动图

壁的摩擦阻力作用，粉末流动性较差。而中圈的流动性较好，所以才会产生内圈和外圈都比中圈密度小的现象。这同样可以解释，当压制条件、横截面积、台阶高度都相同时，试样 A 台阶的整体密度要高于试样 B。在压制过程中，试样 A 台阶仅受到下模冲的摩擦力。试样 B 台阶受到下模冲和阴模两者的摩擦力，粉末流动性相对较差，从而导致密度一般比试样 A 低。

在实验中得知，台阶尺寸对密度的影响最大。实际零件设计时也是如此，一般考虑尽量减小高径比。台阶过高则要考虑选用组合磨具或改用双向压制等其他方法。但如何选择台阶的高径比则没有数据支持，更多是依靠经验。为了使数据更加有对比性并且接近工况，选用统一压制参数，压制速度为 2 mm/s，压强 550 MPa。台阶尺寸主要考虑高度 x 和直径 y 两个变量。

试样 A 的台阶在直径 y 最小为 10 mm、高度 x 最大为 5 mm 时，最小密度为 5.7 g/cm^3。随着直径的增加和高度的减小，密度不断提高（表 7.6）。当直径 y 达到 30 mm、高度 x 为 1 mm，即高径比最小时，台阶的最小密度较高，为 6.39 g/cm^3。此时已经比较接近基体的密度了。从图 7.30 中的斜率对比也可以看到，台阶高度 x 对最小密度的影响比较明显，斜率也较大。而直径 y 变化时，最小密度的变化较平和，斜率也较小。当台阶的高度足够小时，直径 y 变化对密度的影响不明显，仅仅提高了 1.5%左右。由此可以推测，粉末冶金零件的台阶高度对密度的影响要大于直径的影响。试样 B 的台阶在高度 x 最高且直径 y 最小时，密度最低为 5.31 g/cm^3（表 7.7）。随着台阶高度的降低以及直径的增加，密度逐渐提高，当直径最大高度最小时，密度为 6.32 g/cm^3，已经接近基体密度。和试样 A 的变化规律相同，台阶高度的变化对密度的影响要大于直径的影响，如图 7.31 所示。并且试样 B 的最小密度要小于试样 A，可见该台阶的形状成形效果较差。

表 7.6　试样 A 台阶在不同尺寸下的最小密度（g/cm^3）

	x = 1 mm	x = 2 mm	x = 3 mm	x = 4 mm	x = 5 mm
y = 10 mm	6.3	6.21	6.09	5.94	5.7
y = 20 mm	6.35	6.33	6.21	6.06	5.9
y = 30 mm	6.39	6.36	6.31	6.28	6.15

试样 B 在不同台阶尺寸下的最小密度分布三维图 x 在相同工艺条件下，台阶的最小密度与高度 x 成反比变化，与直径 y 成正比变化。因此在模具设计时应尽

可能减小台阶的高径比以提高最小密度，减小密度差。对于两种不同的台阶形状，高度 x 变化对密度的影响要大于直径 y 的影响，这对模具设计有参考价值。

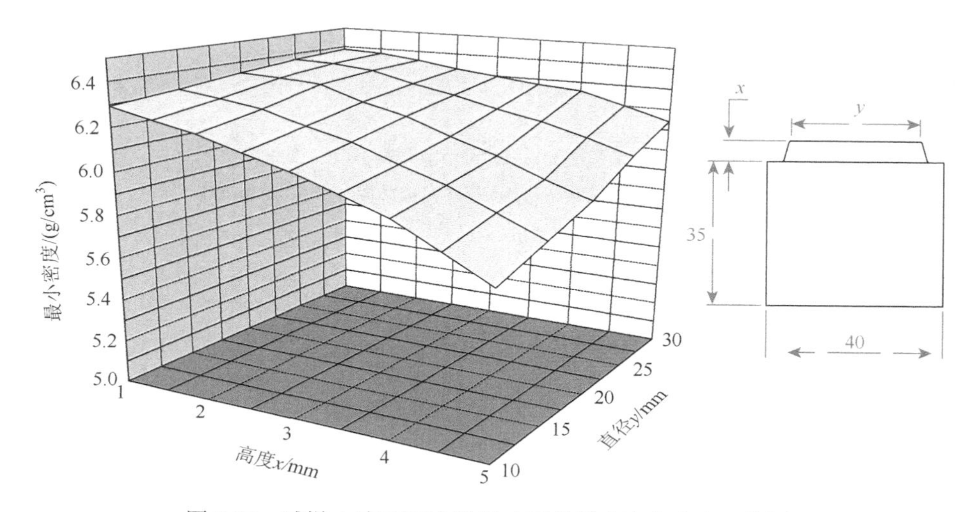

图 7.30　试样 A 在不同台阶尺寸下的最小密度分布三维图

表 7.7　试样 B 台阶在不同尺寸下的最小密度（g/cm^3）

	$x=1$ mm	$x=2$ mm	$x=3$ mm	$x=4$ mm	$x=5$ mm
$y=5$ mm	6.24	6.12	5.94	5.59	5.31
$y=10$ mm	6.28	6.15	5.95	5.71	5.62
$y=15$ mm	6.32	6.18	6.1	6.03	5.96

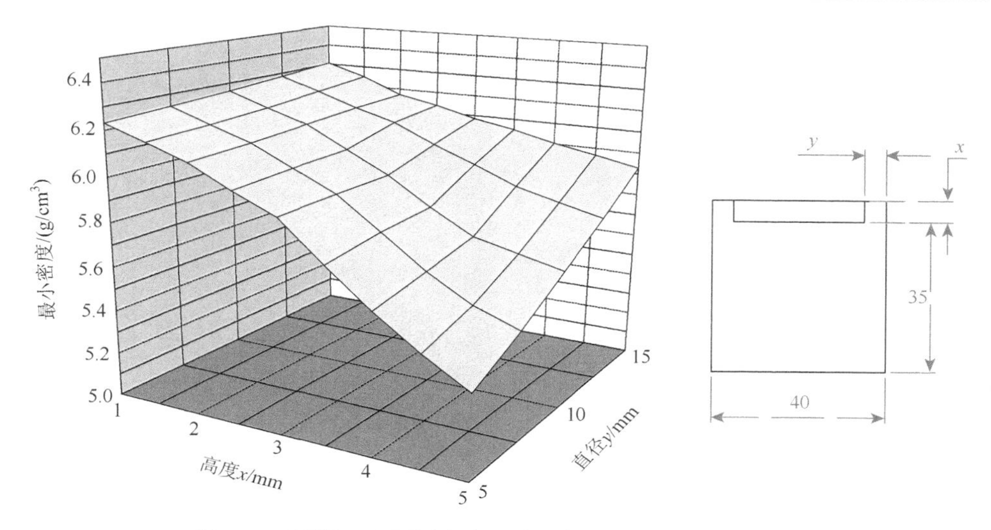

图 7.31　试样 B 在不同台阶尺寸下的最小密度分布三维图

参 考 文 献

[1] 谷曼，焦明华，孙龙，吴玉程. 不同压制工艺下的粉末颗粒变形三维细观模拟研究[J]. 热加工工艺，2015，44（5）：125-128.

[2] 蒋卿，李云，焦明华，等. 粉体压制过程密度变化机理及影响因素模拟分析[J]. 热加工工艺，2010，39（7）：1-5.

[3] 黄伯云. 粉末冶金标准手册下册检验标准[M]. 长沙：中南大学出版社，2000：134-136.

[4] 王秀峰，江红涛. 数据分析与科学绘图软件 Origin 详解[M]. 北京：化学工业出版社，2008：302-392.

第8章　铜基粉末压制成形过程及有限元模拟

铜基粉末冶金由于具有良好的导热、导电、耐磨等特性，广泛应用于飞机、汽车、船舶和工程机械等装置，如含油轴承、受电弓和电触头、电阻焊电极等，尤其是在许多要求材料同时具备高导电、导热和高温强度的场合[1, 2]。普通模压成形过程中，粉末颗粒间和粉末与模壁之间均存在一定的摩擦作用，使得成形过程中粉体内部各部分受到的压制力存在一定的不均匀性，由此得到的压坯密度、强度分布等也都不均匀，获得的零件制品是基体和孔隙的复合体。孔隙是粉末冶金材料的固有特性，它显著影响着材料的力学、物理、化学和工艺性能，为了降低这种影响，最有效方法就是根据使用场景使材料高致密化。

8.1　铜基粉末压制成形

随着压制过程的逐步推进，粉末的变形量相应增加，塑性变形现象产生，材料致密化程度提高。铜粉末零件在压制脱模阶段，轴向压力会相应减少，在卸压过程中经受载荷影响会出现小幅度回弹现象，从而产生非均性应力。致密化成形过程中铜粉末内部结构会发生改变，导致致密化直接影响零件制品的性能。铜基粉末压制成形过程中，粉体内部存在不均匀压制力，所获压坯的密度、强度也分布不均，因此要从根源上解决高速压制过程中铜制粉末致密化问题，须对压制过程深入研究，以合理制定工艺参数[3, 4]。

8.1.1　压制成形过程的分析

压制力通过上模冲作用在粉末体之后分为两部分：一部分用来使粉末产生位移、变形和克服粉末的内摩擦，即 P_1；另一部分，是用来克服粉末颗粒与模壁之间外摩擦的力，即压力损失（P_2）。因此，压制时所用的总压力为净压力与压力损失之和，即

$$P = P_1 + P_2 \tag{8.1}$$

粉末装入模腔后，由于表面不规则，粉末颗粒彼此之间开始相互搭架形成一种搭桥现象[5]。当压制力开始作用在粉末体上之后，这种搭桥现象被破坏，粉末体开始发生位移。这种位移现象非常复杂，能同时发生几种位移。在发生位移的

同时，粉末体还发生变形，这种位移加变形的同时发生使得粉末体在压制初期体积大大减小。粉末体的变形包括弹性变形、塑性变形和脆性断裂[6, 7]。铜粉的压缩试验指出，发生塑性变形所需要的单位压制压力大约是该材质弹性极限的 3 倍。

随着压制的继续进行，粉末体中空气快速逸出，孔隙度急剧下降，压坯逐步致密化，压坯的强度也逐渐增加。导致压坯强度增加的原因有两点：

（1）压制成形过程中，外形不规则的粉末颗粒在压制力的作用下开始互相咬合、楔住，这种机械的啮合使得粉末体的强度急剧增加。

（2）通常情况下构成物体的原子之间处于力的平衡状态。当原子间距离大于平衡状态时，原子间将产生吸引力。金属粉末颗粒也一样，压制力的作用使得金属颗粒彼此贴近，当不同颗粒的金属原子之间的距离大于平衡状态时，金属原子间也将表现出吸引力。这部分吸引力也是粉末压坯具有强度的原因之一。综上所述，这两种因素均是导致粉末体压坯强度增加的原因，其中机械啮合作用是主因。

8.1.2　压制力对压坯密度的影响

粉末体的压制成形过程中，伴随着压制力的逐步增加，粉末体压坯的密度变化也表现出一定的规律性，主要分为三个阶段。第一阶段内，由于压制初期粉末体内孔隙很多，粉末体在较小的压制力作用下即发生位移快速填充孔隙，压坯的密度增加很快，即滑动阶段；第二阶段内，粉末体已经不再如之前那样松散，而是密实成具有一定密度的块体。这一阶段虽然压制力仍然在增加，但是粉体内的空气已很少，孔隙度降低得很慢，粉末体压坯的密度变化不大；第三阶段内，粉末体经过第二阶段的积累之后，压制力已经超过了粉末颗粒的弹性极限，这些粉末颗粒随即开始发生塑性变形，使得粉体体积继续降低，密度开始进一步增加，如图 8.1 所示。

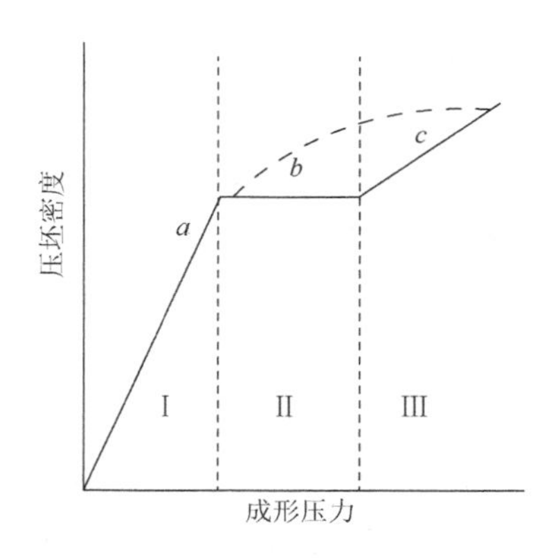

图 8.1　压制力与压坯密度的关系

目前常用粉体压制成形有很多理论分析模型，具体典型表达式如表 8.1 所示。

表 8.1　粉末压制的理论表达式或经验公式

作者	公式	注解
汪克尔	$\beta = k_1 - k_2 \lg P$	k_1，k_2—系数 P—压制压力 β—相对体积
巴尔申	$\dfrac{\mathrm{d}P}{\mathrm{d}\beta} = -lp$ $\lg P_{\max} - \lg P = L(\beta - 1)$ $\lg P_{\max} - \lg P = m\lg\beta$	$P_{\max}$—相对于压至最紧密状态（$\beta = 1$）时的单位压力 L—压制因素 m—系数 β—相对体积
川北	$C = \dfrac{abP}{1 + bP}$	C—粉末体积减少率 a、b—系数
艾西	$\theta = \theta_0 \mathrm{e}^{-\beta P}$	θ—压力 P 时的孔隙度 θ_0—无压时的孔隙度 β—压缩系数
黄培云	$\lg\ln\dfrac{(\rho_{\mathrm{m}} - \rho_0)\rho}{(\rho_{\mathrm{m}} - \rho)\rho_0} = n\lg P - \lg M$ $m\lg\ln\dfrac{(\rho_{\mathrm{m}} - \rho_0)\rho}{(\rho_{\mathrm{m}} - \rho)\rho_0} = \lg P - \lg M$	ρ_{m}—致密金属密度 ρ_0—压坯原始密度 ρ—压坯密度 P—压制强度 M—相当于压制模数 n—相当于硬化指数的倒数 m—相对于硬化指数

其中，巴尔申方程用于硬粉末效果比软粉末好，川北方程在压制力不大时比较优越，艾西方程适用于一般粉末，黄培云的双对数方程式则不论对软粉末或硬粉末适用效果都比较好。

8.2　铜基粉末压制成形过程的摩擦

综合以往的数值模拟分析工作，一般常采用摩擦系数的方法来描述粉末成形过程中的摩擦行为，这与实际情况不太相符，导致模拟结果不够精确，是目前数值模拟分析工作的不足。为此，作者通过建立相应的摩擦系数测试装置，研究铜基粉末压制成形过程的摩擦行为。

8.2.1　铜基粉末成形的摩擦模型分析

为了模拟分析的顺利进行，Marc 软件采用简化摩擦模型的方法来进行模拟分析。当前应用较多的摩擦模型有两种，即库仑摩擦模型和剪切摩擦模型[8-11]。库仑（Coulomb）摩擦模型在当前工程中应用得最广泛，其数学表达方式为

$$\sigma_{\mathrm{fr}} \leqslant -\mu \sigma_{\mathrm{n}}^{t} \tag{8.2}$$

式中，σ_{n} 为接触节点法向应力；σ_{fr} 为切向（摩擦）应力；μ 为摩擦系数；t 为相对滑动速度方向上的切向单位向量。

上述表达式又常常可以写成节点合力的形式：

$$f_{\mathrm{t}} \leqslant -\mu f_{\mathrm{n}}^{t} \tag{8.3}$$

式中，f_{t} 为剪切力；f_{n} 为法向反作用力。

实验中可以看到静摩擦力与滑动摩擦力之间经常是突变的，如图 3.4 所示。在粉末成形的数值模拟分析中，这样的不连续性突变往往会导致计算困难或者计算结果不稳定。因此 Marc 采用了一个修正的库仑摩擦模型，如下所示：

$$\sigma_{\mathrm{fr}} \leqslant -u\sigma_{\mathrm{n}} \frac{2}{\pi} \arctan\left(\frac{\boldsymbol{v}_{\mathrm{r}}}{v_{\mathrm{c}}}\right)\boldsymbol{t} \tag{8.4}$$

经过这样修正处理后，接触点总是会有一定程度上的滑动，如图 3.5 所示。表达式中 $v_{\mathrm{c}} = C$，其物理意义表示滑动刚刚发生时，接触物体之间的临界相对速度。C 值越小，代表该模型与实际情况越接近。

事实上有研究表明，采用库仑摩擦模型在法向力太大的情况下得到的结果经常与实际情况不符，分析得到的摩擦应力往往会超过材料的失效应力[12-15]。所以，在这种情况下需要采用基于剪应力的摩擦模型，该模型将摩擦应力视为材料等效剪应力的一部分。

$$\sigma_{\mathrm{fr}} = -m\frac{\bar{\sigma}}{\sqrt{3}}t \tag{8.5}$$

式中，m 为剪应力摩擦模型的摩擦系数；$\bar{\sigma}$ 为等效应力。

用反正切函数修正静-动摩擦之间的突变得到

$$\sigma_{\mathrm{fr}} \leqslant -m\frac{\bar{\sigma}}{\sqrt{3}}\frac{2}{\pi}\arctan\left(\frac{\boldsymbol{v}_{\mathrm{r}}}{v_{\mathrm{c}}}\right)\boldsymbol{t} \tag{8.6}$$

库仑摩擦和剪切摩擦模型都是在遵循“只有当切向应力到达某一临界值时，接触表面才会在局部产生位移”这一假设的前提下建立的[16]。但是研究结果表明该假设严格上说并不成立，只能在一定的范围内有效。因为有研究发现，只要有切向力存在，两接触表面间就有相对滑移发生。许多专家学者对这一现象展开了研究，并提出了许多非线性的摩擦模型，但由于各种技术原因，均未能在工程中得到很好的运用。

8.2.2　铜基粉末压制成形摩擦系数测试原理

压制过程中，粉末颗粒受压后位移变化迅速，粉末体中孔隙度大大降低，彼此的接触显著增加。随着压制的进一步进行，粉末颗粒间开始发生机械啮合，并进一步塑性变形，接触处也从点接触转化为面接触。在压制过程中粉末颗粒处于运动状态，其摩擦系数应该是动态变化的[17]。试验装置采用的闭模式压制摩擦测定方法通过轴向压力与径向压力的数值变化来计算摩擦系数的变化规律，得到动态的摩擦系数变化曲线。

摩擦系数测试装置主要由五部分组成，各个部分具体结构见图 8.2。该装置通过 T 形槽底板与液压机的工作台进行连接。粉体压制成形过程中，液压机提供所需的压制压力。计算摩擦系数时所需的正压力和摩擦力的数据均由压力传感器采集，并能直观地反映在为本试验专门设计的控制柜显示屏上，其压力传感器位置如图 8.3 所示。具体的试验过程是，液压机对粉体进行加压，当控制柜上显示的压制力达到所需值时，开始进行保压。此时启动电机，斜劈机构在蜗轮蜗杆的带动下开始推动压制滑台，此时按下控制柜相关按钮，传感器会自动采集正压力和摩擦力的数据。系统自动将这些数据导入力控软件，并计算出摩擦系数的动态睦线。

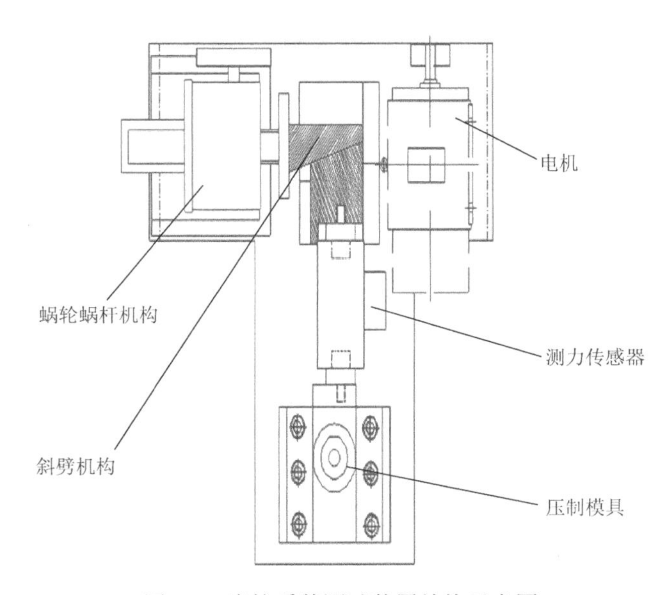

图 8.2　摩擦系数测试装置结构示意图

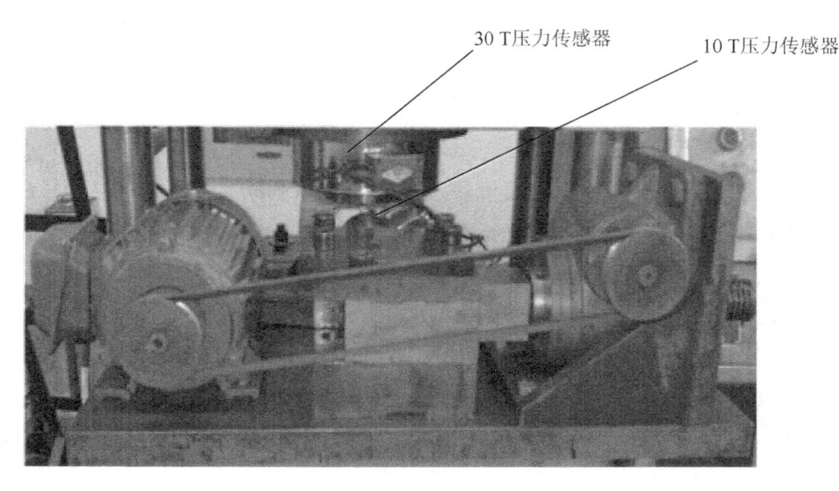

图 8.3　测试装备中的压力传感器

图 8.4 为本试验摩擦测试装置的原理示意图，可据压力传感器采集到的粉末与滑台间的正压力和摩擦力的数值来计算摩擦系数值。由图中的受力分析可知，模具芯棒受到来自液压机的正压力 N，斜劈机构施加在滑台上一个推动力 f。粉末与滑台间摩擦力为 f_1，滑台与底座上的聚四氟乙烯复合板间摩擦力为 f_2。根据平衡条件分析可知 $f = f_1 + f_2$，

粉末与滑台的摩擦系数计算公式：

$$u = \frac{f_1}{N} = \frac{f - f_2}{N} = \frac{f}{N} - \frac{f_2}{N}$$

试验中采集到的摩擦力是总的摩擦力 f。上述分析指出其由两部分组成：一部分是粉末与滑台间的摩擦力 f_1；另一部分是滑台与聚四氟乙烯复合板间的摩擦力 f_2。为得到摩擦力 f_1，需要想办法把摩擦力 f_2 去掉，也就是校正测试装置的测量误差。

要校正这种测量误差，就需要了解该误差的主要来源以及相关因素[18]。试验装置中，测量误差主要由压制过程中滑台与聚四氟乙烯复合板间的摩擦力 f_2 引起，因此，采用加修正值法来对其进行处理。只要测出该摩擦力 f_2 的大小，然后在拉压传感器采集的摩擦力场的数据中减去 f 的值就完成了对该测量误差的消除。

摩擦力 f_2 的测量方法如图 8.5 所示。具体方法是在滑台的上下表面各置一块聚四氟乙烯复合板，滑台包在中间置于液压机底座之上，压制模具位于上层的复合板上。通过上模冲施加压力将滑台上表面的聚四氟乙烯复合板压住。蜗轮蜗杆系统在电机的驱动下推动斜劈机构对滑台施加力 f，根据平衡条件可知 f 等于 $2f_2$，因此只要将此时拉压传感器采集的摩擦力 f 除以 2 就得到了 f_2 的值。经过多次试验，发现在不同的压制压力下，滑台与垫板间摩擦系数有微小的差别。在不影响准确度的前提下，取其平均值 0.025 作为误差修正值。

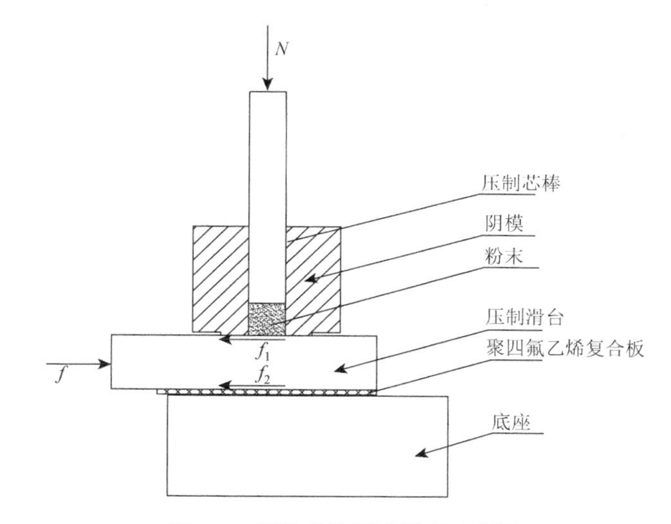

图 8.4　摩擦系数测试原理示意图

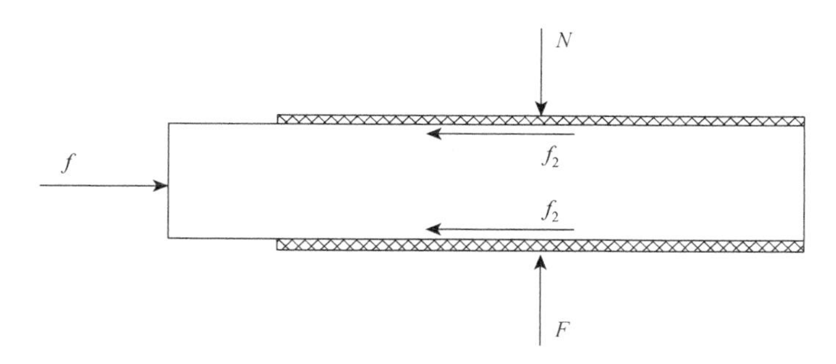

图 8.5　系统误差消除示意图

8.2.3　铜基粉末压制成形摩擦系数测试

利用该装置进行粉末体压制成形过程中的摩擦系数测试。试验材料为纯铜粉，每次试验铜粉用量为 18 g。考虑到实际生产中铜粉压制一般低于 500 MPa，实验分四组进行，压制压力分别为 255 MPa、318 MPa、382 MPa、478 MPa。每组实验进行 3 次，取其平均值，测试结果如图 8.6 所示。

由压制成形过程中的动态摩擦系数变化曲线可以看出（图 8.6），在压制的初期阶段，摩擦系数随着压制力的增大而急剧地上升，当摩擦系数值上升到一定值后便开始降低并逐步趋于稳定。这可能是由于在粉末体的压制初期，贴近模壁的那层粉末薄层发生剪切收缩，使得其摩擦系数急剧上升，之后随着压制的进一步进行，粉末体受到的压力和压坯密度逐渐增加，粉末体与模壁之间的接触界面也逐渐稳定，摩擦系数就逐渐回复平缓[19]。

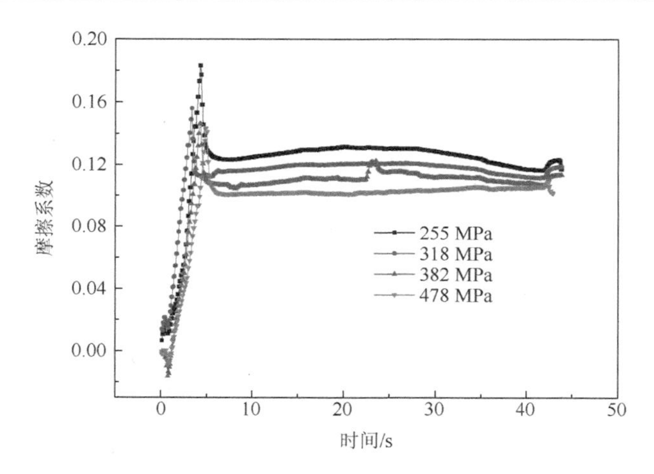

图 8.6　无润滑时不同压力下摩擦系数曲线

由图 8.6 可知，摩擦系数伴随着压制力的增加而有所下降。因此，在实际生产中适当地增加压制力有利于降低摩擦对粉末冶金制品的性能影响。同时，应该注意到，压制力的增加会使得模壁受到的测压强也相应地增加，这样更容易使得粉末冷焊在模具内壁，从而导致摩擦系数值迅速上升。而且压制力的增加也会对模具本身造成更大的伤害。在实际生产中压制压力的大小选择非常重要，合理的压制力会使压坯密度更均匀，模具使用寿命更长。

粉末与模壁之间的摩擦系数受多种因素的影响。采用硬脂酸锌作为润滑剂来检验其对模壁摩擦系数的影响。每次试验前将模腔内壁涂上一薄层硬脂酸锌，再将粉末装入模腔进行试验。由图 8.7 中的摩擦系数结果表明，在粉末体的压制成形过程中，适量加入一些润滑剂可以使摩擦系数明显地下降，得到密度更加均匀的压坯。

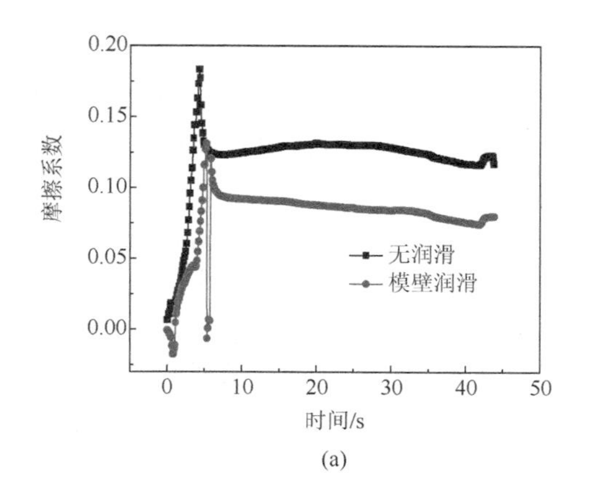

(a)

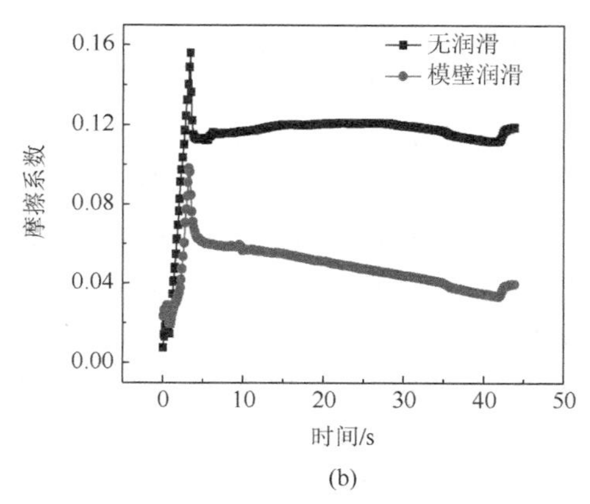

(b)

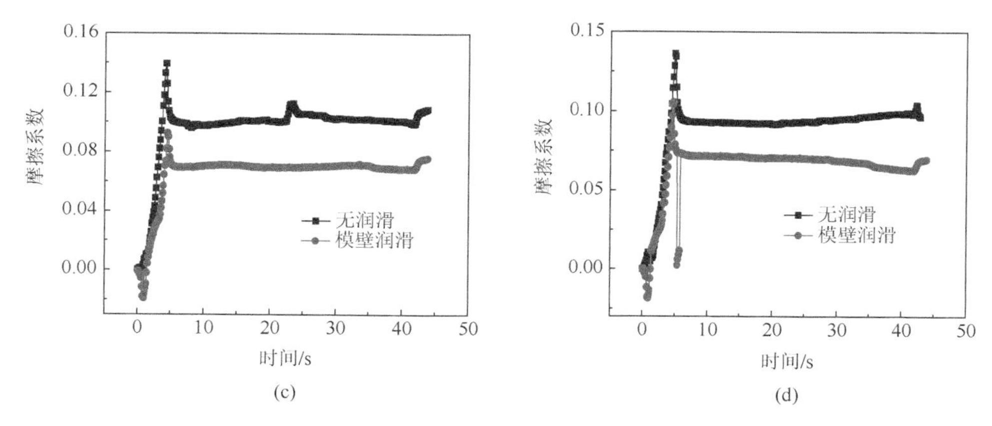

图 8.7 不同压力、润滑条件下的摩擦系数随时间变化

（a）255 MPa；（b）318 MPa；（c）382 MPa；（d）478 MPa

8.3 铜基粉末压制成形的有限元数值模拟及分析

采用有限元数值模拟可以获得对粉末变形过程更为微观、全面的认识，日益成为研究粉末压制行为的有效手段。粉末体是非连续体，粉末体在压制过程涉及各颗粒间的互相作用、互相影响，是一个非常复杂的变化过程，现有的数学模型还不能完全正确地描述真实的粉末成形过程以及预测缺陷产生原因。因此，有必要对金属粉末成形理论进行深入的研究，得到更加精确的数学描述模型，以反映压制过程中的粉末变形行为。

8.3.1 铜基粉末压制成形有限元数值模拟

通过相关有限元模拟软件，将压制过程简化成相关的有限元模型，并将这些关键的材料模型参数导进之后再开始进行模拟研究。具体的模拟研究工作中还应该考虑润滑条件和模冲运动状况等压制工艺参数对于粉末冶金制品的性能影响。

8.3.1.1 前处理分析

粉末颗粒间和粉末与模壁之间均存在一定的摩擦作用，使得成形过程中粉体内各部分受到的压制力存在一定的不均匀性，并由此产生一系列复杂的影响。实际的有限元模拟工作中，分析人员大部分的工作量都集中在前处理阶段。

1）建模以及粉末材料定义

对铜基粉末的压制成形过程进行数值模拟时，首先进入 MESH GENERATION

将铜粉的压制工艺简化成一个合适的几何模型，再将模型中的粉末体进行网格划分，将粉末体处理成可以进行数值模拟的有限元单元，如图 8.8 所示。

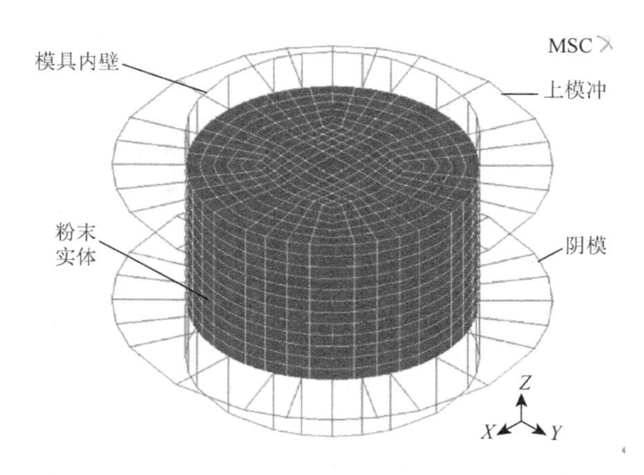

图 8.8　铜粉压制成形数值模拟的模型

粉末体压制的模型建立好之后，进入 MATERIAL PROPETIES 开始对粉末体的材料特性进行定义。弹性模量定为 125000，泊松比与相对密度的关系如图 8.9 所示，铜粉的真实应力应变曲线如图 8.10 所示。在粉末体的塑性屈服准则处理上 Marc 软件采用了 Shima 模型[20]。

$$F=\frac{1}{\gamma}\left(\frac{3}{2}\boldsymbol{\sigma}^{d}\boldsymbol{\sigma}^{d}+\frac{p^{2}}{\beta^{2}}\right)^{\frac{1}{2}}-\sigma_{y} \tag{8.7}$$

式中，σ_y 为单轴屈服应力，$\boldsymbol{\sigma}^d$ 为偏应力张量，p 为静水压力，γ、β 为材料参数。

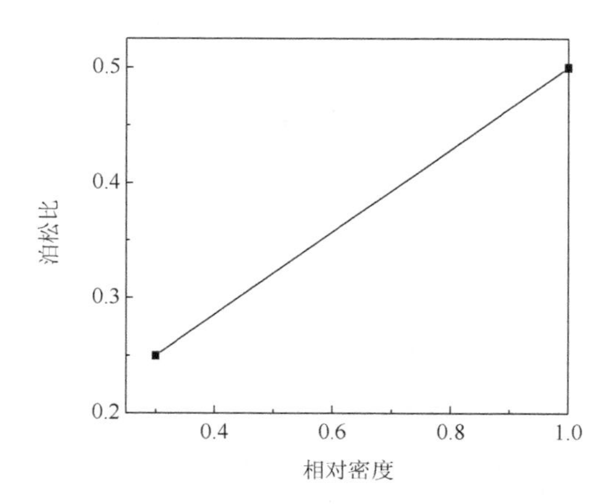

图 8.9　泊松比与相对密度的关系

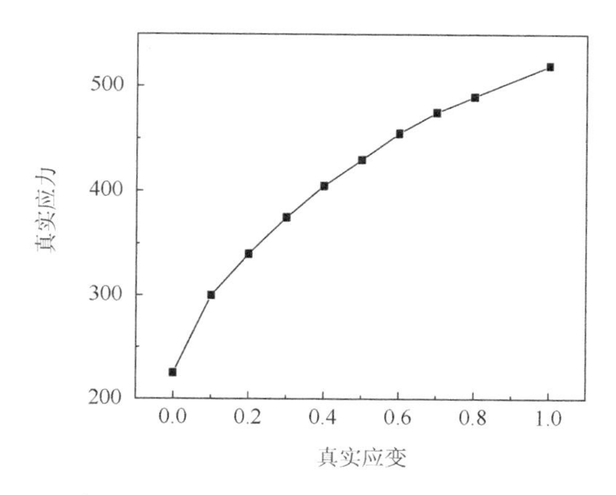

图 8.10　铜粉真实应力与真实应变的关系

2）接触分析

接着开始点击 CONTACT 控件进入接触分析界面，这也是模拟工作中非常关键的一步。接触的算法流程参见图 5.6。从图中可以清楚地看出接触分析的整个过程中需要定义的细节。首先，接触分析所描述的接触物体之间必须满足无穿透的约束条件。参见图 5.4，公式表达为

$$\Delta\mu_{\mathrm{A}} \cdot \boldsymbol{n} \leqslant D \tag{8.8}$$

式中，$\Delta\mu_{\mathrm{A}}$ 为图中 A 点的位移增量；$\boldsymbol{n}$ 为单位法向量；D 为接触的距离容限。

在用 Marc 软件做铜基粉末压制成形的仿真分析过程中，定义接触分析时，需要对有限元模型进行可变形接触体和刚性接触体的分类处理。

可变形接触体描述的是模拟过程中需要考虑其变形行为的物体。它通常由一系列的有限元单元构成。这些有限元单元可以根据实际模拟工作的需要将其划分成三角形、四边形、四面体、六面体等不同形状，且每种形状还能定义不同节点数。一般只需要将变形体的外表面的单元节点处理成可能的接触点，尤其是大多数情况下可以确定某些节点根本不可能与其他物体接触时，更可以通过这种方法来节省计算分析的时间。作者将铜粉处理成可变形接触体。

Marc 软件在分析过程中会通过两种方式将变形接触体边界单元数据处理成接触段/片和接触点。一种是通过分段线性插值描述接触段/片的几何。另一种是用三次样条曲线或 Coons 表面描述接触段/片的几何，也就是采用接触体的解析描述，这样会有效提高接触表面计算的精度，如图 8.11 所示。

刚性接触体描述的是接触过程中变形可以忽略不计的物体，本节所建立的模型中的上模冲、阴模和模具内壁均被处理成刚性接触体。需要注意的是，对于刚体的几何描述方法，Marc 软件提供两种不同精度的描述方法，离散描述和解析描述。采用离散描述的因素包括直线、弧线、样条曲线、旋转面、Bezier 表面、直纹

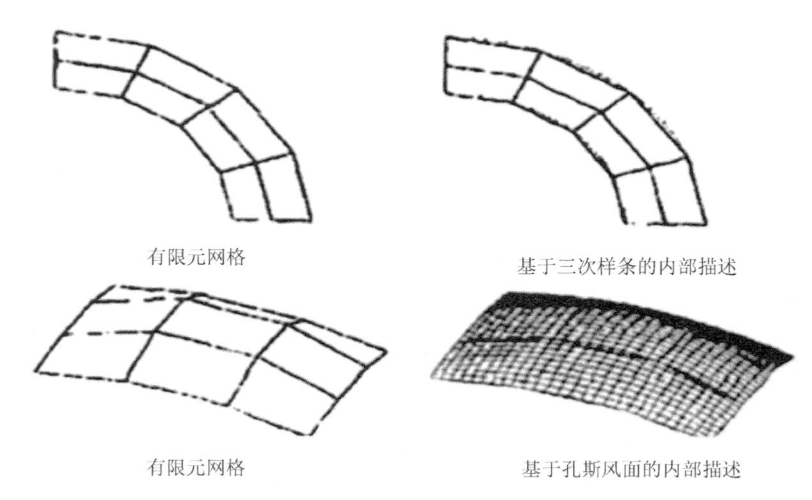

图 8.11　压制成形模型中可变形接触体的解析描述

面、4 点表面和多折面。而采用解析描述的因素包括 NURB 曲线、NURB 表面、Coons 曲面、球面。

通常，离散描述的方法精度较低，要提高其精度就需要使轮廓的分段数足够多。而解析描述，一般都能提高描述的精度，且能大大提高接触迭代的收敛性。特别是对于一个变形体与多个刚体接触时，应该避免解析和离散的混合使用，这可能会导致在剐体交叉点的测量精确度下降。

实际建模中，刚性接触体只需要建立参与接触的那部分几何轮廓或几何实体，这能避免不必要的时间浪费，加快建模速率。且需要注意的地方是，区分刚性接触体的可接触表面和不可接触表面，这一点对计算能否顺利进行很重要。对二维平面模型的分析来说，按右手准则沿模型轮廓线走，不可接触的表面永远位于左手那侧。在 Montat 中点击 IDBACKFACE，软件会自动将不可接触表面处理成带有细小锯齿的二维曲线，该曲线光滑的一侧为可接触刚性表面，如图 8.12 所示。对于三维模型的分析，按右手准则沿接触体上的某一小块边界走，不可接触的表面永远位于下方。如上述平面分析一样，此时在 Montat 中点击 IDBACKFACE，

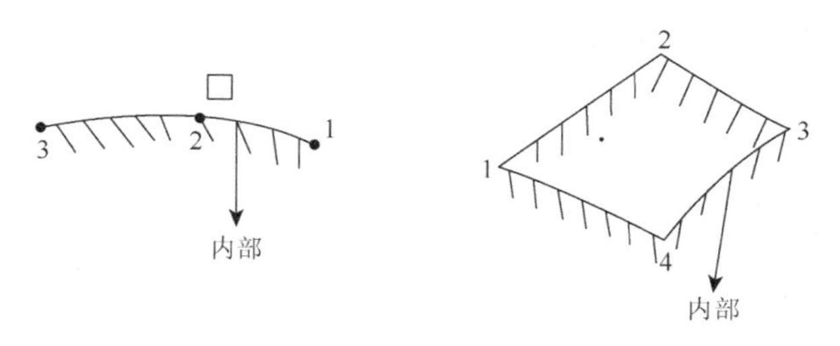

图 8.12　几何实体刚性接触体的定义

软件也会自动将不可接触表面表示成粉红色，而黄色则用来表示可接触表面。如果发现与实际情况不符，可点击 FLIP SURFACE 将接触体的表面方向纠正过来。

需要注意定义时必须要定义足够长的边界，防止变形体接触点在其变形过程中会滑出刚体的边界线，如图 8.13 所示。其他需要注意的是，Marc 软件是不允许刚体与刚体之间有接触产生的。

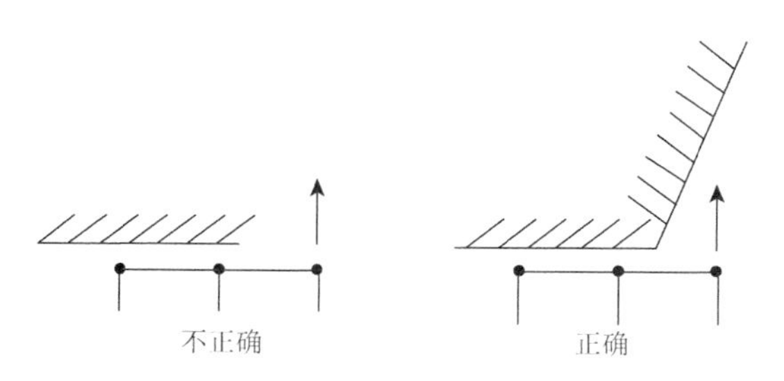

图 8.13 几何实体可变形接触体滑出刚性接触体

3）接触体的运动定义以及接触探测

模拟工作的接触定义时，变形体受到的力和发生的位移通常是由与之相接触的刚体的运动引起的。而刚体的运动可以通过三种方式描述：给定位移、给定速度和给定载荷。实际分析时，给定载荷的分析往往会比给定位移和给定速度复杂很多，计算成本也会相应地高很多。鉴于此，工作中的加载分析主要由给定位移和给定速度的方法来进行。

实际的模拟分析工作都需要快速准确地找到接触体开始发生接触的具体位置。Marc 软件提供的自动探测初始接触功能可以满足上述要求。从图 8.14 可以看出，对于具有非零初速度的刚性接触体，系统能自动快速地找到其恰好与变形体产生接触且不发生变形的确切位置。无论实际分析中涉及几个具有非零初速度

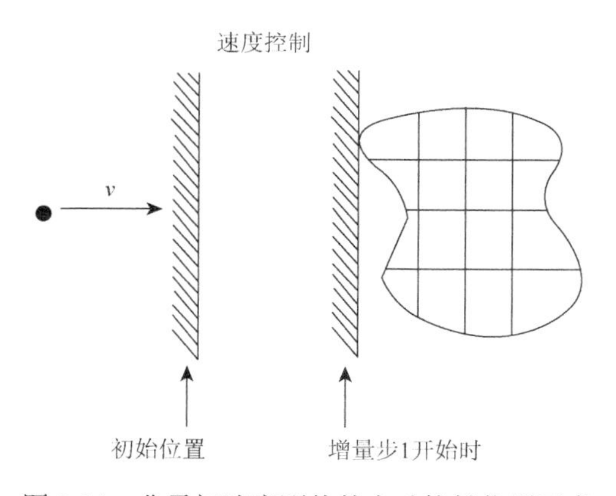

图 8.14 非零初速度刚体的自动接触位置示意

的刚形接触体，Marc 软件都会使刚体在第 0 个增量步刚好与变形体发生接触。此时不会对变形体施加任何力的作用和非零的位移。

在有限元分析的过程中，系统是通过接触探测来分析不同物体间是否发生了接触。这一接触检测功能在每个增量步开始时都会自动进行。计算分析过程中一般采用接触容限和偏斜系数来实现其接触探测的功能[21]。

只有当某一物体贴紧另一物体才算是接触，将这一判断法则应用到数值模拟分析中，会给模拟工作带来很大的麻烦，甚至无法实现。因此考虑采用接触容限这一方法来解决遇到的麻烦。即只要某一节点位于另一物体的接触容限距离内，该节点与这一物体之间就被看成是接触关系，如图 8.15 所示。

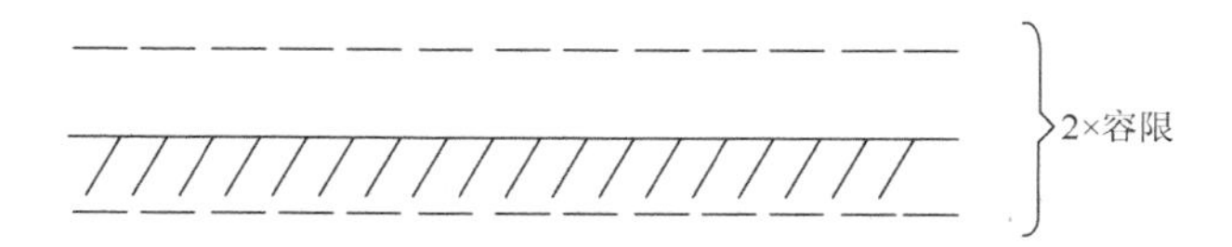

图 8.15　几何节点接触段附近的接触容限

采用接触容限的方法不仅能探测接触，还能探测到穿透的发生，参见图 5.5。从图中看出，如果点 A 在增量步 t 到 $t+\Delta t$ 内从 $A(t)$位置移动到 $A^{\text{trial}}(t+\Delta t)$ 位置，系统认为点 A 超出了接触段的接触容限距离，即点 A 发生穿透。此时，Marc 软件会自动地将该增量步进行细分，使得在细分后每个新的增量步内都不发生穿透。具体时间增量的细分方法如式（8.9）所示：

$$\Delta t_{\text{new}} = \frac{d-D}{d}\Delta t_{\text{old}} \tag{8.9}$$

Marc 软件的这种自动细分时间增量步的方法会降低计算效率。所以为了提高效率，可设置为当前增量步发生穿透，自动将这一穿透放到下一个增量步内进行处理，或者直接选用较小的增量步也能避免穿透的发生。接触容限的设置与计算分析结果的精度以及计算效率之间存在密切关系。一般来说容限值越小，得到的结果精度也越高，但同时也使得系统对节点接触与否的判断难度增加，而且计算费用也会成比例增加。

基于以上原因，考虑使用一个偏斜系数 B 使得接触容限往外表面偏斜。偏斜系数 B 的取值介于 0 与 1 之间。B 值取 0 代表接触容限不发生偏移；大于 0 且小于 1 时，其偏移情况如图 8.16 所示。

偏移系数的设置使得外表面接触距离增加，计算运行更便利：同时也使得内表面接触距离减小，计算结果精度更高。定义完两类接触体之后，进入 CONTACT TABLE 指定各接触体之间的关系，既减少了计算机检测判断的时间，也能在一定程度上提高计算效率。

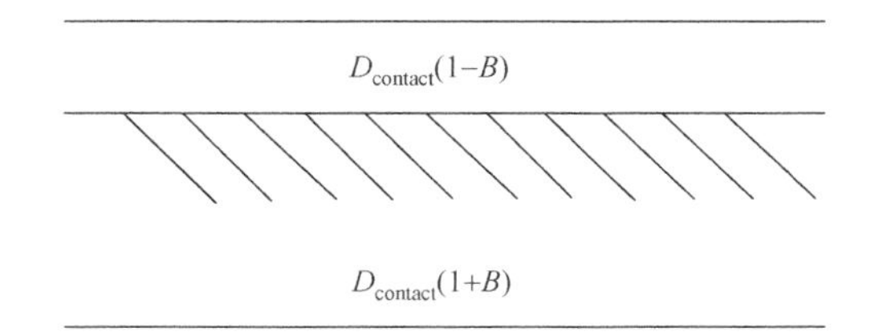

图 8.16　偏斜系数大于 0 小于 1 时接触容限的设置

4）定义初始条件和边界条件

接触分析结束后，模拟工作的前处理阶段已经接近结束。考虑到铜基粉末装入模腔之后有一个松装密度表示粉末体当时的状态，需要进入 INITIAL CONDITIONS 将这一松装密度定义到模型中的变形体上。前处理工作进行到这一步就已经结束，接下来直接进入分析定义阶段。但是如果建立的模型是二维的轴对称模型，那还需要进入 BOUNDARY CONDITIONS 对材料进行一个边界条件的定义。如图 8.17 所示，需要对对称轴所在的一列单元进行 y 方向位移为 0 的边界条件定义。

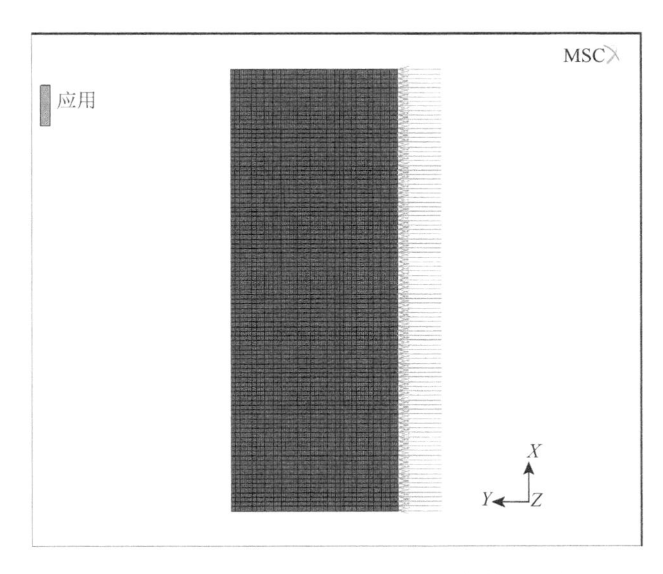

图 8.17　二维轴对称模型中的边界条件的定义

8.3.1.2　高度非线性问题的分析

1）非线性方程组的求解

对于所有几何、材料和边界条件的非线性问题，都可以用一个非线性有限元方程组来描述，该方程组进行求解需要迭代下面的增量线性化有限元方程。

$$K\delta u = \boldsymbol{r} \tag{8.10}$$

其中，δu 是位移增量，$\boldsymbol{r}$ 是残余力向量。

MSC.Marc 软件提供了以下几种解法来求解非线性方程组，分别为完全的 Newton-Raphson 方法、修正的 Newton-Raphson 方法、修正应变方法、直接代入法和弧长法。Newton-Raphson 方法收敛性较好，修正的 Newton-Raphson 方法收敛性相对较慢。修正应变方法一般适用于梁、壳问题。

直接代入法：在流体计算中，系数矩阵通常写为上一步速度矢量的函数，而不包含当前步的速度矢量，这样方程式化为显式形式，可以用代入法直接求解未知的速度矢量。

弧长法：弧长法的基本思想是在由弧长控制的、包含真实平衡路径的增量位移空间中，用 Newton-Raphson 方法搜索满足力学平衡方程的平衡路径。该法常用于屈曲问题的求解。

2）非线性迭代的收敛检查

有限元数值模拟软件 Marc 主要提供残差判据、位移检查，以及应变能检查来进行收敛检查。此外，还有残差检查和位移检查的两种组合：残差或位移检查、残差和位移检查。不同的问题需要不同的方案来检验收敛的效率和精度。造成过程中残差与位移的变化如图 8.18 所示。

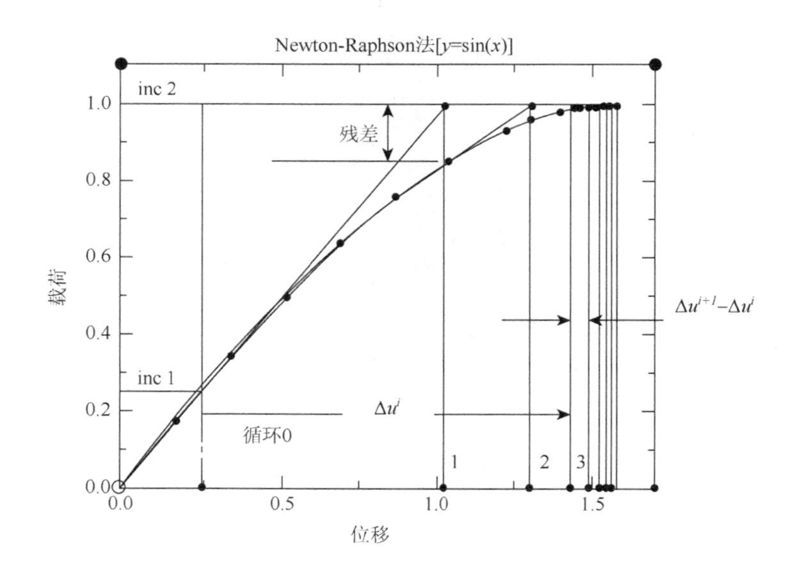

图 8.18　迭代过程中残差与位移的变化

残差表示的意义是迭代过程中近似位移所产生的内力与外加载荷之间的匹配程度。残差越小，计算结果越精确。该检查通常分相对和绝对两种。

相对残差检查表达式：

$$\frac{\| F_{\text{redidual}} \|_{\infty}}{\| F_{\text{reaction}} \|_{\infty}} < \text{TOL}_1 \tag{8.11}$$

$$\frac{\| F_{\text{redidual}} \|_{\infty}}{\| F_{\text{reaction}} \|_{\infty}} < \text{TOL}_1 \quad 和 \quad \frac{\| M_{\text{residual}} \|_{\infty}}{\| M_{\text{reaction}} \|_{\infty}} < \text{TOL}_2 \tag{8.12}$$

绝对残差检查表达式：

$$\| F_{\text{redidual}} \|_{\infty} < \text{TOL}_1 \tag{8.13}$$

$$\| F_{\text{redidual}} \|_{\infty} < \text{TOL}_1 \quad 和 \quad \| M_{\text{residual}} \|_{\infty} < \text{TOL}_2 \tag{8.14}$$

式中，TOL_1 和 TOL_2 为给定的残差误差允许值；F_{redidual} 和 F_{reaction} 分别表示节点自由度的残差和最大反力；M_{residual} 和 M_{reaction} 分别表示节点自由度上力矩的残差和最大反作用力矩。

两次迭代过程中产生的位移之差与实际增量步内的真实位移之间的比值小于给定值时，认为结果收敛。位移检查同样有相对和绝对的定义。

相对位移准则表达式：

$$\frac{\| \delta_{\text{u}} \|_{\infty}}{\| \Delta_{\text{u}} \|_{\infty}} < \text{TOL}_1 \tag{8.15}$$

$$\frac{\| \delta_{\text{u}} \|_{\infty}}{\| \Delta_{\text{u}} \|_{\infty}} < \text{TOL}_1 \quad 和 \quad \frac{\| \delta_{\varnothing} \|_{\infty}}{\| \Delta_{\varnothing} \|_{\infty}} < \text{TOL}_2 \tag{8.16}$$

绝对位移准则表达式：

$$\| \delta_{\text{u}} \|_{\infty} < \text{TOL}_1 \tag{8.17}$$

$$\| \delta_{\text{u}} \|_{\infty} < \text{TOL}_1 \quad 和 \quad \| \delta_{\varnothing} \|_{\infty} < \text{TOL}_2 \tag{8.18}$$

式中，δ_{u} 和 $\delta_{\varnothing}$ 为节点位移和转角增量的修正量；Δ_{u} 和 $\Delta_{\varnothing}$ 为位移和转角的增量值；TOL_1 和 TOL_2 为给定的误差允许值。

两次迭代过程中产生的应变能之差与实际增量步内的应变能之间的比值小于给定值时，认为结果收敛。该检查更加适合于评价总体的迭代精度。

$$\frac{\delta E}{\Delta E} < \text{TOL}_1 \tag{8.19}$$

式中，δE 为应变能增量的修正值；ΔE 为应变能增量；TOL_1 为给定的误差允许值。

这个检查准则要求对残差和位移都进行检查，如其中一个收敛，即认为结果收敛。只有当残差检查和位移检查均收敛时，才认为结果收敛。模拟工作采用残差或位移检查，如图 8.19 所示。

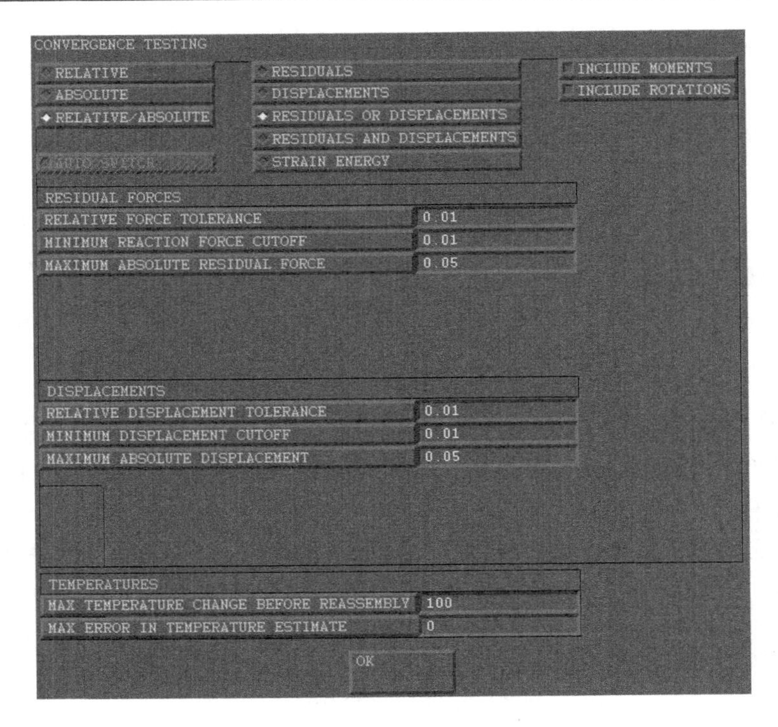

图 8.19　模拟收敛准则的定义

8.3.2　铜基粉末压制成形相对密度分析

粉末冶金压制成形结束后得到的生坯，其密度均匀性是衡量其质量是否合格的重要指标。模壁摩擦的存在使得压坯不同区域的相对密度有所不同[22, 23]。生坯密度的不均匀是造成粉末冶金制品最终尺寸不合要求、变形过大、内部微小裂纹过多、表面开裂以及综合力学性能下降等缺陷的主要原因。

为了全面了解压制成形过程中粉末体密度的变化的机制，将压制过程的 100 个增量步等分成 5 部分来对其密度变化机制加以讨论。由于三维实体图不利于观察其内部变化，对粉末圆柱体的模拟结果进行切片处理，如图 8.20 所示。

由图 8.20 可以看出，粉末体靠近上模冲的部分在压制开始的初期就已表现出径向两端密度高于粉体径向中心部分，这种趋势一直持续到压制结束。这是由于压制过程靠近上模冲的粉末颗粒受到上模冲的摩擦作用具有由径向中心向径向两端运动的趋势，这一趋势使得大量颗粒堆积在靠近上模冲的粉末体径向两端，从而使这一区域成为粉末体的密度最高区。压制成形过程粉末体轴向中心线处的粉末由于受模壁摩擦影响最小，使得其密度增加速度高于轴向其他部分，反映在密度上即表现出轴向中心线处的密度高于其同一个径向的其余处。模壁摩擦的影响

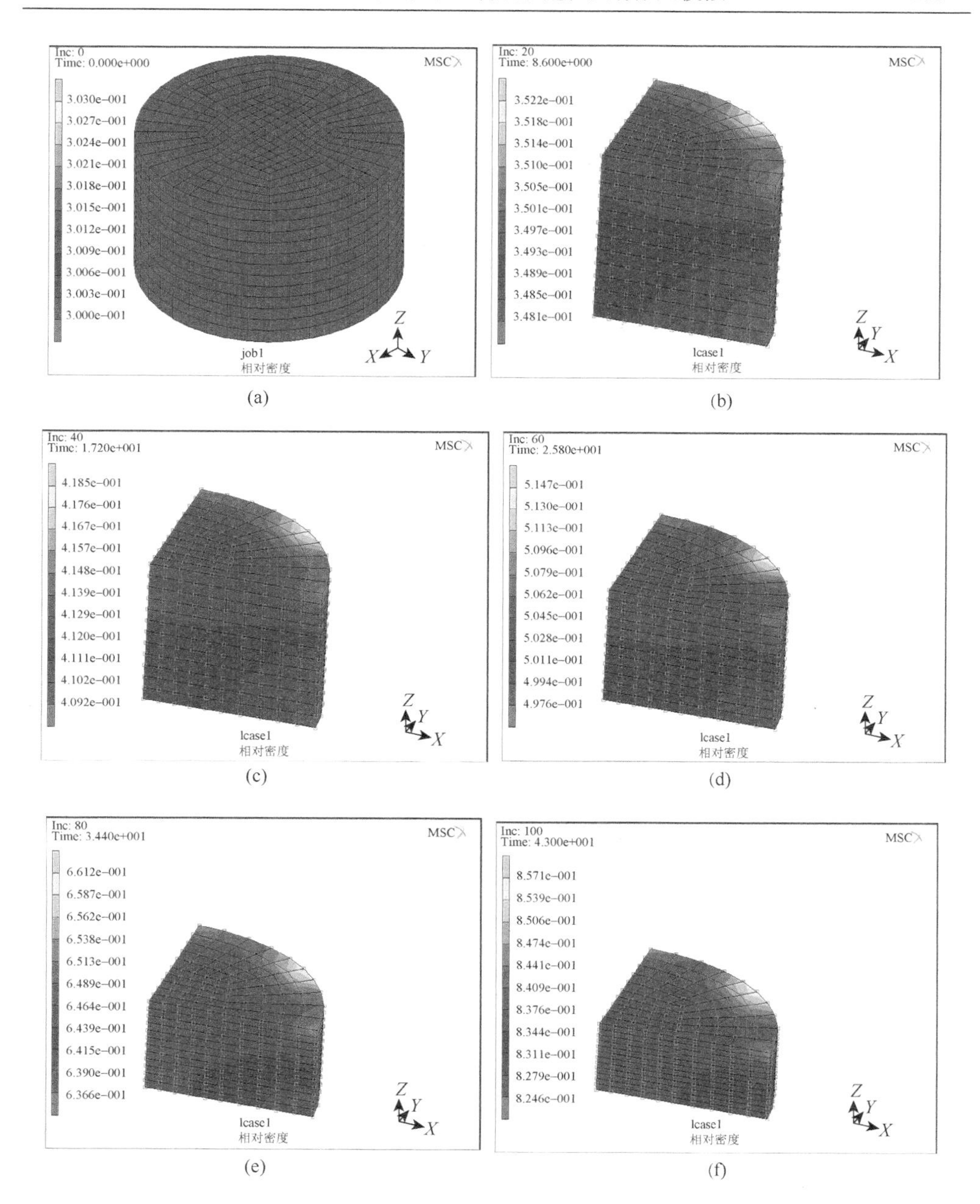

图 8.20　铜基粉末不同增量步下的密度分布云图

（a）增量步 0；（b）增量步 20；（c）增量步 40；（d）增量步 60；（e）增量步 80；（f）增量步 100

使得大量粉末产生位移滞后现象，聚集在靠近上模冲的径向两端，这些粉末在压制过程中轴向运动受阻便开始向粉末体内部横向运动，导致在压制过程中粉末体靠近轴向中心线的内部密度略低于粉末体同径向的靠近模壁处密度。随着压制的进一步继续，能够在靠近阴模径向两端的区域聚集的粉末颗粒甚少，聚集速度越来越小。而粉末体内部由于受摩擦影响较小，密度增加速度变化很小，使得靠近阴模的粉末体随着压制的逐步进行将逐新缩小与径向两端的密度差异[24]。从最终的生坯密度分布图可以看出，靠近模壁处的粉末体沿着压制方向，其密度分布呈梯度降低。而内部轴向粉末体受摩擦影响较小，最终生坯密度分布趋于一致，没有明显梯度存在。生坯的密度最低区域位于贴近下模冲的径向两端。

8.3.3　铜基粉末压制成形的位移分析

根据图 8.21 可以看出随压制成形结束后，粉末体生坯的轴向位移量沿压制方向几乎呈梯度等分递减分布，贴近上模冲的粉末颗粒位移量最大。

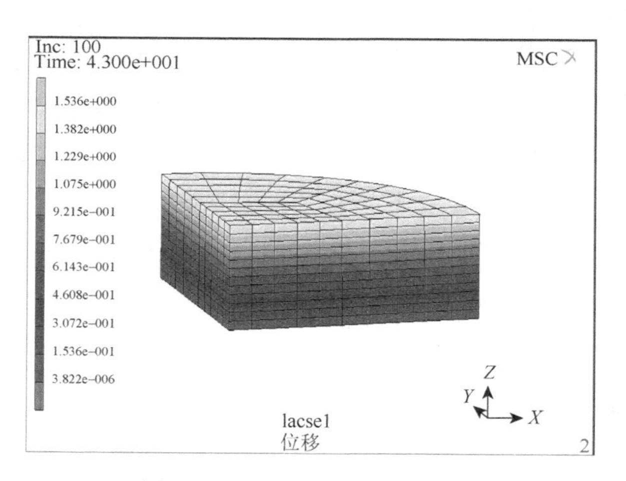

图 8.21　生坯的轴向位移变化量

为了清晰看出生坯的五个不同径向的位移情况，将生坯等分为 5 层，分别考察各个层面上的粉末颗粒轴向位移量情况，如图 8.22 所示。径向的 0 mm 和 4 mm 处代表的是各个不同层面上贴近模壁的粉末的位置，径向的 2 mm 处为粉末体的轴向中心线区。可以清晰地看到模壁摩擦的阻碍作用使得贴近模壁的那些粉末产生位移滞后现象，从而导致各个层面上的粉末颗粒的轴向位移量曲线均呈“凹”势走向，唯独贴近阴模的那层粉末颗粒由于受到阴模的反作用力影响，产生“凸”势走向。对比各个不同层面的粉末颗粒位移量差值发现，贴近上下模的两个面上粉末体沿压制方向的位移量差值最小，分别为 0.0012 mm 和 0.001 mm。中间三个层面位移量差值情况比上述两个面大一个数量级，总体趋势表现为先增大后减小，分别为 0.12 mm、0.13 mm 和 0.1 mm。

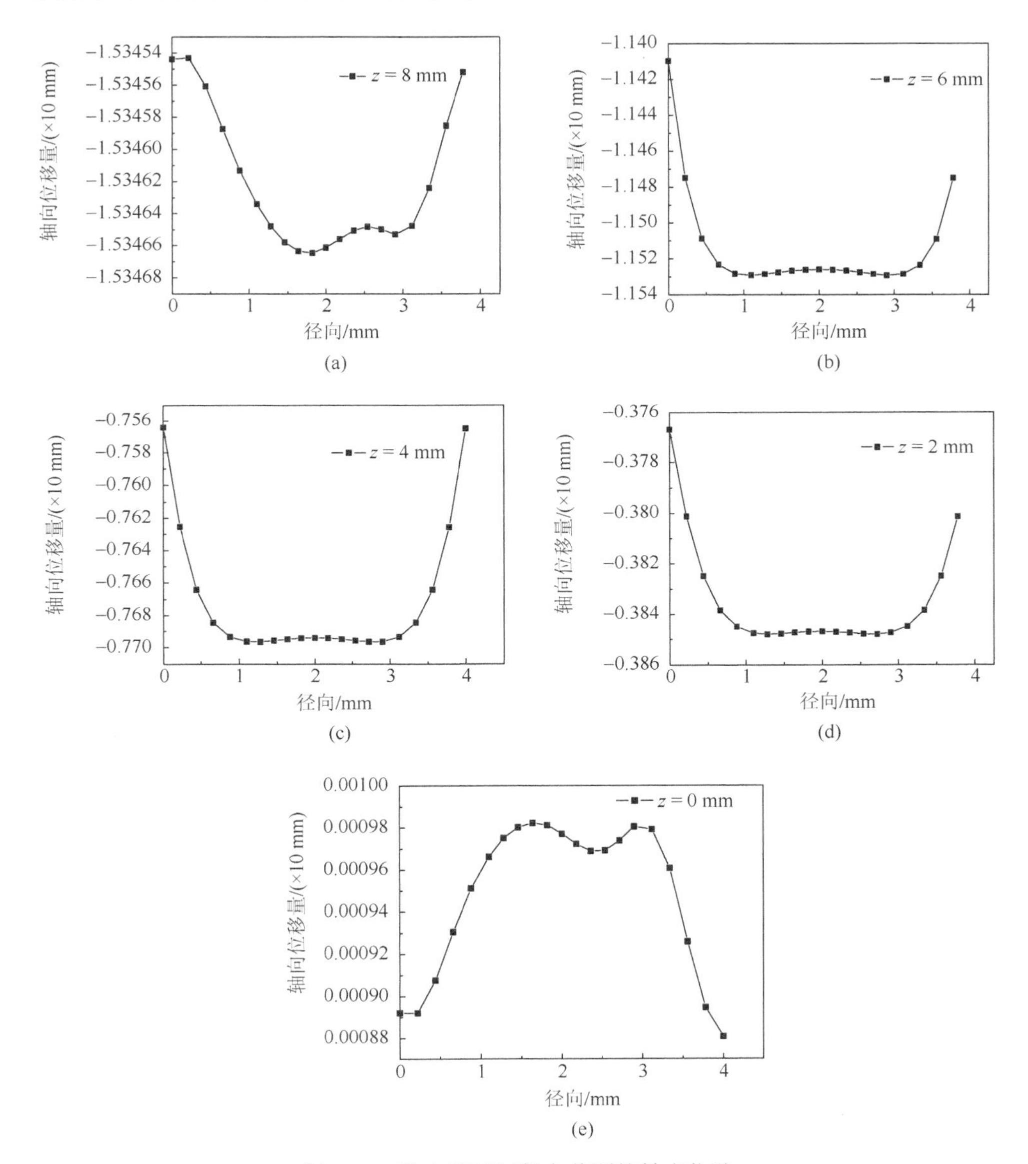

图 8.22　粉末体不同径向截面的粉末位移

8.3.4　铜基粉末压制成形的弹性后效分析

图 8.23 是粉末体压制结束与脱模结束后的相对密度对比云图。对比分析可知，

压制结束后，粉末体压坯的密度最高点与最低点的相对密度差为 0.0325。脱模时在弹性后效的影响下，压坯各处的相对密度均有所下降，但总体的密度分布趋势不变。脱模后，粉末体压坯的整体均匀性略微有所好转，相对密度差变为 0.0319。

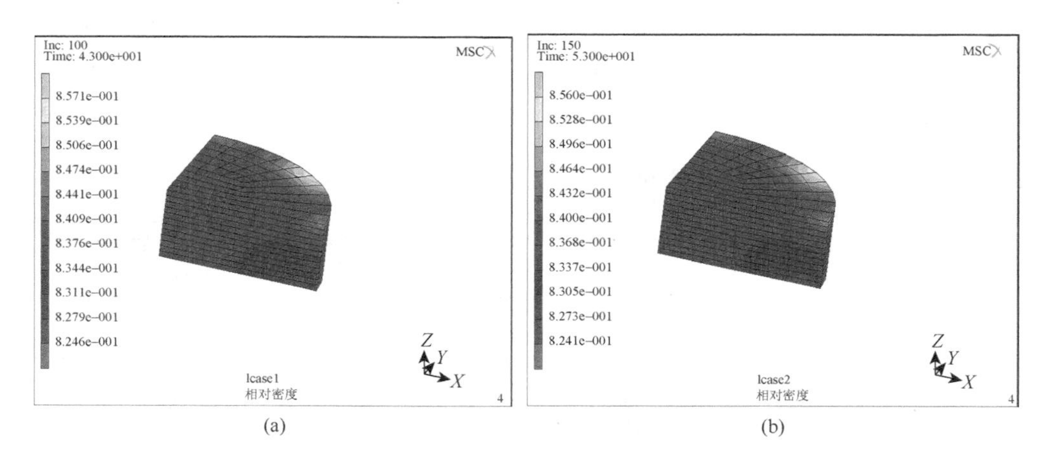

(a) (b)

图 8.23 弹性后效导致的密度差异

（a）压制结束时；（b）脱模后

弹性后效的影响因素很多，比如粉末种类、特性、颗粒形状、硬度、压制力大小、压坯孔隙度、压膜材质或结构、成形剂的选择以及压制速度等等均可以对粉末体压坯的弹性后效状况产生一定影响。图 8.24 为不同压制速度下粉末体压坯的径向弹性回复量对比图。从图 8.24 中可以看出随着压制速度的降低，压坯的径

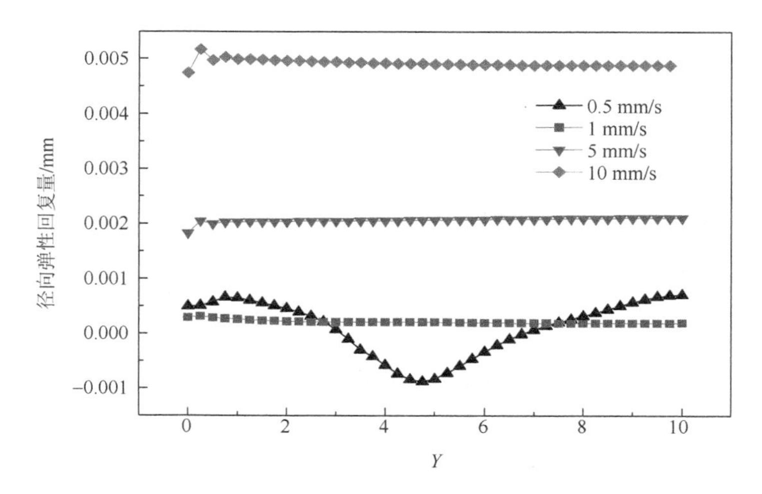

图 8.24 不同压制速度下的弹性后效分析

向回复量明显下降，弹性后效明显好转。这是由于在高速压制情况下，粉末体短时间内发生剧烈的塑性应变，其内部聚集了很大的弹性内应力，脱模后，这部分内应力急剧松弛，使得压坯发生较大的变形。而随着压制速度的降低，粉末体的弹性内应力将得到更多的时间将其内耗在压坯内部。最终脱模时，弹性内应力明显减小不少，这就避免了压坯发生大的弹性回复。

8.3.5　铜基粉末成形压坯密度分布影响因素

粉体压制成形过程的影响因素很多，例如：粉末性能、润滑剂的选择、压制方式等。本节重点分析润滑条件、润滑方式、粉末体高径比、压制速度、压制方式、保压方式和脱模方式等因素对铜粉压坯密度分布的影响。为提高工作效率，数值模拟采用 4 节点四边形平面单元进行二维分析。有限元网格划分时，轴向划分 96 层，每层 40 个单元，共计 3840 个单元，3977 个节点。模拟时采用定速压制。二维有限元模型如图 8.25 所示。

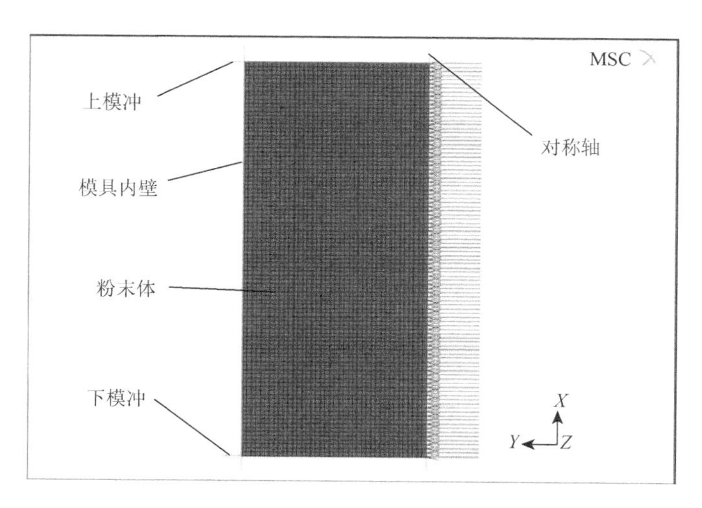

图 8.25　二维有限元分析模型

8.3.5.1　润滑条件对压坯密度分布的影响

模壁摩擦是导致粉末体压坯密度不均匀的主要原因之一，选择合适的润滑剂可以明显减少模壁对粉末体的摩擦作用，从而降低位移滞后效应对粉体的不利影响。润滑剂的加入量与粉末种类、特性、颗粒太小和摩擦表面值等因素有关。一般来说，细粉末所需的润滑剂添加量比粗粉末要多一些。压坯的高度越高所需要的用量也越多。

对比图 8.26 中不同润滑情况下的压坯密度分布云图可以看出，随着模壁粗糙度、模壁润滑情况越来越好，粉末体压坯密度最高点数值逐步减小，压坯密度最低处数值不断增加，密度差异越来越小，其差异值分别为 0.132、0.088、0.065、0.038。由此看出，润滑状况的好转可以很大程度地增加生坯的密度分布均匀性。尤其是采用特殊润滑时，其相对密度差还不到无润滑时的 1/3，密度均匀性得到很大提高，这将给粉末冶金制品的综合性能带来非常明显的提升。

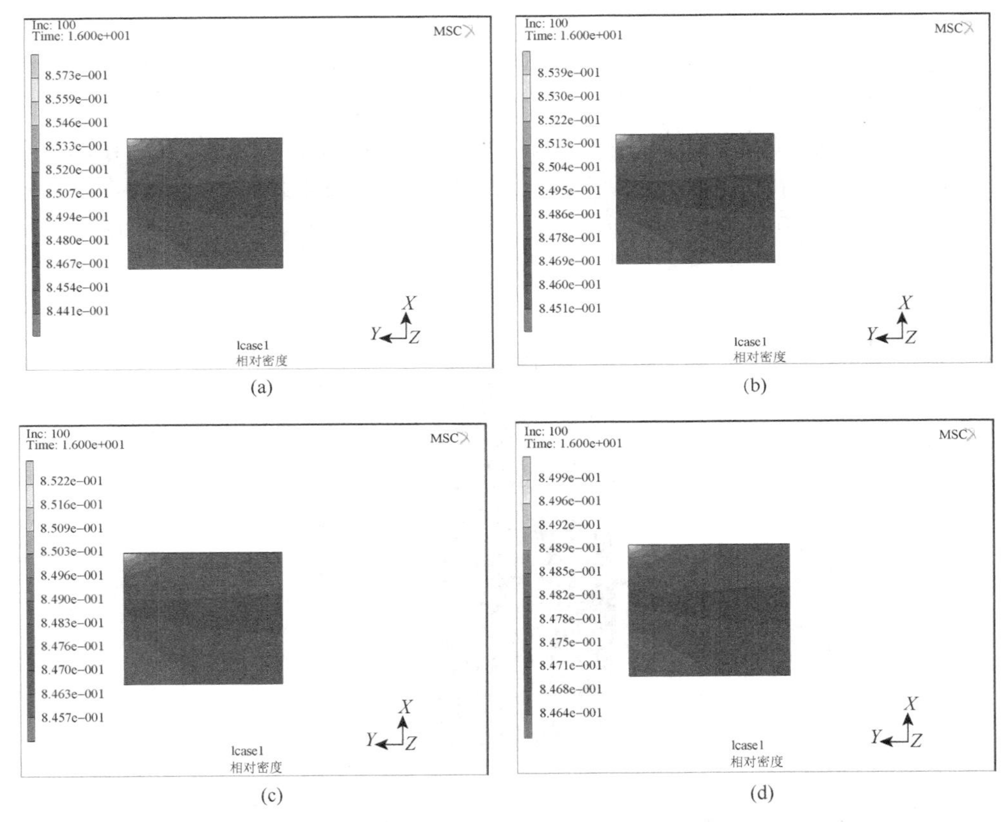

图 8.26　不同润滑情况下的压坯密度分布云图

（a）无润滑；（b）一般润滑（摩擦系数平均为 0.2）；（c）一般润滑（摩擦系数平均为 0.15）；（d）特殊润滑

8.3.5.2　高径比对压坯密度分布的影响

利用模拟分析研究不同高径比（H/D）对糟束体压坯密度均匀性的影响。如图 8.27 所示，模拟研究分四组进行，其高径比分别为：24/5、24/10、24/15、24/20。模拟结果显示，减小粉末体的高径比可以使压坯密度分布更加均匀。上述四组模拟研究得到的压坯密度差异分别为：0.184、0.115、0.096、0.088。可以推理分析，当 $H/D \leqslant 15$ 时，压坯的密度均匀性比较理想，当 $H/D > 15$ 时，其密度分布均匀性较差，尤其是 $H/D \geqslant 4$ 时，密度分布差异过大，很容易造成粉末在压坯密度薄弱处的开裂甚至坍塌。因此在粉末冶金产品的设计和生产中，应该避免过于细长的零件形状。如果无法避免，也应该考虑采用其他方法增加生坯密度的均匀性，比如改善模壁光洁度、采用双向压制等。

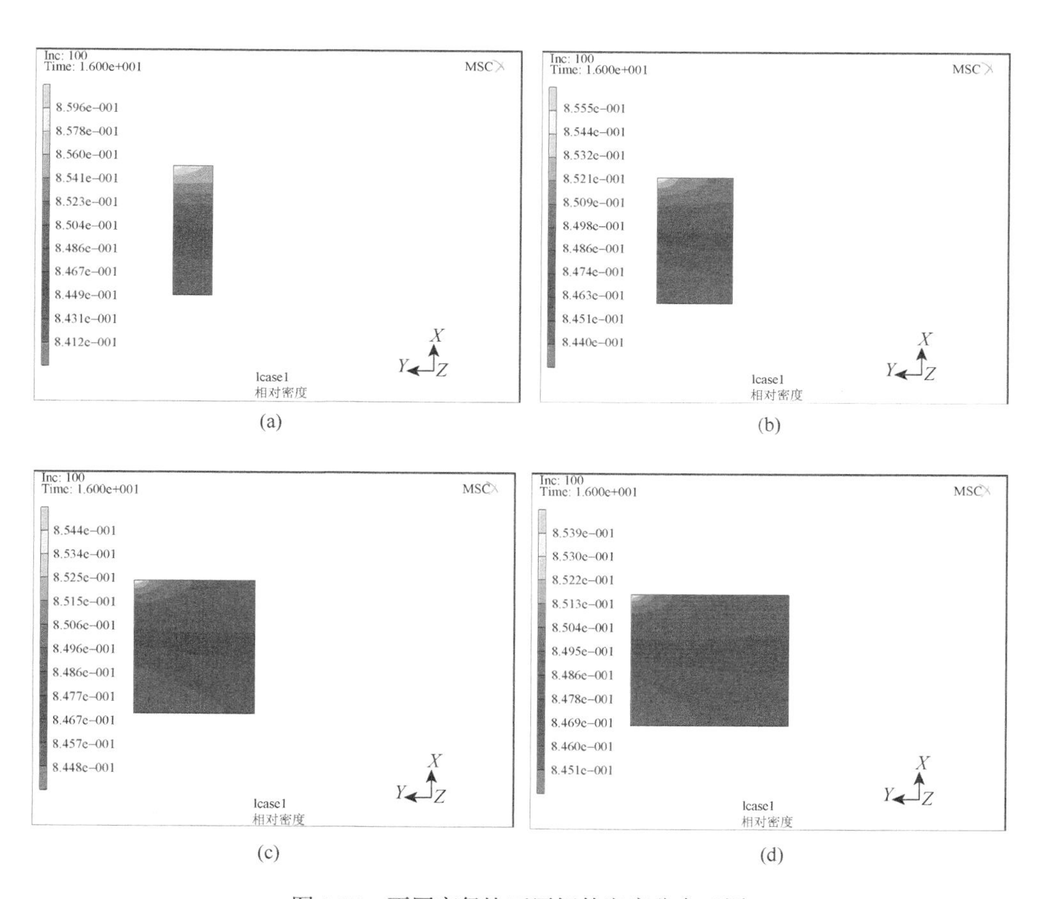

图 8.27　不同高径比下压坯的密度分布云图

（a）$H/D = 24/5$；（b）$H/D = 24/10$；（c）$H/D = 24/15$；（d）$H/D = 24/20$

8.3.5.3　压制速度对压坯密度分布的影响

粉末体成形过程中的模冲压制速度对粉末体压坯的密度分布也有很大的影响。加大压制速度，粉末体受到动量 mv 的作用也在加大，同时压制时间却在减小，这就使得粉末体实际受到的冲击力增加了很多，成形效率也高了很多。如图 8.28 所示，对压制速度和压坯密度分布之间的关系进行模拟探讨。

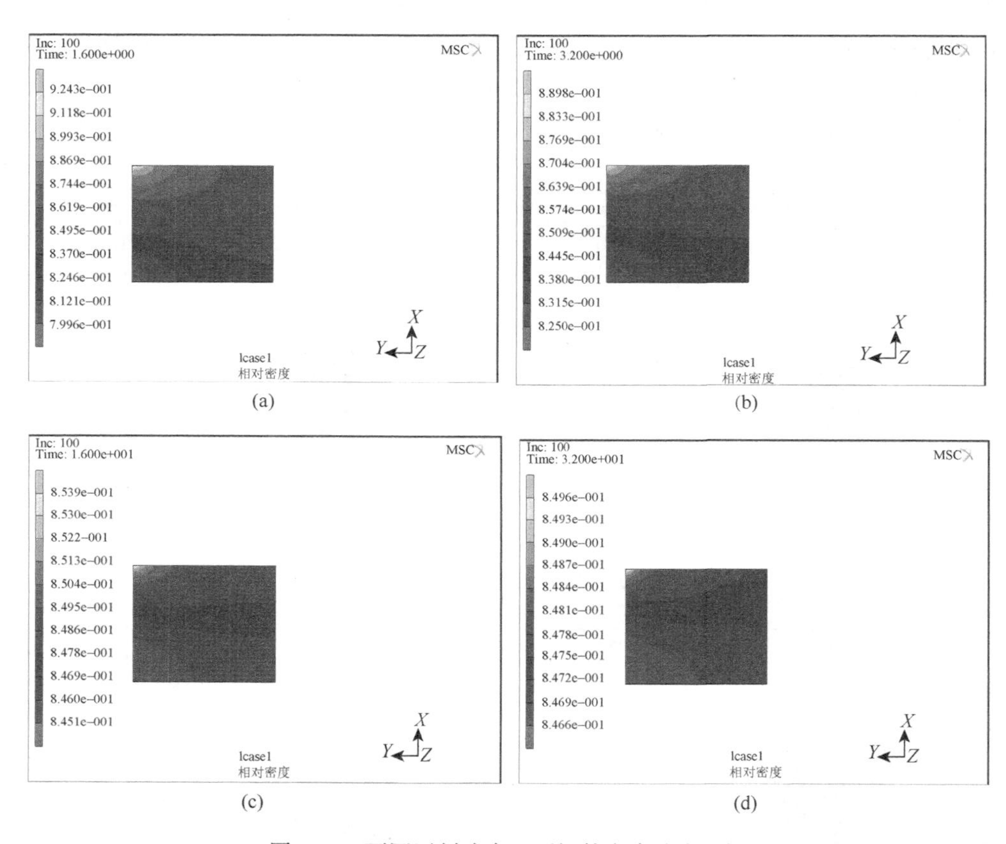

图 8.28　不同压制速度下压坯的密度分布云图

（a）$v = 10$ mm/s；（b）$v = 5$ mm/s；（c）$v = 1$ mm/s；（d）$v = 0.5$ mm/s

如图 8.28（a）所示，压制速度 $v = 10$ mm/s 时，粉末体只需 16 s 便完成压制过程，效率很高。其相对密度最高点是 0.9243，最低点是 0.7996，相对密度差为 0.1247，均匀性较差。从图 8.28（b）、（c）、（d）的对比分析看出，当压制速度降分别为 5 mm/s、1 mm/s 和 0.5 mm/s 时，相对密度差也相应地减小到 0.0684、0.0088 和 0.003，同时压制时间分别增加到 32 s、16 s 和 32 s。虽然降低压制速度后，压坯的均匀性得到线性提高，但是压制时间却也成倍地增加，生产成本加大。压制成形过程中的模冲加压速度不仅影响到生产效率、粉末颗粒间的摩擦状态和加工硬化程度，而且还影响到空气从粉末颗粒间孔隙中逸出情况，如果加压速度过快，空气逸出就困难，这些空气留在粉末体压坯内将对其性能产生非常恶劣的影响。

因此，实际生产中不能盲目增加压制速度，一味追求高效率会为粉末冶金制品的使用埋下很大隐患。

8.3.5.4　压制方式对压坯密度分布的影响

从以上分析可以看出，在压制成形过程中由于模壁摩擦的存在，粉末体压坯出现密度不均匀的现象。为减小这种不利影响，还可以改变压制方式，比如采用双向压制。特别是当粉末体压坯的高径比较大时，依靠单向压制是不能保证产品的密度要求的。实际生产中广泛采用的浮动阴模压制实际上就是利用双向压制的方式来改善密度分布均匀性的。图 8.29 为单向压制与双向压制的压坯密度分布对比图。

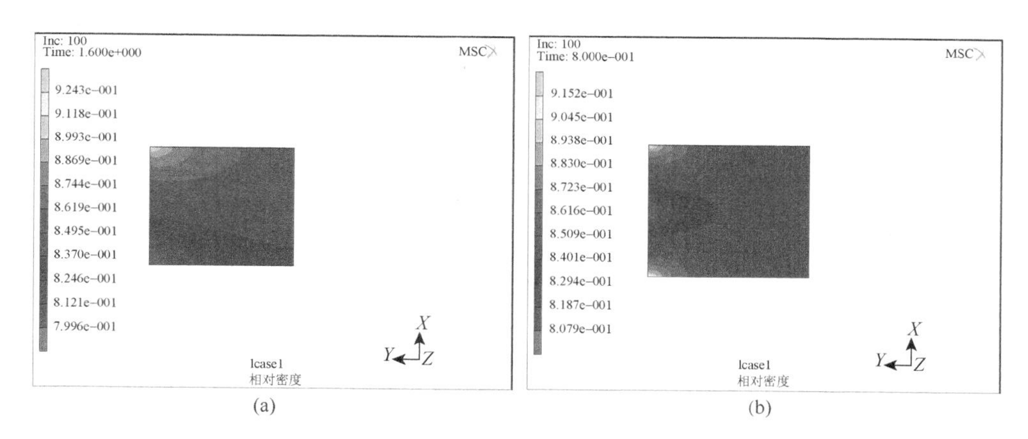

图 8.29　不同压制方式下的密度分布云图

（a）单向压制；（b）双向压制

从图中数据看出，在其他各压制条件相同的情况下，采用双向压制时得到的压坯相对密度差为 0.1073，比单向压制的 0.1247 低了 0.0174。整体密度有平均 0.15486 g/cm^3 的提高。

8.3.5.5　保压方式对压坯密度分布的影响

粉末压制成形过程中，如果在压制结束后进行一定时间的保压，往往可以获得非常好的效果。这一点对形状较复杂或体积较大的粉末冶金制品来说非常重要。从图 8.30 看出，无保压条件下，压坯脱模后的径向弹性回复量最高点达到 0.003 mm。保压 2 s 时，其径向弹性回复量明显下降，最高点为 0.001 mm 保压 10 s

时，压坯的径向弹性回复基本为 0。由此看出，保压可以很好地降低弹性后效对粉末冶金制品性能的不利影响。这是由于在保压时间内压制力得到充分的传递、粉末体孔隙间的空气有足够的时间从模壁缝隙间逸出，粉末体颗粒自身也得到更多时间进行应变弛豫从而降低弹性内应力。这都是使得压坯密度变得更加均匀的原因。

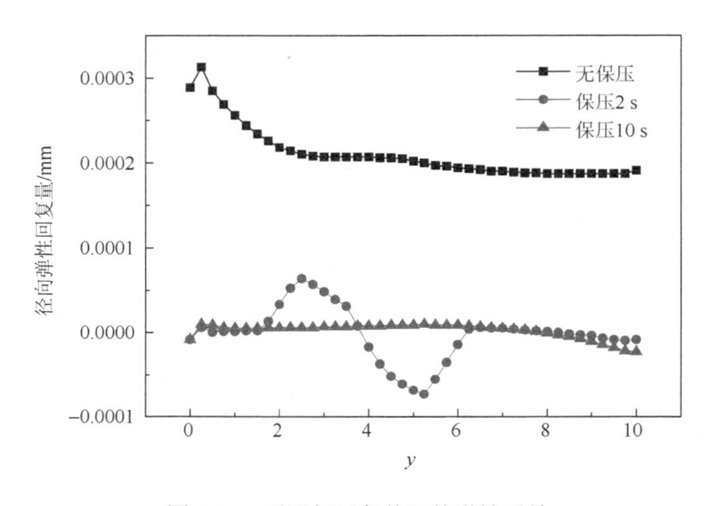

图 8.30　不同保压条件下的弹性后效

8.3.5.6　脱模方式对压坯密度分布的影响

粉末体压制结束后，需要对压坯进行脱模处理才能将其从模腔内取出。通常情况下采用两种方式进行脱模。一种是顶出式脱模，即压制结束后，通过压机的下模冲冲头将压坯从模腔内顶出（等同于将模具取出倒置于压机平台上，通过上模冲将其压出）；另一种为压下式脱模，其方法是压制结束后，通过上模冲直接将压坯压出模腔。

由图 8.31 可看出，两种脱模方式均会使压坯的相对密度有所下降。对比分析发现，未脱模、顶出式脱模和压下式脱模 3 种情况下粉末体压坯的相对密度差均为 0.0088。顶出式脱模整体密度比压下式高一些，由此看来采用顶出式脱模更有利于得到高性能压坯。这是因为采用顶出式脱模方式时，脱模过程中压坯受到的摩擦力与粉末体成形过程中受到的摩擦力方向相反，这样就能抵消一部分压坯的弹性后效带来的密度下降。而压下式脱模过程中压坯的摩擦力方向与粉末体成形过程中受到的摩擦力方向相同，摩擦力依旧起着阻碍粉末体密实的作用。

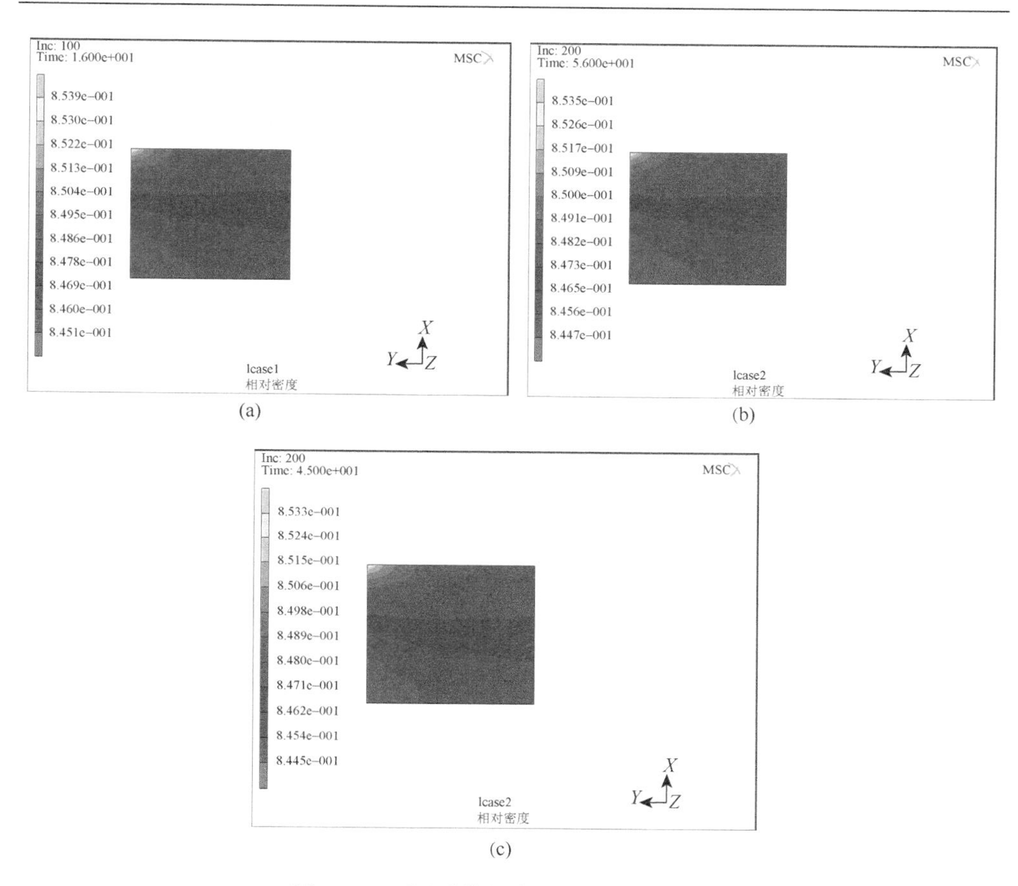

图 8.31　不同脱模方式下的密度分布云图

（a）压制结束后（未脱模）；（b）顶出式脱模；（c）压下式脱模

参 考 文 献

[1] 邓景泉，吴玉程，陈勇. 高强高导铜（合金）基复合材料强化与物性研究进展[J]. 材料导报，2005，19（10）：80-83.

[2] 汪峰涛，吴玉程，王涂根，等. 粉末冶金法制备纳米颗粒增强 Cu 基复合材料[J]. 材料热处理学报，2007，28（5）：10-14.

[3] 刘敦伟，吴玉程，王德宝，等. 高能球磨 Cu-Zr 复合粉体的特性与压制烧结过程研究[J]. 合肥工业大学学报（自然科学版），2009，32（11）：1711-1715.

[4] 王德宝，吴玉程，王文芳，等. SiC 颗粒表面修饰对铜基复合材料性能的影响[J]. 中国有色金属学报，2007，17（11）：1814-1820.

[5] 黄培云. 粉末冶金原理[M]. 北京：冶金工业出版社，1997：1-6.

[6] 王德广，吴玉程，焦明华. 粉末成形过程中摩擦行为研究进展[J]. 机械工程学报，2009，45（5）：12-19.

[7] 王德广，邓小民. 芯棒位置对管材内径尺寸精度影响的有限元模拟[J]. 重型机械，2005，（1）：51-54，57.

[8] 汪俊，罗思东，李从心. 金属粉末零件压制过程有限元模拟的研究[J]. 中国机械工程，1997，8（4）：40-42.

[9] 赵伟斌，李元元，周照耀. 金属粉末温压成形的数值模拟研究[J]. 粉末冶金工业，2004，14（5）：28-32.
[10] 李元元，肖志瑜，陈维平. 粉末冶金高致密化成形技术的新进展[J]. 粉末冶金材料科学与工程，2005，l0（1）：1-9.
[11] 韩凤麟. 世界粉末冶金零件工业动态[J]. 粉末冶术，2001，19（4）：225-232.
[12] 茹铮，余望，阮熙寰. 塑性加工摩擦学[M]. 北京：科学出版社，1992：10-96.
[13] 温诗铸，黄平. 摩擦学原理[M]. 北京：清华大学出版社，2002：41-130.
[14] 赵振铎，邵明志，张如铎. 金属塑性成形中的磨擦与润滑[M]. 北京：化学工业出版社，2004：14-256.
[15] 格鲁捷夫（苏），焦明山，袁瑞琛. 金属压力加工中的摩擦和润滑手册[M]. 北京：航空工业出版社，1990：27-36.
[16] 王德广，吴玉程，焦明华. 粉末成形过程中摩擦行为研究进展[J]. 机械工程学报，2009，45（5）：13.
[17] 刘传. 粉末冶金工艺学[M]. 北京：科学普及出版社，1987：21-103.
[18] 贾沛璋. 误差分析与数据处理[M]. 北京：国防工业出版社，1992：30-76.
[19] Wikman B，Solimannezhad N，Larsson R. Wall friction coeficient estimation through modeling of powder die pressing experiment[J]. Powder Metallurgy，2000，43：132-138.
[20] Shima S，Oyane M. Plasticity theory for porous metals[J]. International Journal of Mechanical Sciences，1976，118：285-292.
[21] 陈火红，杨剑，薛小香. 新编 Marc 有限元实例教程[M]. 北京：机械工业出版社，2007.
[22] Raous M，Chabrand P，Lebon F. Numerical methods for frictional contact problems and applications[J]. Journal of Theoretical and Applied Mechanics 1998，7（1）：111-128.
[23] Bathe K J，Chaudhary A. A solution method for plannar and axisymmetric contact problem[J]. Intemational Jounal for Numerical Methods in Engineering，1985，21：65-88.
[24] 王德广，吴玉程，焦明华，等. 不同压制工艺对粉末冶金制品性能影响的有限元模拟[J]. 机械工程学报，2008，44（1）：205-211.

第 9 章　TiC 金属陶瓷复合材料成形过程与性能

陶瓷材料的脆性主要是由于其本身的化学键的性质及晶体结构决定的，它不含有类似金属材料中有大量的自由电子，其结合键主要是共价键或者离子键，并且位错势垒很高，这些都导致了它的韧性很差。陶瓷的弹性模量比金属高，在外力作用下几乎不产生塑性变形而发生脆性断裂。为了减缓陶瓷材料的脆性、微观结构的不均匀性以及可靠性不够的缺点，金属陶瓷的出现及发展正是在陶瓷基体中引入金属元素属性，以达到陶瓷增韧效果。

9.1　TiC 金属陶瓷复合材料

原位合成法包括原位热压、气相沉积、反应结合、熔体浸渍和自蔓延高温合成等。这些原位合成方法能制取 TiC 基金属陶瓷，其中 TiC 是在烧结过程中原位生成，制备工艺简单且避免粉末冶金法在混料过程中的杂质引入及界面污染问题；TiC 在高温下生成，物相之间牢固结合，界面的自由能升高；多相生成有利于控制晶粒度；这些均有利于提高 TiC 基金属陶瓷性能。反应铸造法是将普通铸造技术同凝固技术相结合，可控制 TiC 的凝固组织以及形貌。除了以上几种常见的制备方法外[1]，还开发了诸如碳热还原法[2]、自发熔渗法[3]、铝热快速凝固工艺[4]等多种工艺，可根据实际服役条件判断并合理选用。对于 TiC 基金属陶瓷的制备方法可以根据材料组成以及需要而确定。

金属陶瓷刀具存在良好的发展前景，具有高硬且耐磨性好等优点，干切和高速切削性能好。其中，新型 Ti(C, N)基金属陶瓷近年发展较快，主要成分是 TiC 和 TiN，以 Co-Ni 作为黏接剂且以其他碳化物作为添加剂，如 WC、Mo_2C 等，综合机械性能因此得到了较大的提高。相同切削条件下，Ti(C, N)基金属陶瓷刀具的耐磨性远高于普通硬质合金，比 YT14、YT15 硬质合金耐磨性高 5～8 倍[5]。目前 Ti(C, N)基金属陶瓷已经制成各种微型可转位刀片，用于孔的精镗和精孔加工以及“车代磨”等精加工领域[6]。

TiC-Ni 基金属陶瓷问世初主要是取代 WC-Co 系硬质合金，可用于切削加工，但因其本征脆性，应用受到了极大限制。后期发现其具有高温力学性能和低比重特点，尝试应用在喷气发动机叶片上，但由于 Ni 不能完全地润湿 TiC，导致性能不能满足使用要求。由 TiC 和金属 Cu 组成的 TiC-Cu 陶瓷材料同时具备导热及耐磨特性，可作为导热、导电材料、耐磨材料及火箭喉衬用材料[8, 9]。Fe-Si、Fe-Al作为黏结相的 TiC 基金属陶瓷的高温性能远远优于 Fe-Ni 合金[10]。

纯 Al 作为耐腐蚀涂层材料加入 TiC 陶瓷相，就能在保留耐磨耐蚀基础上具备更好的防滑性，可用于舰船甲板材料场景[11]。自蔓延高温合成法离心铸造合成的内衬 TiC 基金属陶瓷材料，可用于矿山的矿浆运输管道，或者泥沙含量高的输水管道[12]。建材和采矿工程所用大型粉碎机的锤头以及大桥桥梁基础设施钻井用的钻头等对材料的强、硬度要求更高，可将 TiC 和高锰钢制成的金属陶瓷材料镶铸或焊接在耐磨构件的工作面上，提高工件整体的使用寿命[13]。

9.2 粉末压制成形 TiC 金属陶瓷复合材料

9.2.1 TiC 金属陶瓷复合材料组分设计

TiC 金属陶瓷复合材料中添加 1%C 可获得最优特性，石墨过少会使材料形成偏离两相区，生产脆性的 η(Ni_3Ti)相；但是当含碳量大于 1.3%时，组织中就会出现游离的石墨，从而使性能变坏[14]。并且，适量的石墨能起到自润滑的作用，可优化材料的摩擦磨损性能。而 Mo 和 Ni 的加入量一般在 1∶1 左右[15]。对于不同的 Ni 含量的金属陶瓷材料，随着 Ni 含量的增加，Mo∶Ni 有下降的趋势。采用六种不同成分配比的 TiC 基金属陶瓷材料，具体成分配比如表 9.1 所示。

表 9.1 TiC 金属陶瓷复合材料的成分（%，质量分数）

试样	TiC	Ni	Mo	C
A	81	10	8	1
B	79	10	10	1
C	76	15	8	1
D	74	15	10	1
E	89	10	0	1
F	84	15	0	1

首先计算出各种不同成分配比的试样所需的原料粉末的质量，称量后倒入球磨罐中，并以 YG8 硬质合金球质量（M_1）∶混合粉料质量（M_2）∶乙醇（M_3）为 5∶1∶0.8 加入一定数量的硬质合金球和乙醇进行湿磨。虽然行星球磨对 TiC 粉末的晶格常数影响不大，但是能使粉末体内的微观应力增加，储能变大，从而使其表面的活化能变大，而高的球料比能使烧结后的试样的硬度以及强度得到较大提高。球磨时间为 36 小时，球磨结束后，将浆料放入温度为 353 K 的电热干燥箱中干燥，干燥时间为 10 小时。

9.2.2　TiC 金属陶瓷复合材料成形

陶瓷粉末材料成形制备过程既与金属粉末冶金成形有相似之处，又有不同点，即影响因素是不同的，包括压制力和模具回弹等，由于硬度高和脆性大，还具有陶瓷材料自身特性决定的成形要求，对致密度的要求与陶瓷材料的脆性相关。陶瓷也是先粉体成形后烧结的产品，工艺流程一般为：配料 + 压制成形 + 烧结。TiC 的熔点高，制备困难，因此 TiC 金属陶瓷复合材料可通过将 TiC 粉末和金属黏结相（Ni、Co 等）的粉末混合均匀后，加入一定量的成形剂（如石蜡、汽油橡胶或者煤油橡胶等）进行造粒，压制成形后进行烧结。但是单一的采用粉末冶金方法难以获得最好的性能，此外，最新的发展趋势是和原位合成法结合使用，这样就能获得两种方法的优点，制备出要求更好的材料。TiC 基金属陶瓷，因其高强高硬、耐磨耐高温、优良的抗氧化性及化学稳定性，在极端工作环境（高温、腐蚀、磨损等）中获得日益增多的青睐。

选择 TiC、Ni 粉末粒度均为 2～3 μm，如图 9.1 所示。TiC 复合材料的成形分为原料分散与混合、造粒与压制、样品烧结，以及材料烧结后预处理等四大工艺。粉料干燥后过筛，取出其中的硬质合金球，然后加入质量分数为 8%的煤油橡胶研磨造粒。造粒时间为 4 h。将造粒后的粉料倒入钢制模具中，采用单向压制成形，压制压力为 185 MPa。为了提高压坯强度，在加压到 185 MPa 时保压 3 min。保压的作用在于：①压制压力充分传递，促进压坯密度均匀分布；②使粉末体间隙的空气充分逸出，从而使烧结后的试样更加致密；③粉末间的机械啮合和变形充分，有利于应变弛豫。将压制成形后的样品放入烘箱中烘干，等待下一步的工序。

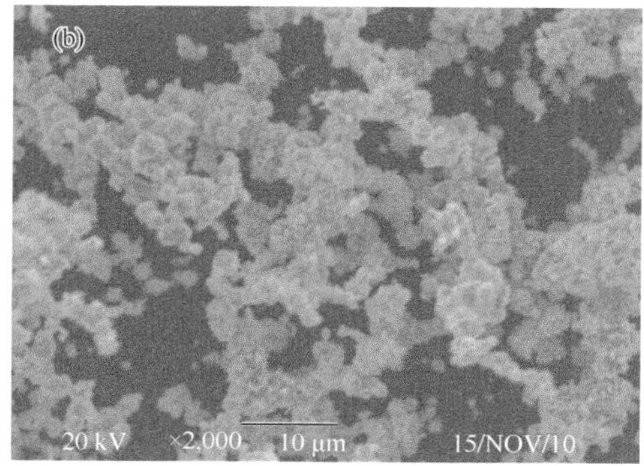

图 9.1　原始粉末的 SEM 形貌

（a）TiC 粉；（b）Ni 粉

由于加入成形剂煤油橡胶，所以在烧结前要对试样进行脱胶处理，在真空炉中采用如图 9.2 所示的脱胶工艺，以便将汽油橡胶完全从样品中挥发排除。烧结工艺曲线图如 9.3 所示。

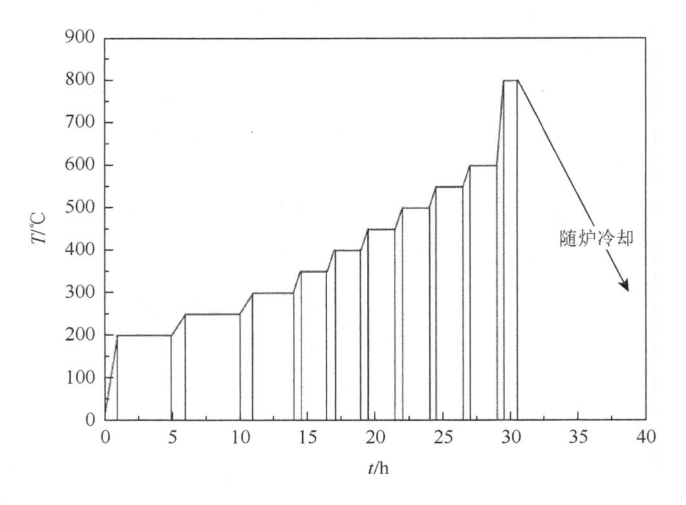

图 9.2　脱胶工艺曲线图

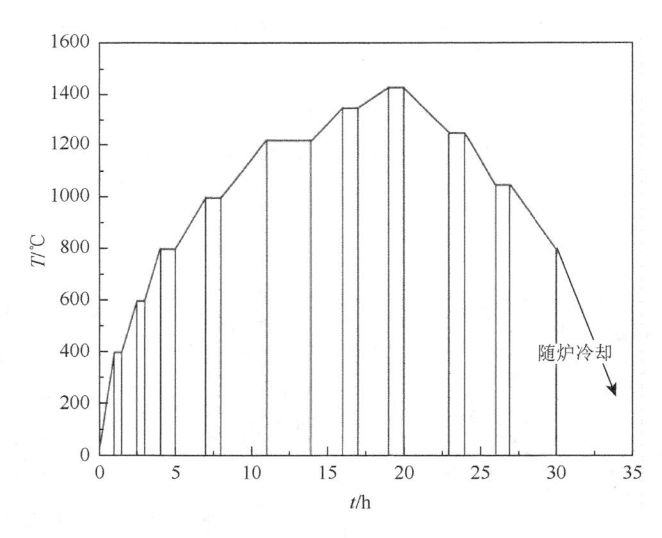

图 9.3　烧结工艺曲线图

烧结过程中，温度在 850℃以下时，真空炉内由于没有空气对流，容易造成温度梯度而不均匀热透。因此为了有利于试样的均匀受热以及保持真空炉的真空度，设立了 400℃、600℃以及 800℃恒温台阶。在炉内温度达到 800℃以上时，试样中的 C 与 O 发生反应，生成 CO 等杂质气体，使炉内的真空度大幅度下降，因此设定了 1000℃保温台阶，也能起到保护真空度和使试样均匀受热的作用。而在 1220℃左右保温的主要目的是在烧结时组织中出现液相之前，尽可能地排除气体杂质，以利于提高烧结体的致密度[19]。当烧结温度升至 1440℃时，金属黏结相 Ni 已变成液相，而液相引起的物质迁移速度比固相扩散要快很多，所以液态的金属相最终会填满烧结体内的孔隙，从而获得致密度高、性能优良的烧结产品。

样品在真空烧结过程中，由于各个方向的收缩不均匀可能导致表面粗糙不平以及有轻微的弯曲，这些都不利于后续实验，所以必须对试样进行必要的烧结后处理。这主要通过磨抛工艺对其进行研磨。TiC 金属陶瓷复合材料的材料设计、工艺与实验评价路线图如图 9.4 所示。

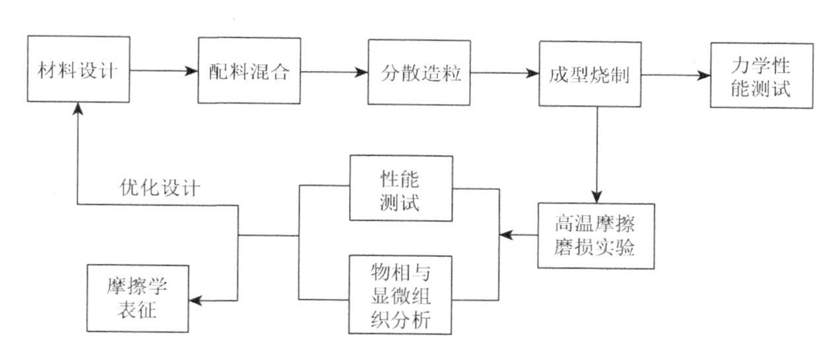

图 9.4 材料设计、工艺与实验路线图

9.3 TiC 金属陶瓷复合材料高温磨损性能

恶劣的工作环境（高温、腐蚀、磨损等）对材料性能的要求也在不断提高，陶瓷材料具有高的压缩强度、硬度，且脆性比较大，通常被用在高温环境，如抗热负荷和高温耐磨等，以充分发挥陶瓷材料的优势。TiC 基金属陶瓷，是一种由 TiC 陶瓷相同金属或合金所组成的非均质的复合材料，它不仅保持着陶瓷强度高、硬度高、耐磨损、耐高温、抗氧化性好和优良的化学稳定性等特性，又具有较好的金属韧性，这些优良的物理化学性能使得 TiC 基金属陶瓷备受关注。

对于陶瓷材料，高温性能方面自然是优势，选择高温磨损性能就把高温和力学性能结合起来，有利于发展粉体复合材料的应用领域。

9.3.1 高温摩擦磨损试验装置的设计

针对 TiC 金属陶瓷复合材料在高温、干摩擦条件下的摩擦磨损性能及磨损机理进行了分析。主要指标包括温度 T、载荷 F、速度 v、试验时间 t 等，以摩擦温度 T 为变量，具体参数如表 9.2 所示。

表 9.2　高温磨损试验参数表

载荷 F/N	速度 v/(m/s)	试验时间 t/min	试验温度/℃			
			T_0	T_1	T_2	T_3
30	0.41	120	25	100	200	300

采用研制的多功能环境可控摩擦磨损试验机进行实验，利用力矩平衡理论计算摩擦力矩，后计算摩擦力，根据公式 $\mu = F_f/F_N$ 计算出摩擦系数 μ，并直接显示在电脑上，如图 9.5 所示。

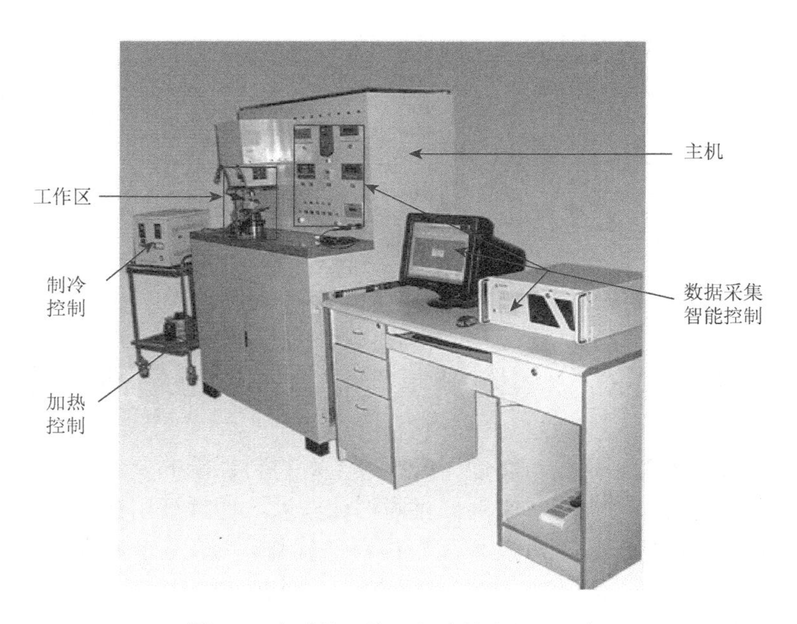

图 9.5　多功能环境可控摩擦磨损试验机

多功能环境可控摩擦磨损试验机实验工作时，具体安装示意如图 9.6 所示，其中上摩擦副摩擦材料为 $45^{\#}$钢，硬度为 30 HRC。有 3 个通孔是通过螺钉将上摩擦副与旋转轴固定，试验时主轴旋转并带动上摩擦副系统旋转，从而使上下摩擦副系统相对滑动，上摩擦材料与试样发生相对摩擦进行实验。其中工作面为一圆环面，圆环的外径为 30 mm，内径为 22 mm。当需要加热时，可将加热器固定在下摩擦副系统加热。

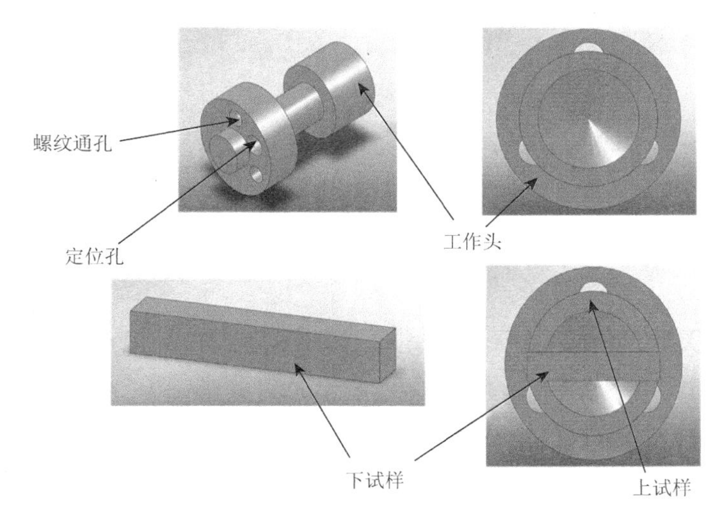

图 9.6　TiC 金属陶瓷复合材料摩擦磨损实验工作系统组成

9.3.2　TiC 金属陶瓷复合材料试验数据采集与分析

材料的耐磨性是相对的，一般用磨损率来表征。磨损率可分为质量磨损率和体积磨损率，是衡量材料磨损量大小的重要参数指标，不是一个恒定值，而是一个随时间变化而变化的复杂函数。陶瓷材料由于具有高的强度、低的高温性能衰减、抗高温氧化以及高温腐蚀等优点，常常在极端的环境下使用。高强度就意味着陶瓷材料摩擦时实际接触面积很有限，从而导致低摩擦和低磨损[22]。

摩擦系数是表征试验材料性能优劣的一个指标，材料摩擦系数的大小与其稳定性决定其适用范围，而这些性能与材料的本身特性直接相关。应用多功能环境可控试验机可以直接获得材料的摩擦系数，用来研究材料的摩擦磨损性能。

通过摩擦系数来分析材料的摩擦磨损性能，即通过计算出试样的体积磨损率来评判磨损性能。摩擦磨损试样在实验后的磨痕示意图如图 9.7 所示，其中，根据上试样的尺寸和下试样的宽度尺寸，计算磨痕的面积 S，从而得到磨损体积 V。再将磨损前后的试样进行 SEM 观察、EDS 分析以及 XRD 物相分析，观察磨损前后试样的表面形貌演化，从而对 TiC 金属陶瓷复合材料的高温摩擦磨损的机理进行确定。

图 9.7　摩擦磨损磨痕尺寸参数示意图

h 为磨痕深度，*S* 为磨痕表面积

9.4　TiC 金属陶瓷复合材料的组织与性能

9.4.1　合金成分对 TiC 金属陶瓷复合材料力学性能的影响

Mo 含量（质量分数）对 TiC 金属陶瓷复合材料的密度、抗弯强度以及硬度的影响如图 9.8 至图 9.10 所示。可以发现，TiC 金属陶瓷复合材料的机械性能近乎随着 Mo/Ni 含量增加而更好，这是因为 Ni 是 TiC 基体之间的黏结相，能黏结住 TiC 颗粒，使其紧密团聚，而 Mo 作为添加剂，能有效地改善 TiC 颗粒与 Ni 之间的润湿性，使三者之间更紧密黏结，并能抑制晶粒长大，起到细化晶粒的作用。这些都使材料内部结构更加致密，从而使材料的强度、硬度得到改善。但是在含 15% Ni 的 TiC 基金属陶瓷中，随着 Mo 含量增加，其硬度反而出现下降，此时 Mo 含量已经过量，作为软质相分散在 TiC 基金属陶瓷组织中，降低了其组织硬度。

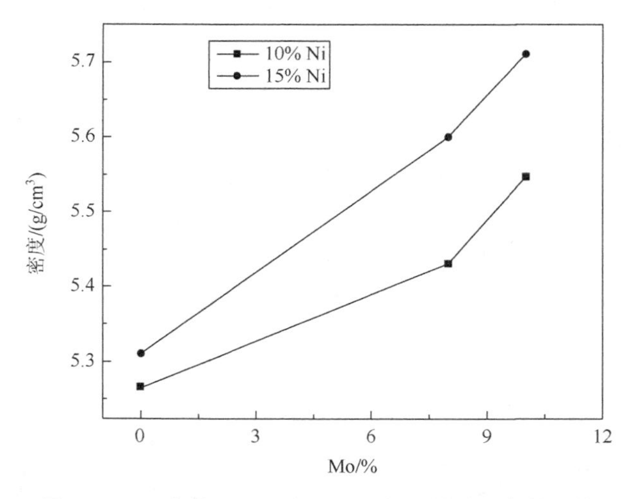

图 9.8　Mo 含量对 TiC 金属陶瓷复合材料密度的影响

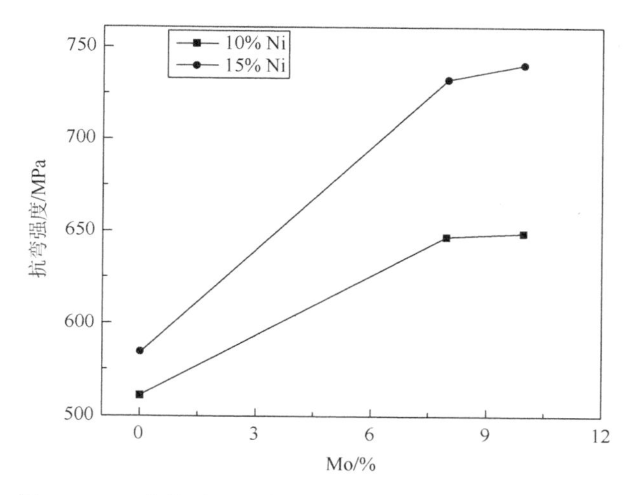

图 9.9　Mo 含量对 TiC 金属陶瓷复合材料抗弯强度的影响

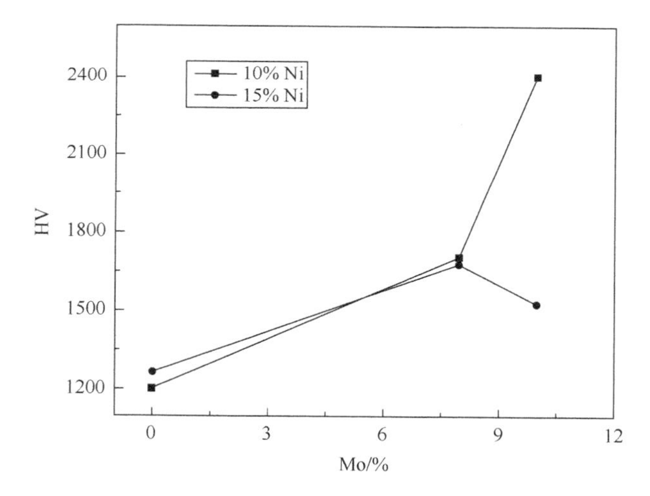

图 9.10　Mo 含量对 TiC 金属陶瓷复合材料显微硬度的影响

9.4.2　合金成分对 TiC 金属陶瓷复合材料显微组织的影响

在扫描电子显微镜下观察试样的 SEM 形貌图见图 9.11，可以看出，金属陶瓷材料是由陶瓷硬质相和金属黏结相构成的，其中陶瓷硬质相呈典型的芯-壳结构，黑色的芯和灰色的壳具有相同的晶体结构、位相关系和相近的点阵常数，而且原子序数越大，参与成像的电子强度越低，成像后的背景呈白色[23]。溶解-再析出是这种特殊组织的形成机理[24]。另外，还可以看出试样 e 与试样 f 的孔隙很多，尤其是试样 e，这是因为加入的金属黏结相 Ni 很少，又没添加能促进 Ni 与 TiC 黏结的金属 Mo，所以结构中的孔隙很多，也直接影响了其机械性能。而加入量达到 15% Ni 后，大大改善了黏结相不足的情况，结构也更加致密了。

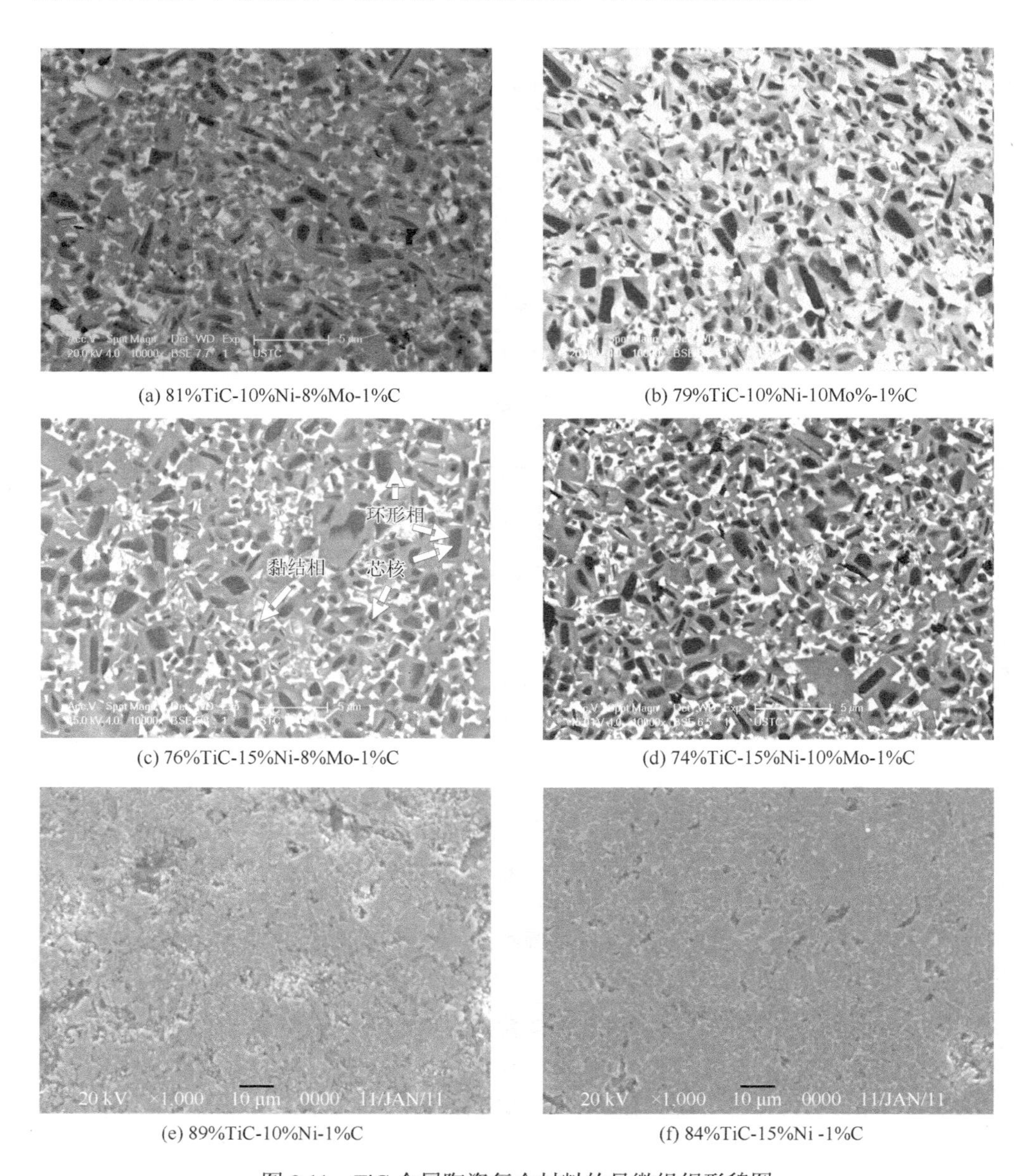

(a) 81%TiC-10%Ni-8%Mo-1%C
(b) 79%TiC-10%Ni-10Mo%-1%C
(c) 76%TiC-15%Ni-8%Mo-1%C
(d) 74%TiC-15%Ni-10%Mo-1%C
(e) 89%TiC-10%Ni-1%C
(f) 84%TiC-15%Ni -1%C

图 9.11　TiC 金属陶瓷复合材料的显微组织形貌图

通过 EDS 分析（图 9.12）得出，不论金属陶瓷硬质相还是金属黏结相中，主要是由钛、镍、钼、碳四种元素组成，但是这些元素在芯核（core）、环形相（rim）

及黏结相（binder）中的分布不均。烧结过程中，钼和镍等元素很容易就被 TiC 陶瓷粉末包覆，形成芯核。而环形相是一种过渡相，它很好地改善了黏结相 Ni 对 TiC 的润湿性，使其更好地结合在一起，并起到抑制晶粒长大的作用，有利于金属陶瓷韧性的提高。在液相烧结时，Mo 原子从黏结相中扩散到碳化钛颗粒周围形成固溶体包覆层，而环形相外层以 $TiMo_2C$ 固溶体存在，因此，这种内层贫 Mo 而外层富 Mo 的结构能够抑制碳化钛颗粒的相互靠拢，使碳化物细化，但是当 Mo 含量过量时，会使结构中的环形相增厚，反而影响了材料本身的硬度、强度等性能。黏结相是 Ti、Mo、C 等元素融入 Ni 形成的固溶体，金属陶瓷是通过黏结相的作用而烧结成致密体，并保证一定的韧性[25]。

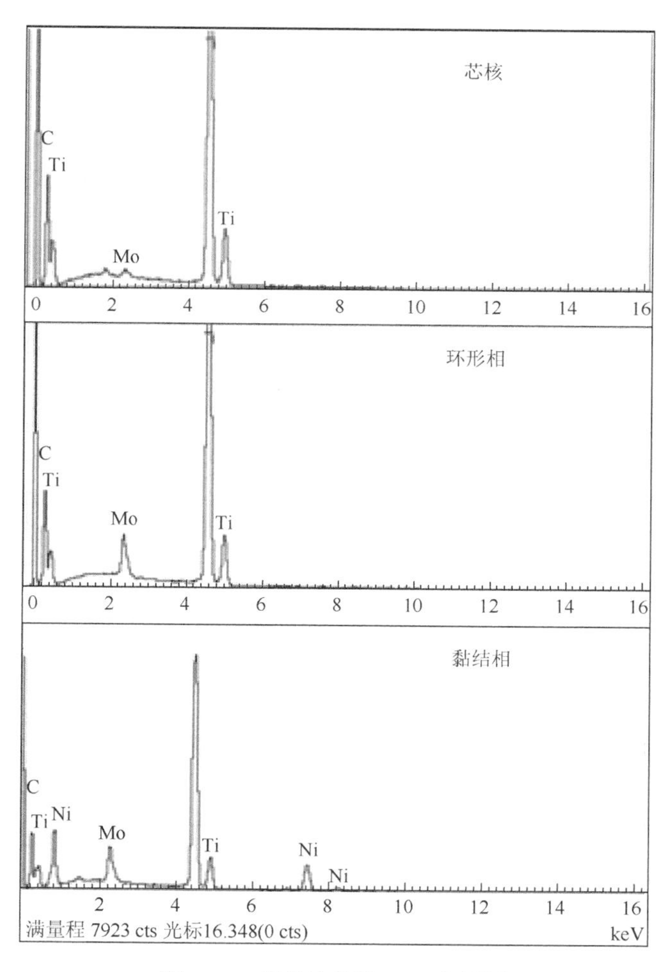

图 9.12　芯壳结构的 EDS 分析图

9.4.3 TiC 金属陶瓷复合材料断口形貌

图 9.13 是 TiC 金属陶瓷复合材料的断口组织形貌，从中可以看出，TiC 金属陶瓷复合材料的主要断裂机理是陶瓷相的穿晶断裂以及陶瓷相/陶瓷相、金属相/陶

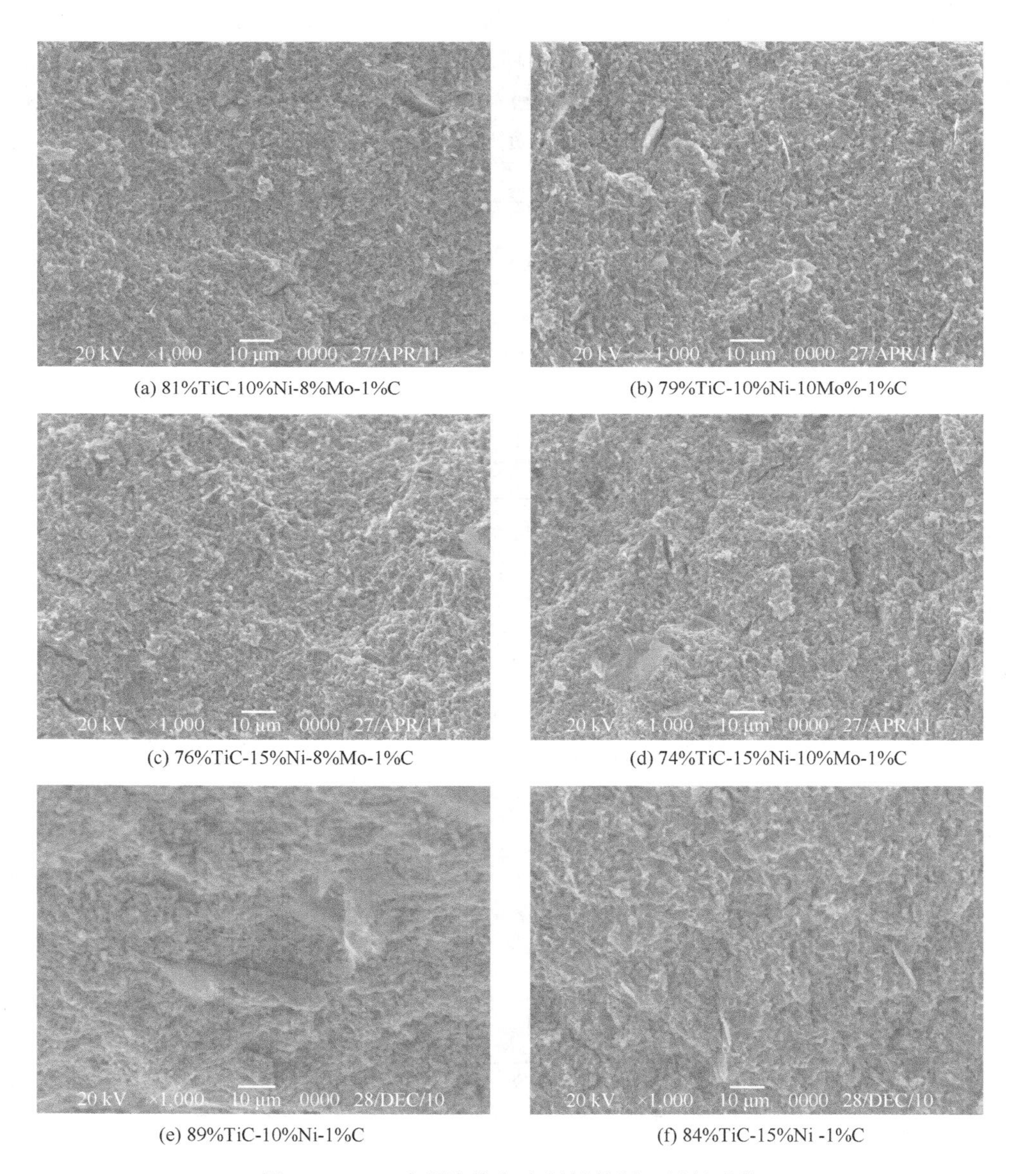

(a) 81%TiC-10%Ni-8%Mo-1%C

(b) 79%TiC-10%Ni-10Mo%-1%C

(c) 76%TiC-15%Ni-8%Mo-1%C

(d) 74%TiC-15%Ni-10%Mo-1%C

(e) 89%TiC-10%Ni-1%C

(f) 84%TiC-15%Ni -1%C

图 9.13 TiC 金属陶瓷复合材料的断口组织形貌

瓷相之间的沿晶断裂。随着金属相含量的增加，材料断口形貌中金属相的撕裂及因陶瓷相从金属相中拔出而留下的韧窝增多，这都说明金属相 Mo、Ni 在很大程度上改善了 TiC 金属陶瓷复合材料的韧性。

9.5　TiC 金属陶瓷复合材料的高温摩擦磨损特性

9.5.1　TiC 金属陶瓷复合材料磨损

对于脆性的陶瓷材料，在接触摩擦条件下，承受较低载荷时就可能产生微裂纹。陶瓷材料在动摩擦情况下的表面断裂临界载荷要比静态下时低得多。随着摩擦的反复进行，局部应力产生并在晶界上积累，直至超过材料的固体强度导致材料断裂产生微裂纹。由于受到多晶陶瓷材料晶界的阻挡，微裂纹无法进一步扩展，只能聚集成核，导致微区的脆性断裂。

9.5.1.1　陶瓷材料的磨损机理分析

陶瓷材料的磨损机制就是这种不断产生微裂纹、聚集成核、扩展并断裂成磨屑的过程[26]。但是高温条件下，主要磨损机制是塑性变形，并伴随着疲劳磨损、黏着磨损和化学反应诱发磨损[27]。影响陶瓷材料的摩擦磨损性能因素很多，本身有陶瓷材料的硬度、韧性、热膨胀系数、弹性模量以及微观组织或缺陷如气孔、晶粒尺寸和微观裂纹等[28]；外因有摩擦速度、载荷、温度、时间、接触方式等。

1）陶瓷材料韧性和硬度

根据 Evans-Marshall 体积磨损量方程[29, 30]：

$$V = C\frac{F_{\mathrm{n}}^{9/8}}{K_{\mathrm{IC}}^{1/2}\mathrm{HV}^{5/8}}\left(\frac{E}{\mathrm{HV}}\right)^{4/5} D \tag{9.1}$$

式中，K_{IC}为材料韧性；HV 为材料硬度；C 为常数。可以看出，在相同实验条件下，断裂韧性和硬度越高，则金属陶瓷材料的体积磨损率越低。

2）陶瓷材料晶粒尺寸

随着陶瓷材料平均晶粒尺寸增加，晶界裂纹更容易出现，而这些微观裂纹又提高了磨损过程中的周期应力，从而容易出现疲劳磨损。一般认为，不同的氧化物陶瓷的抗磨损能力近似与平均晶粒尺寸平方根的倒数成正比，即满足 Hall-Pecth 公式：

$$R \propto G^{-1/2} \tag{9.2}$$

Rice 等[31, 32]提出的磨损能力表达式为

$$R = k \times G^{-n} \tag{9.3}$$

式中，R 为磨损抗力；k 为常数；G 为平均粒径。

除了晶粒尺寸外，晶粒的形状也对陶瓷材料的强度以及其他性能有着非常大的影响。

3）摩擦速度和摩擦载荷影响

在陶瓷材料的摩擦磨损实验中，在其他条件不变的情况下，磨损量随着摩擦速度的增加而明显增加，在一定范围内甚至呈线性关系，但是当大于一定速度后，磨损量几乎保持不变，这说明磨损机制发生了改变，因为在高速时，摩擦温度会大大升高，从而诱发一系列变化，降低了磨损量。

载荷对摩擦磨损影响最为明显，磨损量并不单纯与载荷呈线性关系，在低于临界载荷时磨损量低；当高于这个临界载荷时，磨损量大大增加，即发生了磨损突变。而产生这种突变现象主要是由于载荷增加导致一系列综合效应的结果，如温度、表面力学性能和诱发性的化学反应等[33]。其他对于摩擦磨损产生重要的影响因素还有摩擦副表面粗糙度、材料内部缺陷等。

4）摩擦环境和温度

摩擦环境主要包括有无润滑或有无气氛保护等，其中有润滑条件又分为有反应或者无反应润滑。无润滑摩擦是指由摩擦副直接接触，不添加任何润滑剂的摩擦，通常干摩擦比有润滑条件下的摩擦有着更高的摩擦系数和表面温度。高的摩擦系数对应着大的摩擦切向应力，使陶瓷材料更加容易产生裂纹而断裂；高的表面温度就会使摩擦表面诱发局部的化学反应、晶粒长大、相变、再结晶以及氧化黏着等现象，从而使磨损量大大增加。

有反应润滑就是指润滑剂与摩擦副发生了物理或者化学反应，这类润滑剂主要是一些含有极性分子的物质，包括酸、碱溶液和一些特殊的润滑油。与干摩擦相比，这种情况下的摩擦系数和磨损量可能小或大。对非氧化物陶瓷来说，潮湿空气和水都会降低其摩擦系数和磨损率。这是因为 SiC 和 Si_3N_4 陶瓷都会与 H_2O 发生化学反应，并在摩擦表面形成剪切强度较低的 $Si(OH)_4$ 反应膜，而使磨损率降低[34, 35]。相比之下，在潮湿空气或水中，氧化物陶瓷会发生化学吸附脆断或应力腐蚀断裂[33, 36]，其原因是水分子破坏了裂纹尖端的金属原子与氧原子之间的结合键[37]，因此，氧化物陶瓷在潮湿空气或水中的摩擦学性能会有所下降。无反应润滑就是指加入的润滑剂不与摩擦副起反应，它能明显地降低摩擦系数和磨损量，这类的润滑剂有矿物油或含脂酸油等。

9.5.1.2　陶瓷材料磨损程度的评价体系

摩擦磨损实验的目的根据材料变化与特征，来揭示影响摩擦磨损性能的因素，进而实现最优化设计。

1）用无量纲参数 S_c 和 S^* 来评价金属陶瓷材料的磨损程度

Hokkirigawa[38]使用横向接触模式，分析了接触区后方的径向裂纹扩展情况及条件，并以此为基础导出了无量纲参数 S_c 和 S^*。其中，S_c 是关于最大赫兹接触压力、最大表面粗糙度以及断裂韧性之间的关系函数；S^* 是关于硬度、最大表面粗糙度以及断裂韧性之间关系的函数。可利用这两个函数分析磨屑和犁沟微观结构，并可判断是微量还是严重磨损。

2）用 R_y/D_g 评价陶瓷的磨损程度

R_y/D_g 即磨损表面粗糙度 R_y 与平均粒径 D_g 的比值。当 $R_y/D_g < 0.2$ 时，精确磨损量小于 10^{-6} mm^3/(N·m)，陶瓷的摩擦磨损称作微量磨损；当 $R_y/D_g > 0.5$ 时，精确磨损量大于 10^{-6} mm^3/(N·m)，陶瓷的摩擦磨损称作严重磨损[39]。

3）用磨损率评价陶瓷的磨损程度

大部分的金属陶瓷材料不能产生塑性变形，也无加工硬化，只有在接触一定高温使材料表面变软时，才能产生微量的塑性变形和流动。金属陶瓷材料在摩擦磨损过程中，会产生一定的磨损量，可通过计算磨损率来评价磨损程度。当磨损率在 10^{-6} mm^3(Nm)$^{-1}$ 范围内，$R_y/D_g < 0.1$ 时的磨损称为微量磨损；当磨损率在 10^{-6}～10^{-2} mm^3(Nm)$^{-1}$ 范围内，R_y/D_g 近似等于 1 时的磨损称为剧烈磨损。

9.5.2　TiC 金属陶瓷复合材料的高温摩擦磨损实验

采用 A、B、C、D 四种组分的 TiC 金属陶瓷复合材料进行摩擦磨损实验，均做温度梯度为 25℃、100℃、200℃和 300℃，并分别以 0、1、2、3 代表。

9.5.3　TiC 金属陶瓷复合材料的高温摩擦磨损性能

9.5.3.1　摩擦时间对 TiC 材料摩擦系数的影响

不同合金成分的 TiC 金属陶瓷复合材料在不同温度时摩擦磨损时间与摩擦系数之间的关系如图 9.14 所示，试验机每隔 2 s 就会自动给出当时的摩擦系数数值，对这一系列的摩擦系数数值进行统计分析，就可以看出不同成分的 TiC 金属陶瓷复合材料在不同的摩擦环境温度下的摩擦稳定性关系。

由图 9.14 可以看出，不同成分的 TiC 基金属陶瓷在不同温度下，随着时间的改变其摩擦系数也会有很大的波动，体现在材料的摩擦时的平稳性上。首先，从单一摩擦系数与时间的关系进行分析。大部分材料在 0～50 min 内其摩擦系数变化较大，在 50～110 min 进入相对平稳的摩擦阶段，在 110 min 以后又变得剧烈，这是因为刚开始材料与摩擦副进入磨合阶段，继而进入平稳摩擦阶段，但是在一定磨损时间后，又进入了严重的磨损阶段。

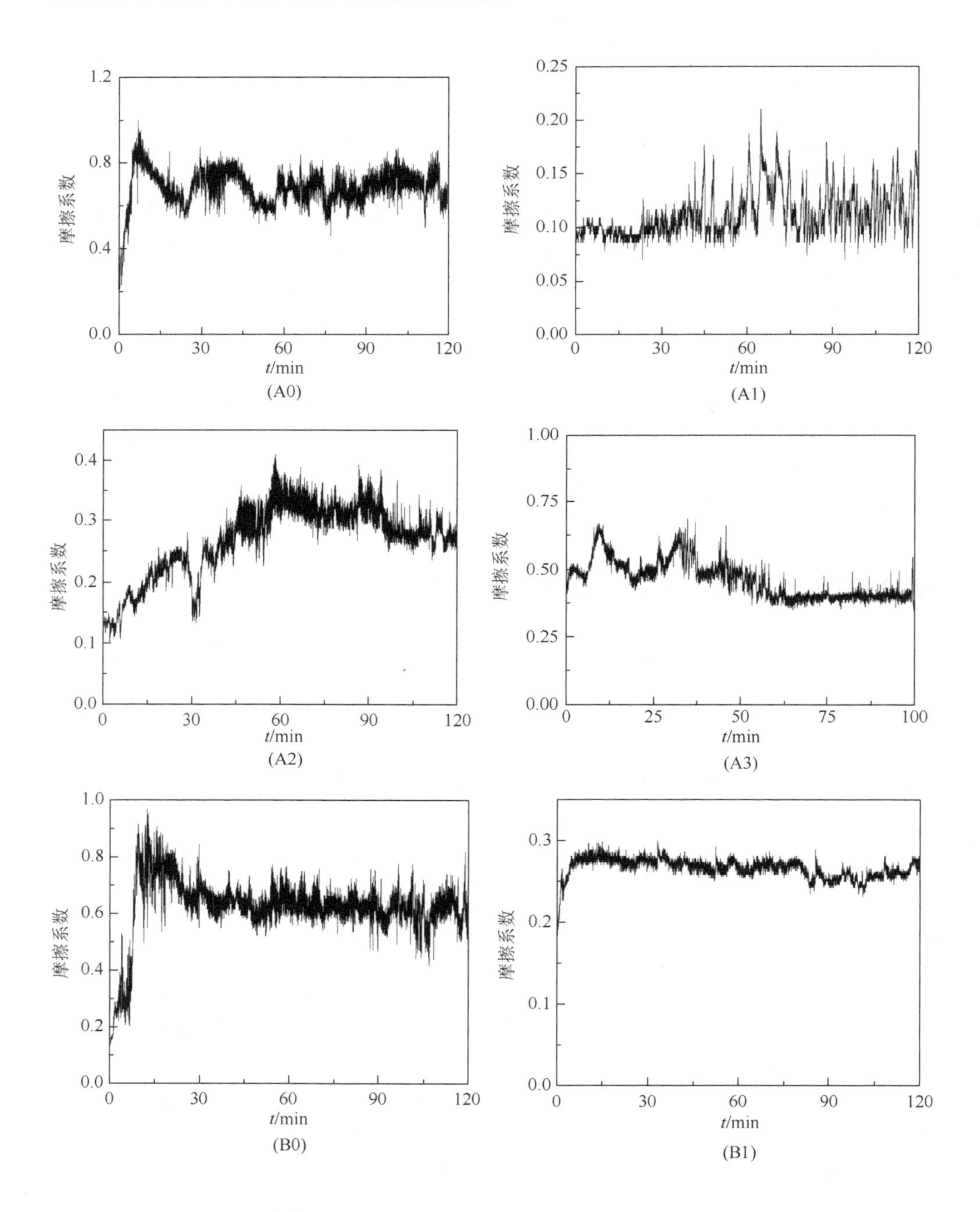

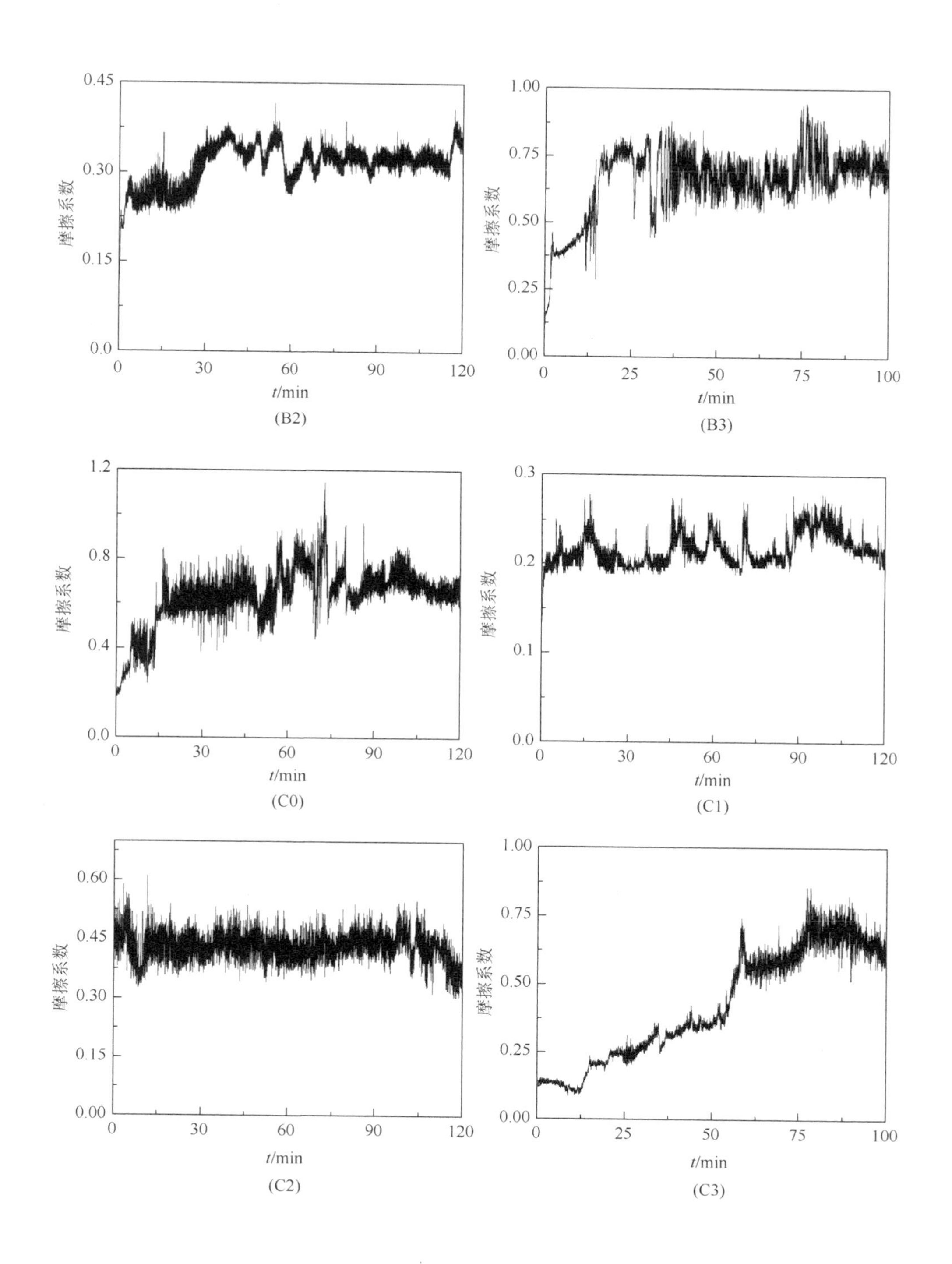
0.45
0.30
0.15
0.0
摩擦系数
0
30
60
90
120
t/min
(B2)
1.00
0.75
0.50
0.25
0.00
摩擦系数
0
25
50
75
100
t/min
(B3)
1.2
0.8
0.4
0.0
摩擦系数
0
30
60
90
120
t/min
(C0)
0.3
0.2
0.1
0.0
摩擦系数
0
30
60
90
120
t/min
(C1)
0.60
0.45
0.30
0.15
0.00
摩擦系数
0
30
60
90
120
t/min
(C2)
1.00
0.75
0.50
0.25
0.00
摩擦系数
0
25
50
75
100
t/min
(C3)

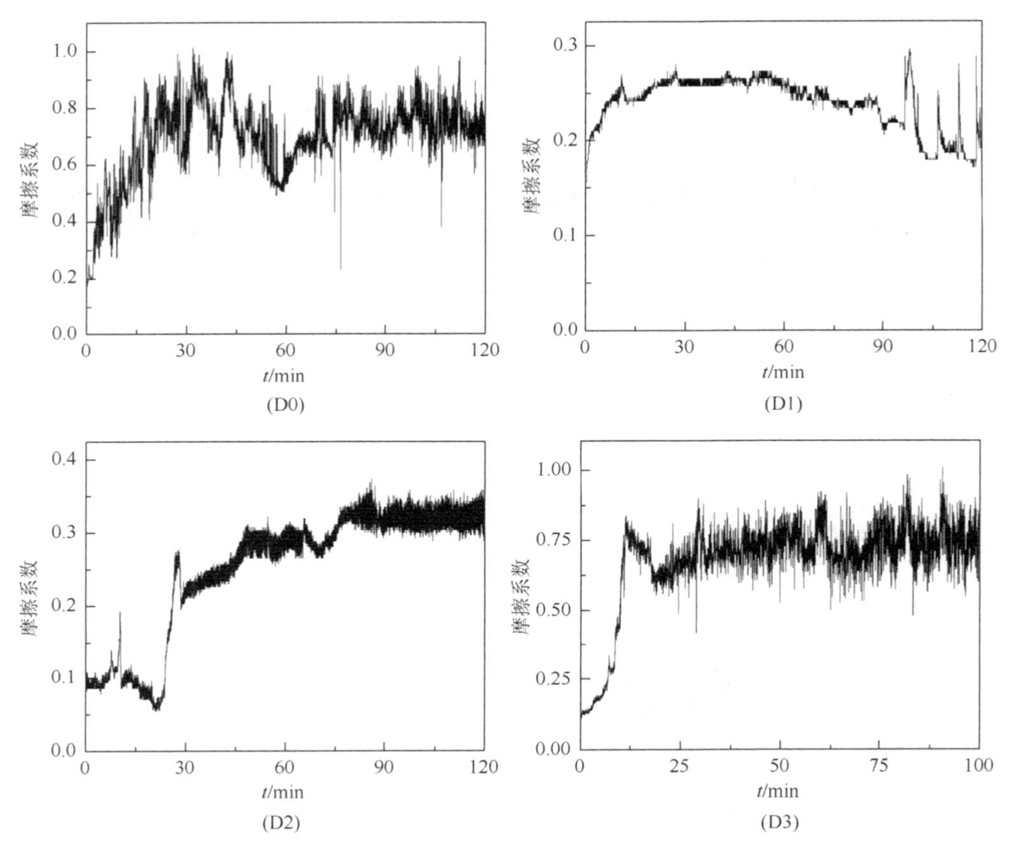

图 9.14　TiC 金属陶瓷复合材料摩擦磨损时间与摩擦系数之间的关系

对相同温度下材料摩擦系数波动性分析发现，B 材料在各个温度下波动最小，摩擦稳定性最好。这是因为 B 材料的硬度最高，组织最优。在 300℃时，大部分材料的稳定性都有一定程度的下降，说明金属陶瓷在应用时更应该注意温度的影响。

9.5.3.2　摩擦温度对 TiC 金属陶瓷复合材料平均摩擦系数的影响

由图 9.15 可以看出，所有材料的温度与摩擦系数关系趋势都相同，即都是先下降然后呈上升趋势，100℃时急速降低，在其他温度时，平均摩擦系数变化都不是很大[40]，这主要是因为材料在进行摩擦实验之前抹油处理，在 100℃以内，表面附着的油随温度升高黏度降低，润滑性能好，使摩擦系数降低；但是在 100℃以上时，润滑油挥发或失效，润滑作用降低或失去，摩擦副表面直接接触导致磨损加剧。

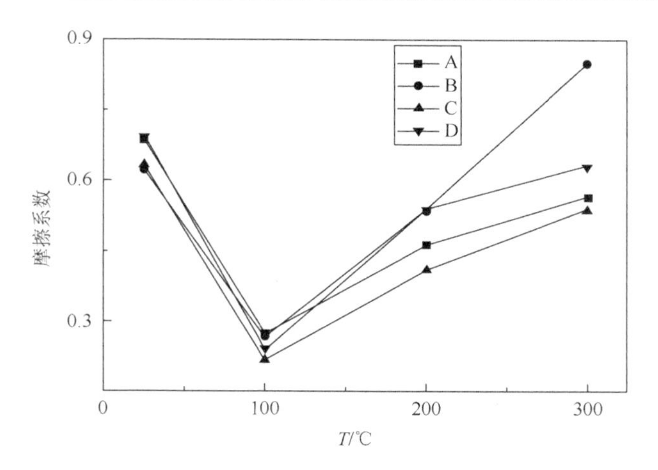

图 9.15　平均摩擦系数与摩擦温度之间的关系

9.5.3.3　摩擦温度对 TiC 金属陶瓷复合材料体积磨损率的影响

图 9.16 是材料体积磨损率与摩擦温度之间的关系，可看出 2 个小时的实验时间内，TiC 金属陶瓷复合材料的体积磨损率随着摩擦温度上升而增高，磨损体积都很小，即使 300℃下出现最大值，摩擦磨损体积也仅为 $2.10\times10^{-12}\ m^3$，由此可见，金属陶瓷材料有着非常好的高温摩擦磨损性能。从图中还能明显看出，C、D 材料在 300℃时的磨损率要远低于 A、B 材料，这主要是由于在 300℃时，C、D 材料的 Ni 大量氧化，形成了氧化膜，进而有效阻止了磨损的进一步发生。

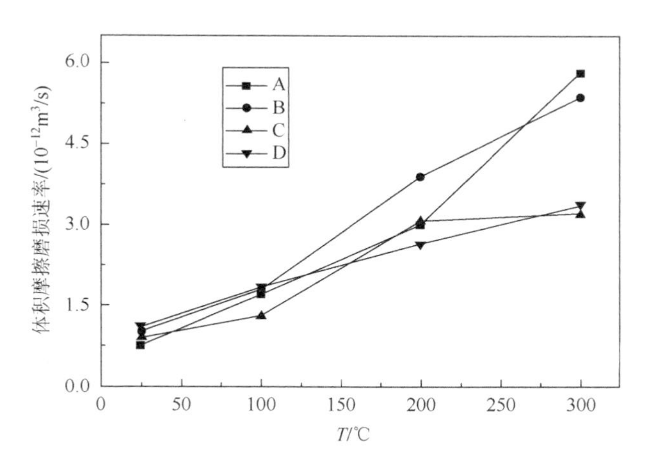

图 9.16　体积磨损速率与摩擦温度之间的关系

9.5.4 TiC 金属陶瓷复合材料摩擦磨损后的表面演化

图 9.17 和图 9.18 分别为不同温度下材料的表面形貌演化和 EDS 能谱分析结果，从中可以看出，磨损表面越来越不平滑，在室温下只出现了轻微磨痕，呈典型的磨粒磨损现象。通常摩擦表面磨粒来源有以下几种情况：①犁削磨损产生的磨粒；②黏着磨损产生的磨粒；③剥离磨损产生的磨粒；④摩擦表面接触性损伤引起断裂而产生的磨粒；⑤由微裂纹汇合剥落形成磨粒。磨粒的尺寸多在亚微米到几个微米数量级。在 100℃时，磨损严重，表现出明显的磨痕，且出现了一定的黏着和一些氧化物；到 200℃时，黏着磨损加剧，出现了大量的氧化物，并有磨屑剥离形成坑；在 300℃时，主要就是以黏着磨损和氧化磨损为主，上试样 45$^{\#}$ 钢大量转移到材料试样表面，黏着聚集伴随氧化。当氧化面积足够大时，相当于出现一层氧化膜，可有效地降低摩擦表面微裂纹尖端的表面能，阻止微裂纹扩展，从而降低磨损[41]。陶瓷是脆性材料，在较低载荷下便能产生微裂纹，随着摩擦反复进行，内应力集中，直至产生内应力大过材料临界断裂强度而发生断裂，产生磨损磨痕。陶瓷材料的磨损机制主要是裂纹扩展聚集，并断裂成磨屑的过程[23]。

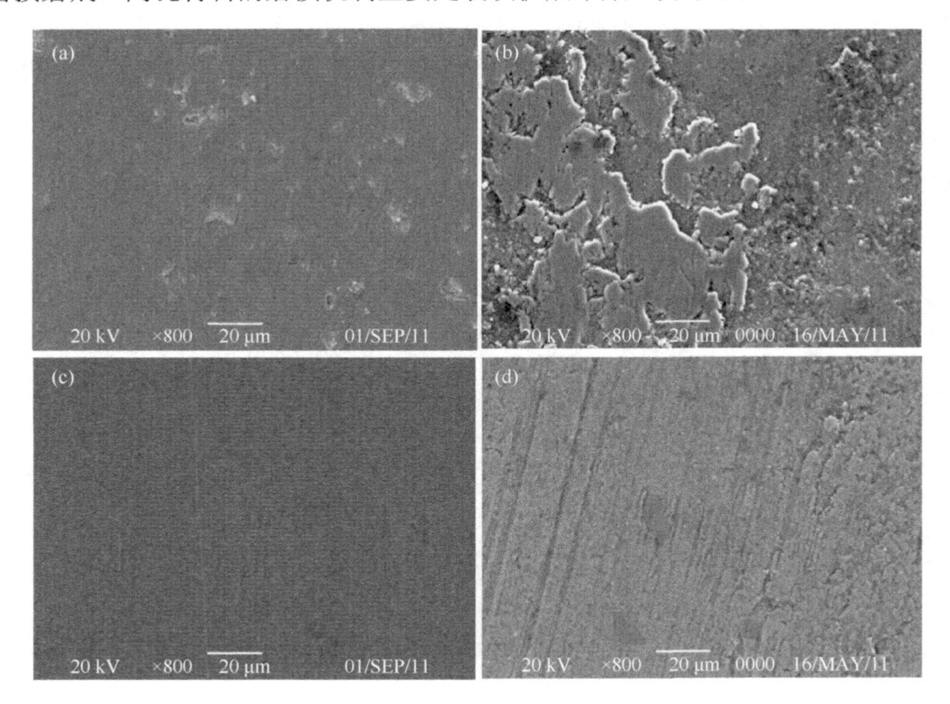

图 9.17　不同温度下的表面形貌演化

(a) 25℃；(b) 100℃；(c) 200℃；(d) 300℃

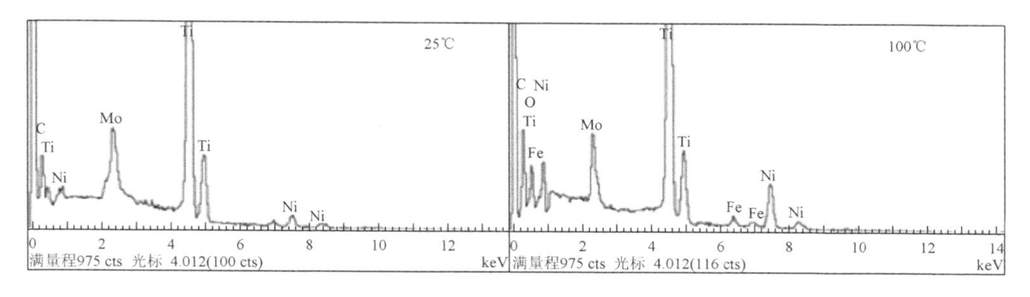

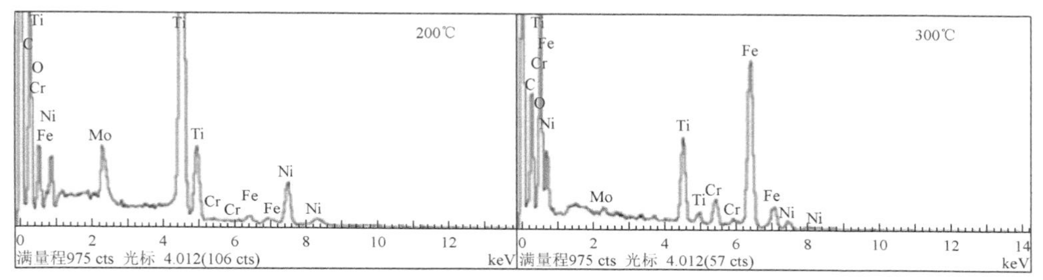

图 9.18　不同温度下的表面 EDS 分析

从图 9.18 中分析得出，在 100℃以上，磨损表面除了存在材料本身的元素 Ti、C、Ni、Mo 之外，还含有 Fe、O、Cr 等其他元素，且这三种元素的含量不高，说明磨损过程中存在黏着磨损行为；并且由于有 O 元素的存在，磨损过程中还发生了氧化磨损。所以，材料在 100℃的条件下的磨损过程中存在黏着磨损和氧化磨损。TiC 为非金属材料，不会与 Fe 黏着而发生黏着磨损，这主要因为这种材料中含有 Ni 元素，在元素周期表中 Ni 与 Fe 元素相邻，易产生黏着磨损。由于实验在空气中进行，且温度为 100℃以上，发生氧化磨损十分常见。

为了进一步分析 TiC 金属陶瓷复合材料在温度梯度下的摩擦磨损情况，对四种不同成分的材料在摩擦磨损实验后进行 XRD 物相分析，发现存在 TiC、Ni 和 FeO 相，如图 9.19 所示。通过比较材料四种温度梯度下的摩擦磨损行为，发现随着摩擦环境温度的升高，TiC、Ni 和 FeO 的衍射峰都向右发生一定程度的偏移，而 FeO 的衍射峰随着温度的升高而加强，TiC 的衍射峰逐渐减弱，说明上摩擦副 $45^{\#}$钢物质发生迁移且氧化。没有发现添加的 Mo 相，或许所占量在 5%以下，受 XRD 的分析精度的原因不能被探测到[42]，说明已经固溶到 TiC 或 Ni 中。

TiC 金属陶瓷复合材料在温度较低时，磨损主要是以磨粒磨损为主，伴随着少量的黏着磨损；随着温度升高，材料表面出现氧化物，出现了氧化磨损，黏着磨损也加剧，并且氧化磨损随着摩擦环境温度升高，越加严重。

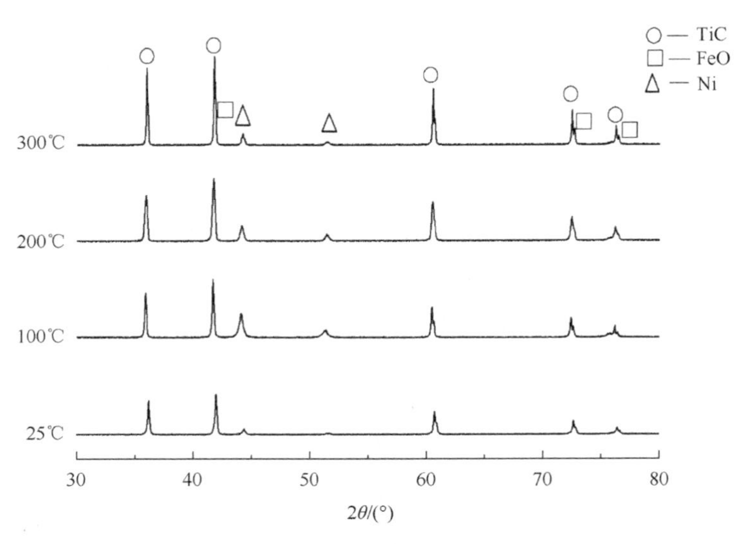

图 9.19　不用温度梯度下摩擦磨损后的 XRD 分析

参 考 文 献

[1] 吴玉程等. 工程材料基础[M]. 合肥：合肥工业大学出版社，2014：257-270.

[2] Brown I W M，Owers W R. Fabrication，microstructure and properties of Fe-TiC ceramic-metal composites[J]. Current Applied Physics，2004，4（2）：171-174.

[3] 高明霞，潘颐，Oliveriaf J，等. 自发熔渗法制备 TiC/NiAl 复合材料和其微观组织特征[J]. 复合材料学报，2004，21（5）：11-15.

[4] 甘黎军，席文君，张涛. 铝热快速凝固工艺合成高强 TiC/FeNiCr 复合材料[J]. 热加工工艺，2006，35（5）：1-4.

[5] 陈怡元，邹正光，龙飞. 碳化钛基金属陶瓷的合成及其应用研究现状[J]. 钛工业进展，2007，24（3）：5-9.

[6] 侯新志，吴文君. 刀具材料的研究与进展[J]. 机床与液压，2004，（3）：16-17.

[7] Contrerasa L，Turrillasb X，Guindala M J. Synchrotron diffraction studies of TiC/FeTi cermets obtained by SHS[J]. Journal of Solid State Chemistry，2005，178：1595-1600.

[8] 秦思贵，周武平，熊宁. TiC/Cu 复合材料的研究进展[J]. 粉末冶金工业，2006，16（2）：38-42.

[9] 董刚，刘奕，赵乃勤. 颗粒/铜基复合镀层的摩擦学性能研究[J]. 功能材料，2000，31（1）：98-99.

[10] Nuri Durlu. Titanium carbide based composites for high temperature applications[J]. Journal of the European Ceramic Society，1999，19（13-14）：2415-2419.

[11] 徐海燕，周惠娣，陈建敏. 热喷涂高性能陶瓷复合涂层的研究进展[J]. 兰州理工大学学报，2004，30（6）：5.

[12] 徐滨士，刘世参，等. 表面工程[M]. 北京：机械工业出版社，2000：6-15.

[13] 陈兆盈. TiC 高锰钢结硬质合金及其应用[J]. 湖南冶金，1998，（6）：1-5.

[14] 刘宁. 添加碳对 Ti(C, N)基金属陶瓷组织和性能的影响[J]. 理化检验：物理分册，1995，31（2）：13-15.

[15] 铃木寿. 硬质合金与烧结硬质合金材料基础和应用[M]. 东京：丸善株式会社，1986：309-371.

[16] 熊惟皓. 粉末粒度对 Ti(C, N)基金属陶瓷组织和性能的影响[J]. 华中理工大学学报，1995，23（12）：37-41.

[17] 黄培云. 粉末冶金原理[M]. 北京：冶金工业出版社，1995.

[18] 韩成良. 纳米改性Ti(C, N)基金属陶瓷材料及铣刀性能的研究[D]. 合肥：合肥工业大学，2004.

[19] 刘宁. Ti(C, N)基金属陶瓷的制备及成分、组织和性能的研究[D]. 武汉：华中理工大学，1994.

[20] 倪丹丹. Al_3Ti/Mg复合材料的磨损行为及磨损机理的研究[D]. 镇江：江苏大学，2010.

[21] M. B. 彼得森，W. O. 怀纳. 磨损控制手册[M]. 汪一麟，译. 北京：机械工业出版社，1994：1-65.

[22] 布尚. 摩擦学导论[M]. 葛世荣译. 北京：机械工业出版社，2006：160-220.

[23] 刘宁，黄新民. Ti(C, N)基金属陶瓷中陶瓷相芯/壳组织的观察与分析[J].硅酸盐学报，2000，28（4）：381-384.

[24] Sun-Yong A，Shinhoo K. Formation of core/rim structures in Ti(C, N)-WC-Ni cermets via a dissolution and precipitation process[J]. Journal of the American Ceramic Society，2000，（6）：1489-1494.

[25] 刘宁，等. Ti(C, N)基金属陶瓷材料[M]. 合肥：合肥工业大学出版社，2009：1-200.

[26] 陈雪梅，罗启富. Si_3N_4/3Cr2W8V钢摩擦副滑动摩擦磨损性能[J]. 江苏理工大学学报，1996，17（4）：61-64.

[27] 田晓. 陶瓷材料摩擦副的摩擦磨损特性研究[D]. 天津：天津大学，2003.

[28] Lawn B R. A Model for the weal of brittle solids under fixed abrasive conditions[J]，Wear，1975，32（2）：369-372.

[29] Evans A G，Marshall D B. Wear mechanisms inceramics[J]. Fundamentals of Friction and Wear of Materials，1980：439-452.

[30] Marshall D B，Lawn B R. An indentation technique for measuring stresses in tempered glass surfaces[J]. Journal of the American Ceramic Society，1977，60（1-2）：86-87.

[31] Rice R W. Micromechanics of microstructural aspects of ceramics wear. Ceramic engineering and science[C]. Proc. 9th Annul Conf. on Composites and Advanced Ceramic Materials，American Ceramic Society，Westerville，OH，1985：940-945.

[32] Wu C C，Rice R W，Johonson D，et al. Grain size dependence of wear in ceramics[C]. Proc. 9th Annul Conf. on Composites and Advanced Ceramic Materials，American Ceramic Society，Westerville，OH，1985：995-1011.

[33] 魏建军，薛群基. 摩擦学研究的发展现状[J]. 摩擦学报，1993，13（3）：208-213.

[34] Dong X，Jahanmir S，Ives L K. Wear transition diagram for silicon carbide[J]. Tribology International，1995，28（8）：559-572.

[35] Fischer T E，Mullins W M. Relation Between Surface Chemistry and Tribology of Ceramics[M]. New York：Marcel Dekker Inc.，1994：51-60.

[36] Sasaki S. The effects of surrounding atmosphere on the friction and wear of alumina，zirconia，silicon carbide，and silicon nitride[J]. Wear，1989，134（1）：185-200.

[37] Michalske T A，Bunker B C. Slow fracture model based on strained silicate structures[J]. Journal of Applied Physics，1984，56：2686-2693.

[38] Hokkirigawa K. Wear mode map of ceramics[J]. Wear，1991，151（2）：219-228.

[39] Lee S W，Hsu S M，Shen M C. Ceramic wear maps：zirconia[J]. Journal of the American Ceramic Society，1993，76：1937-1947.

[40] 肖汉宁，千田哲也. 碳化硅陶瓷的高温摩擦磨损及机理分析[J]. 硅酸盐学报，1997，25（2）：157-161.

[41] 龚江宏. 陶瓷断裂力学[M]. 北京：清华大学出版社，2002：275-278.

[42] 李勇. 添加碳纳米管对Ti(C, N)基金属陶瓷显微组织和力学性能的影响[D]. 合肥：合肥工业大学，2007.